高等院校信息技术规划教材

密码学及安全应用

唐四薪　李浪　谢海波　编著

清华大学出版社
北京

内 容 简 介

本书按照概述、原理和应用的知识结构,全面介绍密码学的基本原理、算法和最新的应用,对密码学的原理和应用做了详细、通俗且符合认知逻辑的阐述。本书分为11章,内容包括信息安全概述、密码学基础、数字签名、密钥管理与密钥分配、认证技术、数字证书和PKI、电子商务安全协议、电子支付的安全、移动电子商务的安全、物联网的安全和信息安全管理。

本书可作为高等院校计算机科学与技术、电子商务、信息安全、信息系统与信息管理等专业本科生的教材,也可供从事密码学教学、科研和管理工作的相关人员参考。

图书在版编目(CIP)数据

密码学及安全应用/唐四薪,李浪,谢海波编著. --北京:清华大学出版社,2016(2020.9重印)
高等院校信息技术规划教材
ISBN 978-7-302-42330-0

Ⅰ. ①密… Ⅱ. ①唐… ②李… ③谢… Ⅲ. ①密码—高等学校—教材 Ⅳ. ①TN918.1

中国版本图书馆 CIP 数据核字(2015)第 287093 号

责任编辑:张 民 战晓雷
封面设计:傅瑞学
责任校对:时翠兰
责任印制:杨 艳

出版发行:清华大学出版社
   网 址:http://www.tup.com.cn,http://www.wqbook.com
   地 址:北京清华大学学研大厦 A 座   邮 编:100084
   社 总 机:010-62770175   邮 购:010-83470235
   投稿与读者服务:010-62776969,c-service@tup.tsinghua.edu.cn
   质量反馈:010-62772015,zhiliang@tup.tsinghua.edu.cn
   课件下载:http://www.tup.com.cn,010-83470236
印 装 者:北京九州迅驰传媒文化有限公司
经 销:全国新华书店
开 本:185mm×260mm   印 张:21   字 数:484 千字
版 次:2016 年 4 月第 1 版   印 次:2020 年 9 月第 3 次印刷
定 价:45.00 元

产品编号:065132-01

前言

密码学原本是一门古老的学科,在过去很多年里和人们的生产生活关系也不大。但随着 Internet 和电子商务的出现和普及,密码学正逐渐走入人们生活的方方面面,为人们的信息安全起着保驾护航的作用。

从宏观上来看,密码学对电子商务的发展起到了毋庸置疑的促进作用,因此,密码技术的进步间接地促进了我国经济的发展,同时,密码学还被广泛应用到电子政务、物联网等各个领域,带来了巨大的社会效益和经济效益。

为了培养掌握密码学原理及技术的专门人才,很多高等院校的计算机科学与技术、信息安全、网络工程、信息管理等专业都开设有密码学方面的课程,但密码学原理只有与具体的应用技术结合才能产生实用价值。作者在多年的教学实践中发现,密码学教学在讲授基本原理的同时,还应侧重于讲授密码学在电子商务、物联网等领域的应用,以提高学生的实际应用能力和学习这门课程的兴趣。

同时,学习密码学的不同应用还能使学生了解密码学的发展趋势,例如,由于计算和存储能力的差别,密码学在电子商务安全和物联网安全中的应用是显著不同的,在电子商务安全中,公钥密码算法被大量使用,以实现身份认证、签名等需求,而在物联网安全协议中,即使是身份认证,也一般采用对称密码和散列函数来实现,特别是轻量级分组加密算法。因此,密码算法具有向重量级和轻量级两头发展的趋势。

本书在编写过程中力求体现以下特色:

(1) 新颖性。本书介绍了一些具有代表性且具有很强应用前景的技术。如散列链、前向安全数字签名、盲签名、电子现金、量子密码等,以及典型密码技术的应用,包括电子商务安全协议、电子支付安全、物联网安全等领域。

(2) 全面性。密码学的用途早已不再局限于加密和解密方面,还包括数字签名、身份认证、数字证书和 PKI 等应用。本书对密码学的各种用途作了全面的介绍。

（3）实用性。本书对密码学原理的介绍力求做到详细、通俗且符合认知逻辑，在讲述有关密码学基本理论之前，介绍了相关的数论知识，并在每个知识点后都给出了例题，以方便教师授课和学生自学。

本书的知识结构可分为概述、原理、应用三大块，内容如下：第 1 章为概述，第 2～6 章为密码学的基本内容，第 7～10 章为密码学的各种具体应用，第 11 章为安全管理的内容。

本书的理论教学课时以 54 课时为宜。对于目录中带＊号的部分，可以根据需要选择性讲解。本书注重教材立体化建设，每章后都提供了具有丰富题型的习题，并为教师提供如下配套资料：PPT 课件、习题答案、考试试卷、教学大纲等，可登录清华大学出版社网站免费下载，也可和作者联系（tangsix@163.com）。

本书由唐四薪、李浪、谢海波编著，唐四薪编写了第 3～9 章和第 10 章的部分内容，李浪编写了第 1、2 章，谢海波编写了第 11 章的内容。参加编写的还有唐琼、肖望喜、喻缘、邹飞、谭晓兰、何青、刘艳波、戴小新、尹军、刘燕群、陆彩琴、唐金娟等，他们编写了第 10 章的部分内容。衡阳师范学院李浪教授对本书进行了审定。

本书的写作得到了国家自然科学基金资助项目（61572174）的资助，并得到了湖南省教育厅科学研究课题（15C0204、15A029、15C0202）的资助。

本书在编写过程中参考了大量专家学者的图书和论文资料，作者已尽可能地在参考文献中列出，谨在此向有关作者表示感谢，若有疏漏，也在此表示歉意。由于本人水平和教学经验有限，加之书中部分内容比较前沿，书中错误和不当之处在所难免，敬请广大读者和同行批评指正。

作　者

目 录

contents

第1章

信 息 安 全

由于 Internet 的广泛普及与使用,其应用已深入渗透到商业、金融、政府、文教等诸多领域。Internet 信息和服务在给合法用户带来方便的同时,也让非法用户变得有机可乘。

密码学是一门古老的学科,大概自人类社会产生战争便产生了密码。在古代,由于密码技术长期仅用于军事、政治和外交等领域的保密通信,因此与人们的日常生活没有多大关系。但是,随着计算机网络越来越深入地应用到人们的生活和工作中,出现了诸如电子商务、电子政务、网络金融、证券交易这些对信息安全要求很高的网络应用,使得密码学受到人们的广泛关注。

一般来说,信息安全保障需要依赖各种安全机制来实现,而许多安全机制则依赖于密码技术。使用密码技术不仅可以保障信息的机密性,而且还可以保护信息的完整性和真实性,防止信息被篡改、伪造和假冒。因此,密码学是信息安全的技术基础,其应用贯穿于网络信息安全的整个过程,在解决信息的机密性保护、完整性保护、可鉴别性和信息抗抵赖性等方面发挥着重要的作用,并已渗透到信息系统安全工程的各个领域和大部分安全机制的实现中。

1.1 信息安全概况

"安全"一词并没有统一的定义,对安全的基本含义可以理解为:客观上不存在威胁,主观上不存在恐惧。

信息作为一种资源由于其普遍性、共享性、增值性、可处理性和多效用性,使其对于人类具有特别重要的意义。信息安全的实质就是要保护信息系统或信息网络中的信息资源免受各种类型的威胁、干扰和破坏,即保证信息的安全性。

信息安全是指信息系统(包括硬件、软件、数据、人、物理环境及其基础设施)受到保护,不因偶然的或者恶意的原因而遭到破坏、更改、泄露,系统能够连续、可靠、正常地运行,信息服务不被中断,最终实现业务连续性。信息安全主要包括以下 5 方面的内容,即需保证信息的保密性、真实性、完整性、可用性和所寄生系统的安全性。

信息安全可分为狭义安全与广义安全两个层次,狭义的安全是建立在以密码学为基础的计算机安全技术领域;广义的信息安全是一门综合性学科,安全不再是单纯的技术问题,而是将管理、技术、法律等问题相结合的产物。

1.1.1 信息安全对电子商务发展的影响

信息安全的重要性在电子商务发展中体现得最为明显。电子商务已经逐渐成为人们进行商务活动的新模式,作为一种新的经济形式正改变着社会生活的方方面面,也为人们带来了无限商机。但安全问题一直成为电子商务发展的制约因素,这表现在:一些个人和商业机构对是否采用电子商务仍持观望态度,因为他们担心自己的银行卡是否会被盗用,或担心自己的客户信息会被窃取。

据中国互联网络信息中心(CNNIC)2015 年 7 月发布的《第 36 次中国互联网络发展状况统计报告》显示,中国网民规模已达 6.68 亿,网购用户规模达到了 3.73 亿,这意味着有近三分之一的中国人在进行网络购物。从这个意义上讲,电子商务与人们的生活已越来越密切,并已经渗透到各行各业。电子商务作为一种新的经济形势已经成为不争的事实,这使得越来越多的企业开始重视电子商务的作用,搭建自己的电子商务网站和交易平台。

报告还指出,2011 年上半年有 85.7%的网民在网上查询过商品信息,但只有 29%的网民实现了网上购物。这表明,网上购物的人群占网民总人数的比例还处于较低的水平,目前大多数网民对电子商务还是持观望或不信任的态度。

许多网民不愿意网上购物固然与他们的购物习惯和上网熟练程度有关,但对于安全问题的担心也是一个不可忽视的重要因素。而且对于那些参与电子商务交易的网民来说,其购物也多是集中在书籍、服饰、数码产品等价值较低的领域。这表明我国电子商务发展的广度和深度均未达到其应有的水平,而解决安全问题是将电子商务向纵深推进的必要条件。

相对于传统商务,电子商务对管理水平、信息传输技术等都提出了更高的要求,其中安全体系的构建尤为重要,电子商务迫切需要有效的安全保障机制和措施。总的来看,在运用电子商务模式进行交易的过程中,信息安全问题成为了电子商务最核心的问题,也是电子商务得以顺利推行的保障。信息安全的重要性表现在以下两方面。

1. 安全问题是实施电子商务的关键因素

人类传统的交易是面对面进行的,可以当面识别对方身份,当面清点钱物,因而比较容易保障交易双方的信任关系和交易过程的安全性。而电子商务活动中的交易行为是通过网络进行的,买卖双方互不见面,因而缺乏传统交易中的信任感和安全感。

根据 CNNIC 发布的《中国互联网络发展状况统计报告》,在电子商务方面,52.26%的用户最关心的是交易的安全可靠性。由此可见,电子商务中的网络安全和交易安全问题是实现电子商务的关键之所在。

Internet 所具有的开放性是电子商务方便快捷、被广泛接受的基础,而开放性本身又会使网上交易面临种种危险。比如,在开放的网络上处理交易,如何保证传输数据的安全成为电子商务能否普及的最重要的因素之一。

2. 信息安全涉及国家经济安全

从宏观上看,电子商务在我国各行各业逐步普及,应用不断深入,电子商务安全对国家安全的影响也在不断加深,这主要表现在两个方面:一是危及经济安全。随着电子商务活动的普及,越来越多的资金流在网络中流动,极大地诱惑着不法分子犯罪。以网络为基础构建的银行、证券等金融系统成为现代社会运行的核心,一旦这些系统遭受攻击或者破坏出现故障,便直接危及国家经济安全。例如,采用网络攻击手段进行商业欺诈和勒索,窃取、篡改和盗用信息,销售假货等类型的网络经济犯罪活动正急剧增加,这会对我国经济发展和金融秩序造成严重危害。二是影响社会稳定。银行、保险、税务、证券、民航、医疗等行业都开始实施电子商务,这些领域一旦出现比较严重的信息安全问题,则有可能会严重影响人民的生活,进而影响社会稳定。例如,铁道部的购票网站由于访问速度缓慢而饱受人们诟病,一度使春节购票成为广大人民群众关注的焦点问题。因此,安全建设工作必须贯穿电子商务建设的整个过程。

根据调查显示,目前电子商务安全主要存在的问题包括计算机网络安全、商品的品质、商家的诚信、货款的支付、商品的递送、买卖纠纷的处理、网站售后服务7个方面。这7个方面的问题可以归结为两大部分:计算机网络安全和电子交易安全。

*1.1.2 威胁网络信息安全的案例

针对网络信息安全的威胁主要有利用网络进行盗窃、诈骗,利用 Internet 虚假宣传欺骗消费者,窃取企业或政府部门的机密,侵犯消费者的个人隐私等。

1. 利用网络进行盗窃

在电子商务交易中,人们需要网上银行和第三方支付平台进行网上支付。目前,对网上银行或支付平台账户的保护措施一般是设置密码或安装数字证书等手段,但这些保护措施常会由于人们的疏忽或犯罪分子精心设计的圈套而被破解,使得账户里的资金被盗。目前,网络盗窃犯罪主要有两种方式:

(1) 利用网络向受害人电脑植入木马,通过各种方式引诱用户访问含有木马的网站或安装木马程序,以便盗取账号、密码,再盗窃账户资金。2006—2009 年间,长沙人李某将"网银大盗"和"灰鸽子"两种木马病毒放在租用的服务器上,通过这两种木马窃取受感染网民的网银存款,他用这种手段先后窃取受害者银行资金 40 余万元。

(2) 利用钓鱼网站诱骗用户输入账号、密码信息,从而盗取资金。"网络钓鱼"是指犯罪分子通过伪造的假网站或网页等手法,盗取用户的银行账号、证券账号、密码信息和其他个人资料,然后以转账、网上购物或制作假卡等方式获取利益。2008 年 8 月域名为 www.taobaof.net 的网站从域名到网页布局都模仿淘宝网,骗取用户的网上银行账号、密码,从而盗取用户银行资金。

2. 利用网络进行诈骗

网络诈骗犯罪本质就是伪造身份,骗取对方信任。目前,网络诈骗的主要手段有两种：

（1）在购物网站上发布各类虚假信息，实施诈骗。这类诈骗活动又分为两种。

一种是商家欺骗客户。如商家在交易平台上开设商铺，发布超低价商品信息，哄骗客户将货款直接转账到其银行账户下（即不通过支付平台支付的场外交易），商家收到货款后，不发货或者发一些明显与质量不符的货物。

另一种是客户欺骗商家，比如向商户购买商品，通过聊天工具给商户发送伪造的支付凭证，诱使商户银讫发货，类似这样的案子有很多。

（2）在互联网上开设虚假网站行骗。

犯罪分子开设虚假网站，发布虚假供货信息或高额回报的集资信息，得手后，往往"网间蒸发"，人去网空，这类诈骗案件的犯罪分子利用在互联网上开设网站手续简便、快捷和隐蔽的特点，有恃无恐。

如 2007 年，一个自称"美国科技基金网"的网站打着专门从事高收益投资项目的幌子，鼓励投资者投入 8800 元人民币，就可在网上获取 ID 号，从第二天每天返利 440 元人民币，一共返利 50 天。如果发展了"下线"还可获得下线投资额的 10% 作为奖励。该网站最初几个星期还可以兑现返利，但 3 个月后突然消失，在这期间，受害者达 1400 余人，被骗金额 880 多万元。

3. 侵犯消费者的隐私

消费者的个人隐私包括消费者的电话号码、银行账号、购物记录、姓名、住址、身份证号码等。不法分子可以通过在网上发布在线调查、抽奖、注册或者免费赠送礼品等活动要求用户输入个人资料，以窃取消费者的身份证号、银行卡密码等敏感信息。另一种方法是通过攻破一些大型的网站，再获取这些网站数据库中保存的用户资料信息。不法分子窃取到消费者的隐私信息后，可能利用这些信息向消费者发送垃圾信息，根据隐私信息破解用户的账号、密码，甚至以将隐私信息公开相威胁，向用户或网站敲诈勒索。

4. 窃取企业或政府部门的机密

企业的商业机密是指不为公众知悉，能为权利人带来经济利益，具有实用性并已被权利人采取保密措施的技术或经营信息。一些企业为了经营管理方便，将一些商业机密信息存储于计算机系统中。黑客通过网络攻击侵入这些计算机系统，获得商业机密信息的行为时有发生，黑客可以将获取到的机密信息出售，或者向企业进行敲诈等。

5. 对信息系统的单纯性攻击行为

单纯性攻击行为可造成信息系统无法访问，或访问速度很慢。例如，2010 年初，黑客攻破解析百度域名的域名服务器，替换了百度的域名解析记录，使用户无法访问百度网站。此次攻击持续时间长达数小时，造成的损失无法估量。

能造成"阻断用户访问"效果的攻击手段，除了"域名劫持"之外，更普遍的手段是分布式拒绝服务攻击（DDoS）。黑客利用木马程序控制成千上万台计算机，同时向攻击目标发起连接请求,这些请求在瞬间超过了服务器能够处理的极限,导致其他用户无法访问这些网站。如 2007 年,知名网站鞭牛士遭受 DDoS 攻击,该攻击持续 16 个小时,造成网站不能被正常访问。

1.1.3　网络信息安全的组成

网络安全从其本质上来说就是网络上的信息安全。信息系统是通过计算机和网络实现的,需要利用 Internet 的各种基础设施和标准,因此构成信息安全系统结构的底层是计算机网络服务层。网络服务层是各种网络应用系统的基础,它能提供信息传输功能、用户接入方式和安全通信服务,并保证网络运行安全。

所谓网络信息安全是指保障承载信息系统的计算机设备、系统软件平台和网络环境能够无故障运行,并且不受外部入侵和破坏。

一般来说,网络信息安全主要包括系统实体安全、系统运行安全和系统软件安全,如图 1.1 所示。其特点是针对计算机网络本身可能存在的安全问题,实施强大的网络安全监控方案,以保证计算机网络自身的安全性。

图 1.1　网络信息安全的组成要素

1. 系统实体安全

所谓系统实体安全(又称物理安全),是指保护计算机设备、设施(含网络)以及其他媒体免遭自然灾害、人为破坏和环境威胁的措施或过程。实体安全是整个信息系统安全的前提,它是由环境安全、设备安全和媒体安全 3 部分组成。

(1) 环境安全:是指保护信息系统免受水、火、有害气体、地震、雷击、高温、潮湿和静电等灾害的危害。这要求在建设机房和架设线路时全面考虑有可能对系统造成破坏的各种因素,并设计可行的防范措施。

(2) 设备安全：是指对信息系统的设备进行安全保护，主要包括设备防盗、设备防毁、抗电磁干扰、电源保护、防电磁信息泄露及防止线路截获等方面。设备防盗可通过加强门禁管理、安装监控报警装置实现；设备防毁包括防止设备跌落、防止鼠害和防止人为破坏等；电源保护一般通过加装不间断电源(UPS)实现。

(3) 媒体安全：是指对被存储信息和媒体本身的保护，控制敏感信息的记录、再生和销毁的过程。如防止保存有重要信息的光盘或磁带发霉、损坏或被盗；防止重要数据被非法复制；对不再需要的媒体数据要进行销毁，防止媒体数据删除或丢弃后被他人恢复而泄露机密信息。

2. 系统运行安全

运行安全是指为了保障系统功能的安全实现，提供一套安全措施来保护信息处理过程的安全。信息系统的运行安全具体由4方面组成。

(1) 风险分析：旨在发现系统潜在的安全隐患，并在系统运行过程中测试、跟踪并记录其活动，发现系统运行期间的安全漏洞；最后在系统运行后进行分析，提供相应的系统脆弱性分析报告。

(2) 审计跟踪：对系统进行人工或自动的审计跟踪，保存审计记录和维护详尽的审计日志。

(3) 备份与恢复：提供对系统设备和系统数据的备份与恢复。

(4) 应急响应：是指在紧急事件或安全事故发生时，保证信息系统继续运行或紧急恢复所需要的策略。

3. 系统软件安全

与硬件安全相比，信息系统的软件安全显得更为重要，因为信息系统面临的主要威胁是来自网上的黑客针对系统软件进行的攻击。

(1) 操作系统安全：通过建立用户授权访问机制、审计等措施，控制系统资源的访问权限，保障操作系统及其管理的资源能够得到保护。如果计算机系统可供许多人使用，操作系统必须能区分用户，以防相互干扰。安全性较高的操作系统应给每一位用户分配独立的账户，并不允许一个用户获得由另一个用户产生的数据。

(2) 数据库安全：由于信息系统中的资料都保存在数据库中，因此数据库是系统中非常重要又容易遭受攻击的部分。数据库系统安全是指对数据库系统所管理的数据和资源提供安全保护，一般采用多种安全机制与操作系统安全相结合来保护数据库安全。这可从以下两方面着手。

① 安全数据库系统：是指从系统设计、实现、使用和管理的各个阶段都遵循一套完整的系统安全策略的安全数据库系统。

② 数据库系统安全部件：是指以现有数据库系统所提供的功能为基础构建安全模块，以增强安全性。

此外，病毒防护、访问控制、网络传输安全(如加密)也是系统软件安全的重要组成。

1.2 信息安全的基本需求

信息主要是通过 Internet 进行传输的,因此 Internet 所面临的安全威胁也同样是信息安全所面临的威胁。

1.2.1 信息安全面临的威胁

在 Internet 发展的初期,其各种协议的设计都是以连通和数据传输为目的的,安全性并没有放在重要的位置来考虑。资源共享、快速、便捷是 Internet 迅速发展的原因,而这种开放性决定了基于 Internet 的网络信息系统在安全方面存在先天不足。

例如,在 Internet 上的信息是以数据包的形式传送的,这些数据包好比是一封封的平信,它们按照目的地址寄往某个地方,如果不知道目的地址具体对应哪台主机,就只发送到其所在的局域网,再由局域网将该数据包广播发送(通常采用以太网或令牌网技术的局域网都是广播式的局域网),这样局域网中的所有主机都能收到这个数据包。在一般情况下,如果其他主机发现这个数据包不是发送给它的,就会拒绝接收,但是对于别有用心的人来说,他可能会设置他的主机能接收所有的数据包,无论是不是发给他的,并查看这些数据包中的内容,甚至对其中的内容进行篡改再转发出去。

如果把 Internet 系统的运转看成是一种信息的流动,则在正常情况下,信息是从信息源流向信息目的,这种正常的信息流动应该如图 1.2(a)所示。而攻击者可以破坏这种正常的信息流动,攻击者对网络系统的威胁可归纳为四种类型:中断、截获、篡改和伪造,如图 1.2(b)~(e)所示。

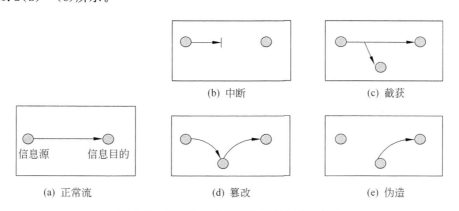

(b) 中断　　　　　　　　(c) 截获

(a) 正常流　　　　　(d) 篡改　　　　　(e) 伪造

图 1.2 网络信息传输面临的安全威胁类型

1. 中断(interruption)

中断是指发送方无法发送信息,或者发送的信息无法到达接收方。例如攻击者对发送方进行拒绝服务攻击,或者切断其线路连接,使其无法提供服务,破坏其可用性。

2. 截获（interception）

截获是指攻击者从网络上窃听他人的通信内容,破坏信息的机密性,是一种被动攻击。

3. 篡改（modification）

篡改是指攻击者故意篡改线路上传输的报文,破坏消息的完整性。

4. 伪造（fabrication）

伪造是指攻击者伪造信息在网络上传送,这是对报文真实性或身份认证机制的攻击。伪造分为两种情况,一是伪造消息(如伪造电子邮件,骗取用户汇款或骗取用户输入账号、密码到伪造者的网站等)。二是伪造身份,如发送一条消息声称自己是某人,由此可见,伪造身份是通过伪造认证消息实现的。

除了上述 4 种信息传输面临的安全威胁外,电子商务活动还会面临另一种安全威胁——抵赖。

5. 抵赖（repudiation）

当交易的一方发现交易行为对自己不利时,或当利益刺激到一定程度时,就有可能否认交易行为,这称为抵赖或否认。交易抵赖包括发送方的抵赖和接收方的抵赖两种情况,如发送方发了某个订货请求后声称自己没发过,或接收方收到某个订货请求后声称自己没收到。

1.2.2 信息安全要素

为了防御 1.2.1 节中信息系统面临的各种安全威胁,一个安全的信息系统应该实现的安全要素(参见表 1.1)有以下几点。

表 1.1　信息安全的要素

要　素	含　义
机密性	信息不被泄露给非授权用户
完整性	信息是未被篡改、重放的
真实性	确保对方的身份是真实的和信息的来源是真实的
可用性	访问者需要的时候,系统或资源是可以提供服务的
不可抵赖性	信息的收发双方不能否认曾经收发过信息
访问控制	对访问者访问资源时的权限控制
匿名性	确保合法用户的隐私不被侵犯

1. 机密性

在信息系统中,交易中产生、传递的信息可能涉及商业机密或个人隐私,因此这些信息均有保密的要求。这种信息的安全需求称为机密性需求。机密性要求做到只有发送方和接收方才能访问消息内容,而不允许非授权人员访问消息内容。机密性一般是通过密码技术对传输的信息进行加密来实现的。在 1.2.1 节中的"截获"就是对机密性的攻击。

以下是攻击机密性的一个例子: CDNow 是美国一家网上销售音像制品的电子商务企业,2000 年,俄罗斯一名黑客从该公司网站上窃取了 30 万条信用卡记录,并向其敲诈10 万美元。遭到 CDNow 公司拒绝后,黑客开始逐条公布所有信用卡的内容。导致CDNow 公司不得不要求银行更换所有被公布的信用卡,所承担的更换信用卡的损失就达数百万美元,而这些机密信息被窃取给公司带来的信誉损失和间接经济损失更是无法估量的。

2. 完整性

完整性是指保证只有被授权的各方能够修改计算机中存储的或网络上传输的信息,修改包括对信息的写、改变状态、时延或重放。信息系统应防止对敏感信息未授权的生成、修改和删除,同时防止敏感信息在传输过程中的丢失或重复,并保证信息传递次序的统一。

如果消息内容在发送方发出之后,尚未到达接收方时就发生了改变,就表明消息失去了完整性。失去完整性可分为两种情况。第一种情况是: 假设 A 发出的消息内容是"将 100 元转给 D",而 B(银行方)收到的消息却变成了"将 1000 元转给 C",则表明该消息已经失去了完整性,这种情况通常是消息被第三方故意篡改了。第二种情况可能是数据传输线路不可靠,使数据在传输过程中发生了不可预知的改变,但这种改变一般是可以察觉到的。

提示: 凡是接收方收到的消息和发送方发出的消息不一致,就可认为消息的完整性已遭到了破坏。反之则不一定成立,例如消息被重放,虽然接收方收到的消息和发送方发出的消息相同,但消息的完整性也已经被破坏了。

3. 真实性(认证机制)

真实性是指确保对方的身份是真实的或信息的来源是真实的。在电子商务中,由于交易双方无法见面,经常会发生攻击者伪造网站、伪造电子邮件地址,给用户发送假冒的支付请求等行为。例如用户 C 冒充用户 A 发一个转账请求给银行 B,请求银行将资金从A 账户转到 C 账户。银行将资金从 A 账户转账到了 C 账户,以为这是用户 A 要求的,这就是针对真实性的攻击。为了防止这类攻击,必须认证对方身份的真实性或鉴别接收到的消息来源的真实性。

真实性需要可靠的认证机制来保障。认证包括两个方面: 对消息本身的认证和对实体的认证。对消息本身的认证用于确认消息是否来自他所声称的某个实体,而不是由其他人伪造的。对实体的认证可以确定通信双方的真实身份。

2005年，黑客仿造中国工商银行、中国银行等金融机构的网页，采用诱骗用户输入账号和密码信息的方式来盗取账号信息，并从中获取利益。这种欺骗性的网站被人们形象地称为"钓鱼网站"。它是针对真实性进行的攻击。

提示：消息的完整性与消息的真实性是有区别的。打个比方，如果将一束玫瑰花看作一条消息，那么发送者寄出一束完好的玫瑰花后，而接收方收到的是一束凋谢的玫瑰花，或收到的是半束玫瑰花，这都是消息的完整性遭到破坏，但真实性并未被破坏。而如果接收方收到的是一束百合花，那么就是消息的真实性遭到破坏（当然完整性也已被破坏）。

4. 不可抵赖性（不可否认性）

有时发送方发出某个消息后，又想否认发过这个消息；或者接收方收到消息，却否认已收到信息。例如用户A通过Internet向商家要求购买某种商品，商家按A的请求发货之后，A声称没有发过这个购买请求，拒绝向商家支付。不可抵赖性（non-repudiation）可防止这类抵赖现象。

电子商务系统应有效防止商业欺诈行为的发生，保证商业信用和行为的不可否认性，保证交易双方对已做交易无法抵赖。即交易一旦达成，发送方不能否认发送的消息，接收方也不能篡改他所收到的消息。

由于抵赖通常是发生在交易双方之间的行为，因此有文献认为，不可抵赖性是电子商务安全比网络安全多出来的一种安全需求。

5. 可用性

可用性是指保证信息和信息系统能随时为授权者提供服务，而不会出现由于非授权者干扰而对授权者拒绝服务的情况发生。例如，由于某个非法用户C的故意操作，使授权方A无法与服务器计算机B联系，从而破坏了可用性原则。

在电子商务活动中，消费者准备在网站上购买商品，需要了解商品价格、性能、质量等信息，决定购买后，要提交订购信息，提供与支付相关的信息，这些环节都要求信息系统能够随时提供稳定的信息服务，这就是对信息系统可用性的要求。

在我国，对于淘宝、苏宁这类大型电子商务网站，如果受到攻击或发生故障而停止服务哪怕几分钟，就都有上千万次的交易无法进行，这将给网站带来巨大的经济损失。

信息除了以上5种最主要的安全需求外，还有访问控制、匿名性、即时性等安全要素。其中即时性是指服务可被授权实体访问并在规定的时间内完成服务的特性。

6. 访问控制（可控性）

访问控制又称访问权限控制，是一种比较常见的安全机制，这种机制按照事先设定的规则确定主体对客体的访问模式是否合法。例如，系统可以设置普通用户对其中的信息只有读取的权限，而设置某个高级用户对信息具有读取、修改的权限。访问控制只是一种手段，其目的还是为了保障系统中信息的机密性、完整性、真实性和可用性等安全要素。

7. 匿名性

电子商务系统应确保交易的匿名性,防止交易过程被跟踪,保证交易过程中不把用户的个人信息泄露给未知的或不可信的个体,确保合法用户的隐私不被侵犯。

1.2.3　信息安全的特点

信息安全具有系统性、相对性、有代价性和动态性这 4 个特点。

1. 系统性

系统性包含两层含义:其一,信息安全的解决方案需要各种安全产品、技术手段、管理措施有机地结合起来,而不能通过几项离散的安全产品或技术手段来解决安全问题;其二,信息安全不仅是一个技术性的问题,同时也是管理问题,而且它还与社会道德、法律法规、行业管理以及人们的行为模式等紧密联系在一起,需要综合考虑各方面的因素来解决。

2. 相对性

任何安全都是相对的,没有绝对的安全。同样,对于信息安全来说,不能也不必追求一个永远攻不破的系统,安全与管理是联系在一起的。希望网站永远不受攻击,不出任何安全问题是不可能的。

3. 有代价性

任何信息系统都应考虑到安全的代价和成本问题。如果只注重速度和便捷性,就必定要以牺牲安全来作为代价;如果一味只注重安全,便捷性就会大打折扣。例如,如果不牵涉到支付问题,对安全的要求就可以低一些;如果牵涉到支付问题,对安全的要求就要高一些,所以安全是有成本和代价的。作为一个管理者,应该权衡这两方面因素;作为安全技术的提供者,在研发技术时也要考虑到这些因素。

4. 动态性

因为网络技术的攻防是此消彼长。尤其是安全技术,它的敏感性、竞争性和对抗性都是很强的,这就需要不断检查、评估和调整相应的安全策略。没有一劳永逸的安全,也没有一蹴而就的安全。

1.3　信息安全体系结构

信息安全体系结构是指通过制订安全策略,并在安全策略的指导下构建一个完整的综合保障体系来规避信息系统运行中的信息传输风险、信用风险、管理风险和法律风险,以保证网络服务的顺利进行,满足开展信息系统服务所需的机密性、完整性、真实性、可用性、可控性、不可否认性和合法性等安全需求。

要确保信息系统的安全,除了采取各种技术手段外,还必须加强对有关人员的安全意识和安全技术培训,建立完善的信息安全法律法规,严格按照各种管理制度和法律法规来运作信息系统。

1.3.1 安全体系结构层次模型

信息系统是建立在网络技术基础上的,因此信息系统的安全架构必然包括网络安全基础设施。但信息系统又不是孤立地依赖于网络技术,在信息系统的运行过程中,还需要社会环境、管理环境和法律环境提供相应的保障。因此,信息系统安全是一个涵盖技术因素、管理因素等在内的综合体系结构。

一个完整的信息安全体系应由安全基础设施层、网络安全服务层、加密技术层、安全认证层、安全协议层(可能还包括交易协议)、应用系统层及安全管理 7 个部分组成。图 1.3 显示了信息安全的体系结构。这些层次中,上层以下层为基础,下层为上层提供技术支持,各层相互关联,构成一个统一的整体。

图 1.3 信息安全的体系结构

1.3.2 信息安全技术

为了保障信息安全的基本需求,人们采用了很多种技术,这些技术主要可分为密码学技术、网络安全技术等,包括加密技术、认证技术、公钥基础设施、访问控制、网络安全技术、网络安全协议等。

1. 加密技术

加密技术是信息安全采取的最基本安全措施,也是其他很多安全技术的实现基础。加密技术分为对称加密技术和公钥加密技术。

1) 对称加密技术

利用对称加密技术可对通信的双方传输的数据进行加密,这样,如果信息不幸被攻击者截获,只要攻击者没有获取密钥,攻击者就无法解读,也无法修改加密之前明文的内容,对信息的机密性和完整性可提供一定的保证。

2) 公钥加密技术

利用公钥加密技术,可解决对称密码体制遇到的很多难题,公钥加密技术常用来完成对称密钥的分发和数字签名这些特殊的功能。

2. 认证技术

在网上交易过程中,由于交易双方不能见面,为了保证不被欺骗,需要保证交易双方的身份信息和交易信息都是真实的。认证技术就是用来认证对方的身份是真实的或收到的信息是真实的而没有被伪造或篡改过,为信息安全的真实性需求提供保障。认证分为消息认证和身份认证。

认证系统有两种认证模式:

(1) 当事人自由约定的认证体系:当事人可以约定好采取何种认证方式,对对方的身份进行认证。不需要第三方的参与。

(2) 依赖可信第三方的认证体系:由可信第三方提供通信各方的身份证明,被认证方将可信第三方提供的身份证明(如数字证书)提交给认证方进行认证。

3. 公钥基础设施

公钥基础设施(PKI)提供了一个框架,在这一框架下能实施各种安全服务,是目前比较成熟和完善的信息安全解决方案。PKI 的核心功能是提供认证服务,包括数字签名、身份认证、时间戳和不可否认服务等。

4. 访问控制

访问控制是建立在身份认证基础之上的安全服务,它的目的是控制和管理合法用户访问资源的范围和访问方式,防止合法用户对资源的误用和滥用,因而能保证资源受控地、合理地使用。访问控制不仅保护了客体的安全,维护了资源所有者的利益,更重要的是建立了良好的访问秩序。

5. 网络安全技术

网络安全是一个复杂的系统工程,需要从系统的观点出发,从多个环节综合运用一系列网络安全技术和措施,常见的网络安全技术有防火墙技术、入侵检测技术、虚拟专用网技术和病毒防护技术,使用这些技术可以在一定程度上保证网络的安全。

6. 网络安全协议

网络安全协议也称安全密码,是以密码学为基础的网络信息交换协议。网络安全协议由买方、卖方、第三方(如银行、认证机构等)及它们之间约定的电子交易条款组成,提供电子交易所需的安全服务,如身份认证、交易信息加密及散列运算,实现电子商务安全的机密性、完整性和不可否认性需要。

1.3.3 信息安全管理架构

从宏观上看,信息安全以安全策略为核心,涉及人、过程和技术 3 种因素,包括保护、检测、响应及恢复 4 个环节,如图 1.4 所示。

1. 安全策略

安全策略(security policy)是实施信息系统安全措施及安全管理的指导思想,是指在系统内用于所有与安全活动相关的一套规则,这些规则由系统中的一个安全权力机构建立,并由安全控制机构来描述、实施和实现。它为安全管理提供管理方向和支持手段。

安全策略是一个很广的概念,它有以下几个不同的等级。

(1) 安全策略目标:是某个机构对保护特定资源应当达到的目的所进行的描述。

(2) 机构安全策略:是一套法律、规章及

图 1.4 信息安全的管理架构

实际操作方法,用于规范某个机构如何管理、保护和分配资源,以达到安全策略的既定目标。

(3) 系统安全策略:是对某个系统的安全如何实现以达到此机构的安全策略要求。

2. 安全涉及的 3 种因素

对信息安全程度起决定性影响的 3 种因素是人、过程和技术。

(1) 人:信息安全实施的主体仍然是人,因此人的因素是最重要的。人作为一种实体在信息系统的运行过程中存在,其必然对信息系统的安全产生重要影响。源于人这种因素的安全问题的例子是:对企业不满的员工对信息系统的恶意破坏,员工无意间泄露系统的密码。可以通过安全培训、雇员的严格筛选、严格管理措施、安全监察来降低人为因素带来的安全隐患。

(2) 过程:信息系统的运行包括操作过程和交易过程,如用户登录、数据库备份、转账操作等。这些过程应该有严格的制度来规范各种操作行为,从制度上避免各种不规范的行为(如误操作、故意不按章操作)的发生,杜绝安全隐患。

（3）技术：技术因素对信息系统安全的影响最为直接，不恰当的系统设计、不正确的参数配置等都会成为信息系统安全最直接的隐患。因此，在信息系统运行中，必须重视从技术上保障系统的安全可靠。

在这 3 种因素中，人和过程的因素是和管理相关的，因此，这 3 种因素又可以分为管理和技术两个层面。对于安全问题，人们常说"三分靠技术，七分靠管理"。因此，在日常的信息系统运转过程中，既要重视技术的因素，也要重视人和过程的因素。一个系统的整体安全性取决于它最薄弱的环节，系统往往是在最薄弱的环节被攻破，这就是所谓的木桶原理。因此我们在安全管理中，一定不要放过任何一个薄弱的环节。

3. 安全防护的模型

信息安全是在安全策略的指导下，由保护（Protect）、检测（Detect）、响应（React）和恢复（Restore）4 个环节组成，简称为 PDRR。这 4 个部分构成一个动态的信息安全周期。

（1）保护：保护就是采用一些网络安全工具和技术保护网络系统、数据和用户。这种保护可称为静态保护，它通常是一些基本的防护，不具有实时性。如在安全策略中规定禁止某个 IP 的用户访问内部网服务器，那么就可以在 IIS 的网站安全中加入一条这样的规则，它就会持续有效。这样的保护可以预防已知的一些安全威胁，而且通常这些威胁不会发生变化，所以称为静态保护。

（2）检测：检测是指实时监控系统的安全状态，它是一种实时保护的策略，主要满足动态安全的需求。因为网络上的攻击行为不是一成不变的，通过检测可以发现未曾预料到的或新的攻击，制定新的安全策略。将检测与保护结合起来，才能够满足动态安全保护的需要。

在 PDRR 模型中，检测的重要性表现在：
① 检测是静态保护转化为动态的关键；
② 检测是动态响应的依据；
③ 检测是落实/强制执行安全策略的有力工具。

（3）响应：当攻击发生时，能够及时作出响应，如发出报警，或者自动阻断连接等，防止攻击进一步发生，将安全事件的影响降到最低。在实际中，即使采用各种设备和技术将网络构筑得相当安全，攻击或非法入侵也是不可避免的，所以当攻击发生时，应该有一种机制对此作出反应，这样还可以让管理员及时了解到什么时候网络遭受了攻击，攻击的行为和结果怎样，应采取什么样的措施来修补安全策略，防止此类攻击再次发生。

（4）恢复：当入侵发生后，对系统造成了一定的损害，如网站不能正常工作，系统数据被破坏等。这时，必须有一套机制来尽快恢复系统正常工作，这对电子商务系统的运行至关重要。恢复是最终措施，因为既然攻击已经发生了，系统也遭到了破坏，就只有让系统以最快的速度恢复运行才是最重要的，否则损失将更加严重。

保护、检测、响应、恢复 4 个环节不是孤立的，而是相互转换的，如图 1.5 所示。构建信息安全保障体系必须从安全的各个方面进行综合考虑，只有将技术、管理、策略、过程等方面紧密结合，安全保障体系才能真正成为指导安全方案设计和建设的有力依据。

图 1.5 信息系统安全的两态转换模型

*1.3.4 我国信息安全现状分析

在我国,信息系统的安全还未受到足够的重视,信息安全管理的经验不足,导致信息系统遭受攻击的概率比较大。据调查,2010 年中国大陆遇到过病毒或木马攻击的网民比例为 45.8%,有过账号或密码被盗经历的网民占 21.8%。在 2010 年 CNNIC 对域名注册信息专项治理行动中,CNNIC 共受理钓鱼网站举报 23 455 个,处理钓鱼网站 22 573 个。进入 2011 年以来,网购木马异常活跃,每月新增网购木马数量已经接近 3000 个。为了对现阶段安全有清晰的认识,形成一种关于信息安全的正确观念,需要研究当前信息安全的现状。这对于提高全民信息安全意识,增强我国信息安全水平都有重要意义。

1. 脆弱的互联网网站

信息安全本是互联网应用开发的基本目标之一,然而遗憾的是,几乎所有的网站在开始建设及发展过程中,其考虑的因素都趋向于网站的便利性、实用性,而恰恰忽略了最不该忽略的安全性。这实际上给网站的发展埋下了深深的隐患,就像一颗定时炸弹,随时都有可能被各种黑客引爆。因为这些网站留下了太多的技术、管理和基础设施的漏洞,给黑客太多的可乘之机。一旦出现安全事故,就会使网站的用户对网站不再信任,进而转投其他网站。

尤其值得注意的是,随着"政府上网"、"企业上网"工程的实施,国内一大批网站应运而生,它们当中有很大一部分根本就没有一套完整的安全体系作为保障,缺乏安全管理、安全维护、安全运行的机制,也没有专门的网络安全人员进行专业管理和维护。对于这样不设防的网站,稍懂黑客技术的不法分子就能进行攻击和破坏。

2. 矛盾的安全意识

很多人都有这样一种矛盾的安全意识,就是如果花费大量的人力和物力来保障一个公司的网络安全,要是不出问题,似乎这些投入的人力和物力就白白浪费了。要是还出了问题,岂不是赔了夫人又折兵。这种看似有理的看法,实际上是忽略了网络安全的一个重要特性,即网络安全是一种以"防患于未然"为目标的安全防范,事实上所有的网络安全措施和机制都不能保证绝对的安全,而只能提高安全的程度,降低发生安全事故的概率。

3. 层出不穷的攻击手段

随着互联网的发展,联网的范围不断扩大,这也给黑客带来了更大的活动空间。"一切的方便来源于互联,但一切的麻烦也来源于互联"。随着网络技术的发展、网络带宽的增加以及软件上的新安全漏洞的出现,使得危害网络安全的攻击手段不断推陈出新,而且一旦攻击成功,被侵害者的损失也将更加严重。

4. 我国信息安全问题产生的原因

可见,我国网络信息系统面临的威胁和安全问题十分严重,形势不容乐观,要确保信息系统的安全还任重道远。具体而言,有如下问题需重点关注。

1) 缺少信息安全基础设施

信息安全基础设施为信息安全提供支撑作用,为整个信息系统提供服务环境,为实施其他的信息安全技术提供决策支持。信息安全基础设施要具有让人信任的品质。信息安全基础设施主要包括构建安全的网络基础设施、系统安全基础设施和交易安全基础设施。

2) 缺乏自主的信息安全技术

我国信息安全技术也比较落后。信息安全技术主要是指保证信息系统运行中的资金安全和交易信息安全、商业秘密保密等的技术,这些技术落后不利于建立我国消费者可以信任的信息环境。

在信息安全技术中的对称加密算法、公钥加密算法和以此为基础的数字签名和认证技术,提供的认证服务都是信息安全核心,我国至今还没有自主研发的较为成熟的密码算法。很多密码算法存在依赖国外的现象,而这些国外的算法或软件可能设置了后门,对国家安全不利。

3) 信息安全体系结构不完整

在我国,信息安全过去大都不重视安全保护环节,当出现安全事故时才担当着"救火队"的角色,头痛医头,脚痛医脚。这种"治标不治本"的做法使问题总是层出不穷。近年来,人们已经开始着手从体系结构上来解决问题,力图建立一个完整的信息安全体系,应当说在理论上已取得了明显进展,但到实际运用时还需要更大的努力。

4) 安全管理体制不健全

目前我国并没有一个完整的、具有指导意义的规范性法律法规来限定信息中的不安全行为,而且也未形成有效的信息安全管理责任制,没有根据信息的发展制定过相应的安全策略,对于信息过程中的各种安全责任也没有加以明确。从信息安全标准体系的建设来看,目前我国的安全标准和协议还不完整。没有制定具有安全保护意义的信息产品采购政策,没有针对信息安全制定相应的应急管理办法或应急事件处理政策等。

习　　题

1. 关于信息安全,下列说法中错误的是(　　　)。
　　A. 信息安全包括实体安全、软件安全和运行安全
　　B. 信息安全是制约电子商务发展的重要因素
　　C. 电子商务安全与网络安全的区别在于其有不可否认性的要求
　　D. 决定信息安全级别的最重要因素是技术

2. 网上交易中,如果订单在传输过程中订货数量发生了变化,则破坏了安全需求中的(　　　)。
　　A. 可用性　　　　　　B. 机密性　　　　　　C. 完整性　　　　　　D. 不可抵赖性

3. (　　　)原则保证只有发送方和接收方才能访问消息内容。
　　A. 机密性　　　　　　B. 完整性　　　　　　C. 身份认证　　　　　　D. 访问控制

4. 信息安全涉及的3种因素中,没有(　　　)。
　　A. 人　　　　　　　　B. 过程　　　　　　　C. 设备　　　　　　　D. 技术

5. 在PDRR模型中,(　　　)是静态防护转化为动态的关键,是动态响应的依据。
　　A. 保护　　　　　　　B. 检测　　　　　　　C. 响应　　　　　　　D. 恢复

6. 在电子商务交易中,消费者面临的威胁不包括(　　　)。
　　A. 虚假订单　　　　　　　　　　　　B. 付款后不能收到商品
　　C. 客户资料机密性丧失　　　　　　　D. 非授权访问

7. (　　　)攻击与保密性相关;(　　　)攻击与认证相关;(　　　)攻击与完整性相关;(　　　)攻击与可用性相关。
　　A. 篡改　　　　　　　B. 截获　　　　　　　C. 伪造　　　　　　　D. 中断

8. 如果信息系统无法访问了,则破坏了信息安全的_____需求。

9. 信息安全的目标是保证信息的真实性、机密性、完整性、_____和_____。

10. 为什么说人是信息安全中最重要的因素?

11. 信息安全应从哪几个方面来综合考虑?

第2章

密码学基础

自从人类文化诞生以来,就产生了保护敏感信息的愿望,密码作为一种技术已有上千年的历史,战争对情报保密的需要促进了密码技术的发展。然而密码学正式成为一门学科还是近几十年的事,在计算机和网络技术迅速发展的时代,密码学的应用从以军事需要为主扩展到了人们进行一般通信的需要。所谓密码学,就是用基于数学方法的程序和保密的密钥对信息进行编码,把信息变成一段杂乱无章难以理解的字符串,也就是把明文转变成密文。

在 Internet 环境下,信息的传输依赖于十分脆弱的公共信道,信息的泄密不易被发现,但造成的危害可能是巨大的,尤其是对于电子商务活动来说。所以,保护信息的安全是电子商务的必然要求。而密码技术为保护信息安全提供了行之有效的手段,它以很小的代价,就能为信息提供足够的安全保护。利用计算机可以使密码算法的加密、解密过程变得简单快捷,而且对用户透明。

2.1 密码学概述

密码学主要是研究如何对通信安全进行保密的学科,它包括两个分支:密码编码学和密码分析学。密码编码学主要研究对信息进行变换,以保护信息在信道的传递过程中不被敌手窃取、解读和利用的方法,即如何加密的过程;密码分析学与密码编码学相反,它主要研究如何分析和破译密码,即如何解密的过程。对这两者的研究既相互对立又相互促进。

2.1.1 密码学的基本概念

1. 密码系统

一个密码系统由明文空间、密文空间、密码方案和密钥空间组成。

2. 明文和明文空间

未经过加密的原始信息称为明文,明文是知道这种语言的任何人都能够理解的信息。明文的全体称为明文空间。一般情况下,明文用小写的 m(message,消息)或 p(plain text,明文)表示,明文空间用大写的 M 或 P 表示。对于计算机来说,明文是信源编码符号,可以是文本文件、位图、数字化存储的语音流或其他的数字视频图像的比特流。可以简单地认为明文是有意义的字符流或比特流。

3. 密文和密文空间

密文是经过伪装后的明文。全体可能出现的密文集合称为密文空间。一般情况下,密文用小写的 c(cipher,密码)表示,密文空间用大写的 C 表示。密文也可以被认为是字符流或比特流。

4. 密码方案

密码方案确切地描述了加密变换和解密变换的具体规则。这种描述一般包括对明文进行加密时所使用的规则的描述(称为加密算法),以及对密文进行还原时所使用的规则(称为解密算法)。通过加密算法对明文实施的变换过程称为加密变换,简称为加密(encryption),加密可记为一个函数 $E(m)$,这里 m 为明文。解密算法对密文实施的变换过程称为解密(decryption),记为 $D(c)$,这里 c 指密文。

5. 密钥与密钥空间

加密和解密算法的操作在称为密钥的元素控制下进行。密钥的全体称为密钥空间。一般情况下,密钥用 k(key,密钥)表示,密钥空间用大写的 K 表示。在密码方案设计中,各密钥符号一般是独立的,等概率出现的,也就是说,密钥一般是随机序列。

一个密码体系又可描述成一个保密通信系统,如图 2.1 所示。

图 2.1 保密通信系统的基本模型

有了密钥的概念后,加密的过程可更准确地表示为: $c = E_{K_e}(m)$,解密的过程可表示为 $m = D_{K_d}(c)$,其中 $m \in M, c \in C$。

从数学的角度来看,一个密码系统是一组映射,它是在密钥控制下将明文空间中的每一个元素映射到密文空间中的某个元素。这组映射由加密算法确定,明文空间的元素到密文空间的元素可以是一对一的映射(单表替换密码),也可以是多对多的映射(多表替换密码),还可以是多对一的映射(如单向散列函数)等。而具体使用哪一个映射由密钥决定。

6. 密码分析者

在密码系统所处的保密通信系统环境中,除了预定的接收者外,还有攻击者(或称非授权者),它们通过各种方式来窃听或干扰信息。例如,攻击者(此时又称为密码分析者,cryptanalyst)可采用搭线窃听等方式直接获得未经加密的明文或加密后的密文,并分析得知明文,这种对密码系统的攻击手段称为被动攻击(passive attack);攻击者还可以采用删除、更改、增添、重放、伪造等手段主动向系统注入假信息,这种攻击手段称为主动攻击(active attack)。两种攻击手段如表 2.1 所示。

表 2.1　被动攻击和主动攻击

攻击手段	形　式	威　胁	特　点
被动攻击	窃听、流量分析①	机密性	不破坏原始信息,难于发现
主动攻击	篡改、伪造、重放	完整性/真实性	易于发现,但难于防范
	拒绝服务	可用性	

　① 流量分析:是指攻击者通过分析网络中某一路径的信息流量和流向,就可以判断某事件的发生,进而可采取其他攻击行为。

可以看出,对一个密码系统的被动攻击将损害明文信息的机密性,即需要保密的明文信息遭到泄露;而对一个密码系统的主动攻击将损害明文信息的完整性,即接收方收到的消息与发送方所发出的消息不一致。保证信息机密性的基本思想是使用密码算法进行加密,而保证信息完整性可采用单向散列函数对消息生成散列码或 MAC(消息认证码)来验证数据的完整性。

2.1.2　密码体制的分类

密码体制(cipher system)是指完成加密和解密的算法。通常,信息的加密和解密过程是通过密码体制+密钥来控制的。密码体制必须易于使用,特别是应适合计算机运算使用。密码体制的分类方法有很多,常见的分类方法有以下几种。

1. 按照密码的发展历史分类

根据密码的发展历史,密码体制可分为古典密码和近现代密码。

2. 按照需要保密的内容分类

根据密码体制的密码算法是否需要保密,可分为受限制的算法(算法的保密性基于保持算法的秘密)和基于密钥的算法(算法的保密性仅仅基于对密钥的保密)。

1883 年 Kerchoffs 第一次明确提出了编码的原则,即加密算法应建立在算法的公开不影响明文和密钥的安全的基础上,即加密和解密算法都可以公开,只要保证密钥的机密性就可实现安全,即"一切秘密存在于密钥之中"。这一原则已得到普遍承认,成为判定密码算法强度的标准,实际上也成为了划分古典密码和近现代密码的标准。

Kerchoffs 原则对当今密码学的发展具有重大意义,因为只有算法通用化,才能使得大规模的保密通信变得容易。如果加密算法需要保密,那么每个组织都只能使用不同的加密算法,信息只能在该组织内进行保密通信,其他组织即使知道密钥也无法对该组织加密的信息进行解密,因此保密通信无法在大范围内进行。

3. 按加密/解密密钥是否相同分类

根据加密算法和解密算法所使用的密钥是否相同,可分为对称密码体制和公钥密码体制。

(1) 对称密钥密码体制(symmetric key cryptosystem):也称为单钥密码体制或秘密密钥密码体制。其特点是加密密钥和解密密钥相同,或实质上等同(即可以由其中任意一个密钥很容易地推知另外一个)。常见的对称密码体制算法有 DES、IDEA 和 AES 等。对称密码体制的优点是加解密速度快。使用对称密码体制时,如果能够加密就意味着必然能够解密,反之亦然。

(2) 公钥密码体制(public key cryptosystem):也称为非对称密码体制。它的特点是加密密钥和解密密钥不同,并且从一个密钥推导出另一个密钥在计算上是不可行的。公钥密码体制的优点是公钥可以公开,这适合于 Internet 开放性的需要,密钥分配和管理相对简单,并且可以实现数字签名和抗抵赖服务。由于公钥密码体制一般基于某个数学难题来实现,因此它的主要缺点是加解密速度慢,而且不便于计算机硬件实现。

4. 按照对明文的处理方式分类

根据密码体制对明文的加密方式,可分为分组密码和流密码。

(1) 分组密码将明文切分成固定长度的分组,用同一密钥和算法逐组进行加密。它具有良好的扩散特性,对插入和修改也具有免疫性。

(2) 流密码又称为序列密码,它是每次加密一位或一字节的明文。流密码的特点是加密速度较快,错误扩散较低,但它不利于防止信息的插入和修改。

5. 根据是否能进行可逆的加密变换分类

根据密码体制能否进行可逆的加密变换,又可分为单向函数密码体制和双向变换密码体制。

(1) 单向函数密码体制是一类特殊的密码体制,其性质是:可以很容易地把明文转换成密文,但再把密文转换成正确的明文却是不可行的,甚至是不可能的。例如,通过单向散列函数可以将一篇 10 万字的文章转换成 128b 的摘要,显然这样转换过程中存在大量的信息损失,因此不可能再将摘要转换回原始的明文。单向函数只适用于某些特殊的、不需要解密的应用场合,如用户的口令存储或信息的完整性保护与鉴别等。

(2) 双向变换密码体制是指能够进行可逆的加密、解密变换,绝大多数加密算法都属于这一类,它要求所使用的密码算法能够进行可逆的双向加解密变换。

2.1.3　密码学的发展历程

密码学是一门古老的科学,大概自人类社会出现战争便产生了密码技术,以后逐渐形成一门独立的学科。密码学的发展历史大致可以分为 3 个阶段。

1. 古典密码体制

从古代到 1949 年以前,是密码发展的第一阶段——古典密码体制阶段。古典密码体制是通过某种方式的文字置换进行的,这种置换一般是通过某种手工或机械变换方式进行转换,同时简单地使用数学运算。虽然在古代加密方法中已体现了密码学的若干要素,但它只是一门艺术,还不能算是一门科学。密码技术专家常常是凭直觉和信念来进行密码设计和分析,而不是推理和证明。

2. 近代密码体制

1949—1975 年,是密码学发展的第二阶段。1949 年香农(Shannon)发表了题为《保密通信的信息理论》的著名论文,首次将信息论引入到密码学,从而把密码学置于坚实的数学基础之上,奠定了密码学的理论基础。该文利用统计的观点对信息源、密钥源、接收和截获的密文进行了数学描述和定量分析,提出了通用的密钥密码体制模型。

3. 密码学的新方向

1976 年,美国密码学家 Diffie 和 Hellman 在一篇题为《密码学的新方向》的论文中提出了一个崭新的思想,不仅加密算法可以公开,而且加密使用的密钥也可以公开,但这并不意味着保密程度的降低,这就是著名的公钥密码体制。公钥密码体制解决了在 Internet 上如何将密钥安全地送到接收方等对称密码体制遇到的不可逾越的难题。1978 年,R. L. Rivest, A. Shamir 和 L. Adleman 实现了 RSA 公钥密码体制。

2.1.4　密码分析与密码系统的安全性

密码分析研究如何分析和破译密码。密码分析是指密码分析者虽然不知道密码系统所使用的密钥,但他可能会从截获的密文中通过分析推导出原来的明文。对于一个密码体制,如果能够根据密文确定明文或密钥,或者能够根据明文和相应的密文确定密钥,则我们说这个密码体制是可破译的;否则,称其为不可破译的。但实际上,一个密码系统的安全性取决于以下两方面的因素。

(1) 所使用的密码算法的保密强度。密码算法的保密强度取决于密码设计的水平、破译技术的水平以及攻击者对于加密系统知识的了解程度。密码系统所使用的密码算法的保密强度提供了该系统安全性的技术保障。

(2) 密码算法以外不安全的因素。即使密码算法能够达到实际上的不可破译,攻击者也可能不通过对密码算法进行破译,而是通过其他技术或非技术手段窃取密钥来攻破一个密码系统。在很多时候,窃取密钥比破解密码算法的代价要小得多,可以说,密钥的安全是整个密码系统安全的核心。

因此,密码算法的保密强度并不等价于密码系统整体上的安全性。一个密码系统必须同时完善技术与管理上的要求,才能保证整个系统的安全。

1. 密码分析的方法

密码分析者破译密码的方法主要有穷举攻击法、统计分析法和数学分析法。

(1) 穷举分析攻击(exhaustive attack),又称为蛮力(brute force)攻击或暴力破解,是指密码分析者采用遍历(ergodic)全部密钥空间的方式对所获密文进行解密,直到获得正确的明文。对抗穷举攻击的对策是增大密钥空间的密钥量,如增加密钥长度,或在明文、密文中增加随机冗余信息等。

(2) 统计分析攻击(statistical analysis attack),是指密码分析者通过分析密文和明文的统计规律来破译密码。对抗统计分析的对策是设法使明文的统计特性不带入密文,密文不带有明文的痕迹,而呈现出极大的随机性。能够对抗统计分析攻击已成为近代密码的基本要求。

(3) 数学分析攻击(mathematical analysis attack),是指密码分析者针对加解密算法的数学基础和某些密码学特性,通过数学求解的方法来破译密码。抵抗这种攻击的对策是选用具有坚实数学基础和足够复杂的加密算法。

2. 密码分析攻击的类型

在假设密码分析者已经知道所用加密算法的前提下,根据密码分析者对明文、密文等数据资源的掌握程度,可以将针对加密系统的密码分析攻击类型分为以下 4 种。

(1) 唯密文攻击(Ciphertext-only attack)。分析者仅能根据截获的一个或一些密文进行攻击,目标是得到明文或密钥,这是对密码分析者最不利的情况。

(2) 已知明文攻击(plaintext-known attack)。是指密码分析者除了有截获的密文外,还有一些已知的"明文-密文对"来破译密码。密码分析者的任务目标是推出用来加密的密钥或某种算法,这种算法可以对用该密钥加密的任何新的消息进行解密(加密后的计算机程序很容易受到这类攻击)。

(3) 选择明文攻击(chosen-plaintext attack)。是指密码分析者不仅可得到一些"明文-密文对",还可以任意选择希望被加密的明文,并获得相应的密文。这时密码分析者能够选择特定的明文数据块去加密,并比较明文和对应的密文,以分析和发现更多的与密钥相关的信息。计算机文件系统和数据库特别容易受到这类攻击。

(4) 选择密文攻击(Chosen-Ciphertext attack)。是指密码分析者可以选择一些密文,并得到相应的明文。密码分析者的任务目标是推出密钥。这种密码分析多用于攻击公钥密码体制。

这 4 种攻击的强度按序递增,唯密文攻击是最弱的一种攻击,选择密文攻击则是最强的一种攻击。由于在实际中,攻击者可能输入一段明文,然后观察相应的密文,因此现代加密算法的目标是:即使攻击者知道加密算法,并且使用选择明文攻击方式来进行攻击,也很难破解。

3. 密码系统安全性的概念

一个密码系统为无条件安全(unconditionally secure)就是指即使接收到无限密文，也无法确定其密钥。可以证明，只有采用一次一密的加密方法，才能达到无条件安全，但这在实际中是不现实的。

一个密码系统为计算上安全(computationally secure)就是指该密码系统满足破解密文的花费远远大于所加密信息的价值或破解密文所花费的时间远远多于该信息的有效时间。一般认为，密码系统只要可达到计算上安全就是安全的。

一个密码系统为可证明安全(provable secure)就是指该密码安全性问题可转化成某个研究人员公认的数学困难问题。

2.2　对称密码体制

对称密码体制，即加密密钥与解密密钥相同的密码体制，这种体制只要知道加密(或解密)算法，就可以反推解密(或加密)算法。在 1976 年公钥密码算法提出以前，所有的加密算法都是对称密码体制。对称密码体制可分为分组密码和流密码。本节介绍古典密码、分组密码和流密码。

2.2.1　古典密码

古典密码是现代密码的基础，它包含着密码处理的基本功能单元，分析古典密码有助于更好的理解、设计和分析近现代密码体系。历史上经典加密法都属于对称密码体制，采用的加密思想可分为替代和置换。

(1) 替代(substitution)是将明文中的每个元素映射为另一个元素(可以看成是一个大的查表运算)，明文元素被其他元素所替代而形成密文。

(2) 置换(permutation)又称为换位，是改变明文消息中各元素的排列位置，但明文消息元素本身的取值或内容不变。可以证明置换是替代的一种特殊形式。

近现代密码技术常将替代和置换两种技术结合起来使用，使得密码更难破解。

例如，对于明文 dog，使用替代技术加密得到的密文可能是 eph，使用置换技术加密得到的密文可能是 ogd。

讨论：下面的密码算法采用的加密思想各是什么？明文、密文、密钥及加密算法各是什么？

(1) scytale 密码：古希腊的斯巴达人使用一种叫作 scytale 的棍子来传递加密信息。在 scytale 上，斯巴达人会呈螺旋形地缠绕上一条羊皮纸或皮带(图 2.2)。发信人在缠绕的羊皮纸上横着写下相关的信息，然后将羊皮纸取下，这样羊皮纸上就是一些毫无意义的字母顺序。如果要将这条消息解码，接收方只要将羊皮纸再次缠绕在相同直径的棍棒上，就可以读出信息的内容了。

(2) 棋盘密码：是将 26 个英文字母写在 5×5 的表格中(其中 i 和 j 视为同一个字

母),如图 2.3 所示。每个字母对应的密文由行号和列号对应的数字组成,如 h 对应的密文是 23,e 对应 15,等等。

	1	2	3	4	5
1	a	b	c	d	e
2	f	g	h	ij	k
3	l	m	n	o	p
4	q	r	s	t	u
5	v	w	x	y	z

图 2.2　scytale 密码　　　　　　　图 2.3　棋盘密码

下面介绍几种有代表性的古典密码及其加密运算思想,以及对它们的一些破译方法。读者应重点领悟替代和置换、单表替代密码和多表替代密码的含义。

1. 移位密码

移位密码是最简单的一种密码体制,是公元前 50 年古罗马的凯撒大帝在高卢战争中发明的加密方法,因此又被称为凯撒密码。移位密码将英文字母向前移动 k 位。假如 $k=3$,则密文字母与明文有如下的对应关系。

明文:y o u t h

密文:b r x w k　(将明文每个字母前移 3 位)

移位密码的明文空间 M、密文空间 C 和密钥空间 K_m 相同,且都满足 $M=C=K_m=\{0,1,2,\cdots,25\}=Z_{26}$(提示:$Z_{26}$ 表示模 26 的余数的集合),即把 26 个英文字母与整数 0,1,2,$\cdots$,25 对应起来,如表 2.2 所示。

表 2.2　字母数字映射表

字母	a	b	c	d	e	f	g	h	i	j	k	l	m	n	o	p	q	r	s	t	u	v	w	x	y	z
数字	0	1	2	3	4	5	6	7	8	9	10	11	12	13	14	15	16	17	18	19	20	21	22	23	24	25

移位密码的加密变换和解密变换的函数表达式如下:

加密变换:$E_k(m)=m+(k \bmod 26)$ $m\in M,k\in K$

解密变换:$D_k(c)=c-(k \bmod 26)$ $c\in C,k\in K$

解密后再把数字转换成相应的英文字母即可。

对于这种密码,若攻击者知道采用的是移位密码体制,则很容易利用穷举法将密文解密,按照移位密码的解密规则,最多尝试 25 次,就能找到密文对应的明文信息。

若采用的密钥是 $k=0$,则加密后的密文和明文相同,这样的密钥称为弱密钥。在密码体制中,若密钥 k 使得加密变换和解密变换一致,这样的 k 就是弱密钥。如果一个密钥能够解密用另一个密钥加密的密文,则这样的密钥称为半弱密钥。弱密钥和半弱密钥会引起安全问题,好的密码系统中它们占的比例应该尽可能小。

移位加密法的弱点是可预测性,它实际上是一种线性变换。只要决定将明文消息中

的字母替换成相距 k 个字母的字母,就可以用同样的方法替换明文消息中的所有其他字母。这样,密码分析员最多只要进行 25 次攻击,就一定能取得成功。

提示:对于移位密码,加密时需将明文字母和密钥转换成数字,再对数字进行运算,最后又要将运算结果数字转换成密文字母。这需要 3 个步骤,有些麻烦。凯撒发明了转轮,如图 2.4 所示。他把 26个拉丁字母写在内外两个圆盘对应的位置。然后转动内盘,移动一个角度,再把内盘的字母用外盘的字母代替,就把明文变成了密文。

转轮的发明在古典密码学中具有重要意义,因为很多种对称密码体制都能用转轮或更复杂的转轮机进行运算。在计算机发明以前,转轮机是进行密码运算的主要工具,它在两次世界大战的情报加密中得到了广泛应用。

图 2.4　移位密码转轮

2. 一般单表替代密码

一般单表替代密码是通过建立一张"明文-密文"对照表来实现加密的方法,这样明文消息中的每个字母不是移动相同的位数,而是根据某张字符对照表进行替换,因此在一个明文消息中,每个 A 可以替换成 B～Z 中的任意字母,B 也可以替换成 A 或 C～Z 中的任意字母,等等。这里的关键区别是 B 的替换与 A 的替换没有任何关系。一般单表替代密码首先要建立一张字母替代表。表 2.3 就是一张一般单表替代表。

表 2.3　一张一般单表替代密码的"明文-密文"对照表

明文	a	b	c	d	e	f	g	h	i	j	k	l	m
密文	q	w	e	r	t	y	u	i	o	p	a	s	d
明文	n	o	p	q	r	s	t	u	v	w	x	y	z
密文	f	g	h	j	k	l	z	x	c	v	b	n	m

在进行加密或解密运算时,直接查表进行替代就可以了。例如:

$$E_k(dog) = \pi(dog) = rgu; \quad D_k(htghst) = \pi^{-1}(htghst) = people$$

一般单表替代密码的特点是:字母之间的替换是一种非线性关系,数学上,可以使用 26 个字母任意替换与组合,从而得到 $(26 \times 25 \times \cdots \times 2 \times 1)$ 种可能,破译者采用穷举攻击在计算上是不可行的,假设他 $1\mu s$ 试一个密钥,遍历全部密钥需要 10^{13} 年。

一般单表替代密码的缺点是密钥 π 为一张字母映射表,因此密钥不便于记忆,而且一般单表替代密码仍然是容易破解的,因为它不能经受住统计分析。一旦密文消息足够长,攻击者可利用语言的统计特性进行分析。在英文中,每个字母的出现频率在大规模的文本中大概是固定的。语言分析师发现,26 个英文字母的出现频率大致如表 2.4 所示。

表 2.4　26 个英文字母出现频率

字母	出现频率	字母	出现频率	字母	出现频率	字母	出现频率
a	0.0856	h	0.0528	o	0.0797	v	0.0092
b	0.0139	i	0.0627	p	0.0199	w	0.0149
c	0.0279	j	0.0013	q	0.0012	x	0.0017
d	0.0378	k	0.0042	r	0.0677	y	0.0199
e	0.1304	l	0.0339	s	0.0607	z	0.0008
f	0.0289	m	0.0249	t	0.1045		
g	0.0199	n	0.0707	u	0.0249		

字母和字母组的统计数据对于破译单表替代密码是非常有用的,因为它们可以提供有关密钥的很多信息。例如,因为字母 e 比其他字母的出现频率高很多,如果密文中有一个字母的出现频率比其他字母都高,可以猜测这个字母对应的明文字母为 e,又如英文中 the 的出现频率相当高,如果密文中总是频繁出现 3 个固定的密文字母,可猜测这 3 个字母对应的明文为 the。进一步比较密文和明文的各种统计数据及其分布,便可确定密钥,从而破译一般单表替代密码。

3. 仿射密码

针对一般单表替代密码的密钥 π 不便记忆的问题,又衍生出各种形式的单表替代密码,仿射密码便是一种,它可以看成是对移位密码的改进,因此也是一种线性变换。

仿射密码的明文空间和密文空间与移位密码相同,但密钥空间为 $K = \{(k_1, k_2) \mid k_1, k_2 \in Z_{26}, \gcd(k_1, 26) = 1\}$。

注意:k_1 必须和 26 互素,如果不互素,例如取 $k_1 = 2$,则明文 $m = m_i$ 和 $m = m_i + 13$ 两个字符都将被映射成同一个密文字符(如 1 和 14 都将被映射到同一个字符)。

对任意 $m \in M, c \in C, k = (k_1, k_2) \in K$,定义加密变换为

$$c = E_k(m) = (k_1 m + k_2) \bmod 26$$

相应的解密变换为

$$m = D_k(c) = k_1^{-1}(c - k_2) \bmod 26$$

其中,$k_1 k_1^{-1} = 1 \bmod 26$。很明显,当 $k_1 = 1$ 时即为移位密码,而当 $k_2 = 0$ 时则称为乘法密码。下面是一个仿射密码加密的例子。

【例 2.1】 设明文消息为"china",密钥 $k = (k_1, k_2) = (9, 2)$,试用仿射密码对其进行加密,然后再进行解密。

解:加密变换为

$$E_k(m) = (k_1 m + k_2) \bmod 26 = (9m + 2) \bmod 26$$

查表 2.2 可知明文消息"china"对应的数字依次为 2,7,8,13,0,用仿射密码对明文字母对应的数字依次进行加密运算即得到密文对应的数字,再查表 2.2 即得到密文为"unwpc"。

解密过程：利用扩展的欧几里得算法求 k_1 的乘法逆元，可计算出 $k_1^{-1} = 3$。

再进行解密变换：

$$D_k(c) = k_1^{-1}(c - k_2) \bmod 26 = 3 \times (c - 2) \bmod 26 = (3c - 6) \bmod 26$$

由于仿射密码的 k_1 必须和 26 互素，并且还要去掉 1，k_1 的密钥空间实际只有 11 个密钥，而 k_2 的密钥空间有 25 个密钥，因此仿射密码的密钥空间大约是 $11 \times 25 = 275$，在抵抗穷举攻击方面比移位密码要好些。

4. 密钥短语密码

密钥短语密码选用一个英文短语或单词串作为密钥，先去掉其中重复的字母，得到一个无重复字母的字符串，然后再将英文字母表中的其他字母依次写于该字母串后，就可构造出一个字母替代表。如密钥为 university 时，先去掉重复字母 i，成为 universty，再制作替代表，如表 2.5 所示。

表 2.5　密钥为 university 的单表替代密码

明文字母	a	b	c	d	e	f	g	h	i	j	k	l	m	n	o	p	q	r	s	t	u	v	w	x	y	z
密文字母	u	n	i	v	e	r	s	t	y	a	b	c	d	f	g	h	j	k	l	m	o	p	q	w	x	z

以上这几种密码都属于单表替代密码。单表替代密码的特点是明文字符和密文字符是一对一的映射关系。这个特点使得密文中单字母出现的频率分布与明文中的相同，因此任何单表替代密码都经不起统计分析。

本质上，单表替代密码可表述成如下函数形式：

$$E_f(x_0, x_1, x_2, \cdots) = (f(x_0), f(x_1), f(x_2), \cdots)$$

例如对于移位密码，它的加密函数是 $f(x) = x + (k \bmod 26)$，对于仿射密码，它的加密函数是 $f(x) = k_1 x + (k_2 \bmod 26)$，均是线性函数。而对于一般单表替代密码和密钥短语密码，虽然它们的加密函数不好用公式表示出来，但它们仍然是一个函数，因为函数的定义是对于每个自变量 x，都有唯一的一个 y 与之对应。

下面介绍几种多表替代密码，它们和单表替代密码有明显的区别。

多表替代密码使用从明文字母到密文字母的多个映射来隐藏单字母出现的频率分布，每个映射是单表替代密码中的一对一映射（即处理明文消息时使用不同的单字母代替）。多表替代密码将明文字母串划分为长度相同的消息单元，称为明文分组。对明文成组地进行替代，即使用了多张字母替代表。这样，同一个明文字母将对应不同的密文字母，改变了单表替代密码中明文和密文的一一对应关系，这使得对密码进行统计分析的难度大大增加。多表替代密码的函数表达式如下：

$$E_f(x_0, x_1, x_2, \cdots) = (f_0(x_0), f_1(x_1), f_2(x_2), \cdots)$$

5. 维吉尼亚（Vigenere）密码

维吉尼亚密码是一种典型的多表替代密码，该密码体制有一个参数 n，表示采用 n 位长度的字符串（例如一个英文单词）作为密钥。在加解密时，同样把英文字母映射成 0～25 的数字再进行运算，并按 n 个字母一组进行变换。明文空间、密文空间和密钥空间都

是长度为 n 的英文字母串的集合。其加密变换定义如下：

设密钥 $k = k_1 k_2 \cdots k_n$，明文 $m = m_1 m_2 \cdots m_n$，则加密变换为

$$E_k(m_1, m_2, \cdots, m_n) = (m_1 + k_1 \bmod 26, m_2 + k_2 \bmod 26, \cdots, m_n + k_n \bmod 26)$$

【例 2.2】　设明文为"killthem"，密钥为"gun"，试用维吉尼亚密码对明文进行加密。

解：

明文对应的数字为：　10　8　11　11　19　7　4　12

密钥对应的数字为：　6　20　13　6　20　13　6　20

相加取余变换后：　16　2　24　17　13　20　10　6

对应的密文是：　　 h　c　y　r　n　v　w　g

因此明文加密后得到的密文是"hcyrnvwg"，注意同一明文字母"l"被替代成了不同的密文字母。读者可自行验证解密过程。

可以看出，维吉尼亚密码的密钥空间为 26^n，所以即使 n 的值很小，使用穷举法要搜索的空间也非常大。而且由于一个字母可以被替代成不同的密文字母，隐藏了字母的统计特性，因此也无法直接用统计频率的方法破解。所以说多表替代密码的安全性比单表替代密码大大提高。

破解维吉尼亚密码的基本思想是将它分解成多个单表替代密码的组合。比如使用了 5 个字母的单词作为密钥就可看成是 5 组单表替代密码的组合。将第 $1, 6, 11, \cdots$ 个字母组成的字符串看成是第一个单表替代密码，将第 $2, 7, 12, \cdots$ 个字母组成的字符串看成是第二个单表替代密码，然后再对它们分别使用统计分析就可以破解了，而破解的关键就在于要找出维吉尼亚密码的密钥长度，这是将它正确划分成几组单表替代密码的基础。确定密钥长度常采用 Kasiski 测试法和重合指数法。

Kasiski 测试法的基本思想是，若密钥长度为 n，则当两个相同的明文片段在明文序列中间隔的字符数是 n 的整数倍时，将加密成相同的密文片段。因此，如果发现两个相同的密文段，对应的明文段虽然不一定相同，但相同的可能性很大。找出密文中一对对相同的密文段（长度至少为 3）之间的距离，则密钥长度 n 就可能是这些距离的最大公因子。

提示：包括维吉尼亚密码在内的所有古典密码都不能抵抗选择明文攻击，假设攻击者可构造一条特殊的明文 $m = \text{aaaaaaaaaaaa}\cdots$，然后用维吉尼亚密码加密，则通过密文可很容易地分析出密钥 K 的长度，进而分析出密钥。因此，古典密码都无法用于现代保密通信中。

6. 希尔密码

希尔（Hill）密码是一种特殊的多表替代密码，它利用矩阵变换来对信息实现加密。它的数学定义是：设 m 是一个正整数，令 $M = E = (Z_{26})^m$，密钥 $K_{m \times m} = \{$定义在 Z_{26} 上的 $m \times m$ 矩阵$\}$，其中 K 的行列式值必须和 26 互质，否则不存在 K 的逆矩阵 K^{-1}。对任意的密钥 $K_{m \times m}$，定义加密/解密变换为 $E_k(x) = K_{m \times m} x \bmod 26$，$D_k(y) = K_{m \times m}^{-1} y \bmod 26$。

【例 2.3】　设明文为"hill"，密钥为"bdbe"，试用希尔密码对明文进行加密和解密。

解：明文对应的数字为 7、8、11、11，密文对应的数字为 1、3、1、4。

将它们分别写成矩阵的形式有

$$m = \begin{bmatrix} 7 & 11 \\ 8 & 11 \end{bmatrix}, \quad k = \begin{bmatrix} 1 & 1 \\ 3 & 4 \end{bmatrix}$$

用密钥 k 左乘 m，得

$$c = k \times m = \begin{bmatrix} 1 & 1 \\ 3 & 4 \end{bmatrix} \times \begin{bmatrix} 7 & 11 \\ 8 & 11 \end{bmatrix} = \begin{bmatrix} 15 & 22 \\ 53 & 77 \end{bmatrix}$$

再将矩阵中的值对 26 取模，得

$$\begin{bmatrix} 15 & 22 \\ 53 & 77 \end{bmatrix} \bmod 26 = \begin{bmatrix} 15 & 22 \\ 1 & 25 \end{bmatrix}$$

这就是密文对应的数字了，将密文对应的数字写成一行得 15、1、22、25，这些数字对应的密文 c 为 pbwz。

解密过程是：

首先求得 k 的逆矩阵：

$$k^{-1} = \begin{bmatrix} 4 & -1 \\ -3 & 1 \end{bmatrix}$$

求逆矩阵的方法可参考线性代数的教材。

则

$$m = k^{-1} \times c = \begin{bmatrix} 4 & -1 \\ -3 & 1 \end{bmatrix} \times \begin{bmatrix} 15 & 22 \\ 1 & 25 \end{bmatrix} = \begin{bmatrix} 59 & 53 \\ -44 & -41 \end{bmatrix}$$

再将矩阵中的值对 26 取模，得

$$\begin{bmatrix} 59 & 53 \\ -44 & -41 \end{bmatrix} \bmod 26 = \begin{bmatrix} 7 & 11 \\ 8 & 11 \end{bmatrix}$$

可看到已解密得到明文对应的数字。如果明文长度大于密钥长度，则将明文按照密钥的长度进行分组，每一组分别与密钥进行矩阵运算。

希尔密码可以较好地抗击统计分析攻击，但在面对已知明文攻击时就很容易被破解，特别是在已知密钥矩阵行数的情况下。

7. 置换密码

置换密码是指变换明文中各元素的相对位置（即对各元素换位），但保持其内容不变的方法，即通过对明文元素的重新排列来达到隐藏明文原始内容所表达含义的加密方法。最简单的置换密码是直接把明文内容倒过来排列作为密文。置换密码的一个显著特点是它的明文字符集合和密文字符集合完全相同。

置换密码依赖的加密工具一般是矩阵或栅栏。常见的置换密码有列置换密码、螺旋置换密码和栅栏密码等。列置换密码是将明文信息按照行的顺序排列成一个 $m \times n$ 的矩阵，然后按照列的顺序（由密钥给定）输出密文。

【例 2.4】　设明文 m 为 attack begins at two，密钥 k 为 CIPHER，试利用列置换密码进行加密。

解：密钥"CIPHER"在 26 个字母中出现的顺序为 1、5、4、3、2、6，将这个顺序作为密文列的排列顺序。密钥有 6 位，因此矩阵的宽为 6 列。该方法要求填满矩阵，如果明文字母不够，可添加 x 或 q。具体加密过程如下：

1	5	4	3	2	6
a	t	t	a	c	k
b	e	g	i	n	s
a	t	t	w	o	x

则密文就是按列的顺序进行重新排列，密文 c 为 aba cno aiw tgt tet ksx。

解密时，根据密文长度 18 和密钥长度 6 确定行数为 3。将密文按一列 3 个字母写出，再按(1、5、4、3、2、6)进行列置换就得到了明文。

必须指出，置换密码在实质上是希尔密码的特例，例如置换密码 $E_k(\text{dog}) = \text{ogd}$ 可用如下希尔密码实现：

$$E_k(x) = K_{m \times m} x = \begin{bmatrix} 0 & 1 & 0 \\ 0 & 0 & 1 \\ 1 & 0 & 0 \end{bmatrix} \times \begin{bmatrix} d \\ o \\ g \end{bmatrix} = \begin{bmatrix} o \\ g \\ d \end{bmatrix}$$

显然置换密码只是对原来的字母进行了一个重新排列，无法隐藏语言的统计特性，不能经受住统计分析，因此，置换密码很难单独构成保密的密码。但是，作为密码编码的一个环节，这种密码常与替代密码共同工作，是现代电子技术和计算机密码中的常用编码方案。

8. 古典密码体制总结

通过以上几种古典密码可以看出，尽管古典密码体制没有涉及非常高深或复杂的理论，但已充分体现出现代密码学的两大基本思想——替代和置换，而且还将数学的方法引入到密码学的分析和研究中。图 2.5 对古典密码体制进行了分类汇总。

图 2.5 古典密码体制的分类汇总

2.2.2　分组密码的设计

分组密码(block cipher)体制是目前应用较广泛的一种加密体制。分组密码在对明文加密时,首先需要对明文进行分组,每组的长度都相同,然后对每组明文分别加密,得到等长的密文。分组密码具有速度快、易于标准化和便于软硬件实现等特点,通常是信息与网络安全中实现数据加密和认证的核心机制,它在计算机通信和网络安全中有着最广泛的应用。

1. 分组密码的设计要求

分组密码设计依据的思想是:在一定的数学规则下的复杂函数可以通过简单函数迭代若干次得到,分组密码利用简单函数和非线性函数等运算,得到比较复杂的变换。一般情况下对分组密码算法的要求如下:

(1) 分组长度 n 要足够大。因为当明文分组长度为 n 位时,至多需要 2^n 个明文-密文对就可彻底破解密码。同理,当密钥长度为 n 位时,至多只需要试验 2^n 个密钥就可破解该密文。因此从安全角度考虑,明文分组和密钥长度都应足够大。当分组长度 n 较小时,分组密码类似于某些古典密码,如维吉尼亚密码、希尔密码和置换密码,它仍然有效地保留着明文中的统计信息,这种统计信息给攻击者留下了可乘之机,攻击者可以有效地穷举明文空间,得到密码变换本身。

(2) 密钥空间足够大。分组密码的密钥所确定的密码变换只是所有置换中极小的一部分。如果这一部分足够小,攻击者可以有效地通过穷举密钥确定所有的置换,到达一定时间,攻击者就可以对密文进行解密,以得到有意义的明文。

(3) 密码变换必须足够复杂。使攻击者除了穷举攻击外,找不到其他简洁的数学破译方法。

2. 分组密码的设计原则和方法

为了便于实现和分析,在实际中经常采用以下两个方法来达到上面的要求:

(1) 将大的明文分组再分成几个小段,分别完成各个小段的加密置换,最后进行并行操作。这样做是为了使分组长度足够大,以保证密码算法的强度。

(2) 采用乘积密码技术。乘积密码就是以某种方式连续执行两个或多个密码变换。例如,设有两个子密码变换 E_1 和 E_2,则先以 E_1 对明文进行加密,然后再以 E_2 对所得结果进行加密,其中 E_1 的密文空间与 E_2 的明文空间相同。如果得当的话,乘积密码可以有效地掩盖密码变换的弱点,构成比其中任意一个密码变换更强的秘密系统。

在实际中,分组密码设计的指导原则是采用香农的建议:混淆和扩散。

(1) 混淆:是指所设计的密码应使得密钥和明文以及密文之间的依赖关系相当复杂,以至于这种依赖性对密码分析者来说无法利用,即密码可以对分析者隐藏一些明文的局部特征。例如,单表替代密码就不符合混淆的标准,像双字母 ee 这样的局部特征在密文中依然表现为双字母,并且单字母的出现频率将依然得到体现。

(2) 扩散:是指所设计的密码应使得密钥的每一位影响密文的许多位,以防止对密钥进行逐段破译，并且明文的每一位也影响密文的许多位，以隐蔽明文的统计特性。像维吉尼亚这样的多表替代密码在混淆上是有效的，因为它不是在每一时刻都采用同样的方法加密同样的字符。但维吉尼亚密码在扩散上是失败的，因为它没有做任何换位，该弱点加上周期性替代将受到 Freidman 攻击。通过扩散可以使明文的不同部分都不停留在原来的位置上。

3. 分组密码的工作模式

对于安全的分组密码算法来说，采用适当的工作模式可隐藏明文的统计特性、数据的格式等，以提高整体的安全性。美国在 FIPS 中定义了 5 种运行模式：电子密码本（ECB）、密码分组链接（CBC）、计数器模式（CTR）、输出反馈（OFB）和密码反馈（CFB）。任何分组密码算法都可以根据不同的应用使用 5 种模式之一。

（1）ECB 模式是最简单的分组模式，它直接利用加密算法分别对每个明文分组进行加密。其特点有：

① 每个分组用同一个密钥加密，同样的明文分组将产生同样的密文分组，因此安全性有限；

② 错误传播率小，单个密文分组中有一个或多个比特错误只会影响该分组的解密。

（2）CBC 模式是使用最普遍的分组密码运行模式。它将第一个明文分组与初始向量（Initial Vector，IV）进行异或运算，而将后面的明文分组分别与前一密文分组做异或运算，再使用相同的密钥对所有异或后的分组进行加密。其特点是：

① 每个明文分组的加密结果不仅与密钥有关，还与前一密文分组有关，因此，同样的明文分组将产生不同的密文分组，安全性大为提高；

② 错误传播率有限，由于 CBC 模式引入了反馈，当某个密文分组出现错误后，会影响该分组与后一密文分组的解密，但其他分组不受影响。

（3）CTR、OFB、CFB 模式均可将分组密码转换为流密码，其特点是利用分组密码算法作为一个密钥流产生器。

2.2.3 数据加密标准(DES)

数据加密标准（Data Encryption Standard，DES）也称为数据加密算法（Data Encryption Algorithm，DEA），是由 IBM 公司研制的，经过美国政府加密标准筛选后，于 1977 年被定为联邦信息标准。

DES 算法的积极意义在于它是第一个形成标准化的密码系统。在 DES 算法之前，保密通信双方使用的密码算法都是由双方秘密约定的，算法不能公开，因此不符合 Kerchoffs 原则。在使用 DES 标准化密码系统之后，可以在更广的范围内满足保密通信的需要。

DES 是一种分组密码算法，它将明文从算法的一端输入，将密文从另一端输出。由于采用的是对称密钥，因此加密和解密使用相同的算法和密钥，并且加密和解密算法是公开的，系统的安全性完全依赖于密钥的保密。

1. DES 的加密过程

DES 对数据进行加密时,首先将数据切分成 64 位的分组(最后一组如果不足 64 位,可以在其后面添加 n 个 0,使其凑足 64 位),它使用的密钥为 64 位,但有效密钥长度为 56 位(另有 8 位用于奇偶校验,检测数据在传输过程中是否发生了不可预料的错误改变)。输出的密钥分组也是 64 位,解密时的过程和加密时的类似,但密钥的顺序正好相反。

(1) 明文初始置换。首先对明文分组进行初始置换,以打乱原来的次序,DES 有一个明文初始置换表,初始置换就是按照这个表将明文的第 58 位移到第 1 位,将第 50 位移动到第 2 位,将第 42 位移动到第 3 位……明文分组 $m_1, m_2, \cdots, m_{64}$ 经过初始置换后变成了 $m_{56}, m_{50}, \cdots, m_8, m_{57}, m_{49}, \cdots, m_7$。至于为什么要这么换位,那是算法设计者经过充分验证后得出的最有效的加密方法,并且设计细节是保密的,我们可以不必深究。

(2) 密钥初始置换。密钥的初始值为 64 位,DES 算法规定其中的第 8、16、24、32、40、48、56、64 位为奇偶校验位,用于检测传输途中数据是否发生了改变。因此先把这 8 位去掉,密钥由 64 位变成 56 位。DES 中也有一个密钥初始置换表,密钥初始置换就是按照这个表将密钥的第 57 位移动到第 1 位,将第 49 位移动到第 2 位……这样密钥分组 $d_1, d_2, \cdots, d_{64}$ 经过初始置换后变成了 $d_{57}, d_{49}, \cdots, d_{36}, d_{63}, \cdots, d_4$。

(3) 生成 16 个 48 位的子密钥。首先将 56 位的密钥切分成左右两部分,每部分 28 位分别记为 C_0、D_0。然后,分别将 C_0、D_0 左移一位,得到 C_1、D_1;将 C_1、D_1 左移一位,得到 C_2、D_2;将 C_2、D_2 左移两位,得到 C_3、D_3……从而得到 $C_1 D_1 \sim C_{16} D_{16}$。将移动后的 C_n 和 D_n 重新合并得到 16 个 56 位的密钥。再将这 16 个 56 位的密钥按照一个缩小换位表均缩小成 48 位的密钥。最终得到 16 个 48 位的子密钥 $K_1 \sim K_{16}$。

(4) 明文扩展置换。将初始置换后的明文也切分成左右两部分,每部分 32 位,记为 L_0、R_0。然后,根据一个扩展置换表(有时也称为 E 盒,如表 2.6 所示),将 R_0 由 32 位扩展到 48 位,而 L_0 则保持不变。接着根据 L_0 和 R_0 及下面的公式分别求 $L_1 \sim L_{16}$ 和 $R_1 \sim R_{16}$。

$$L_i = R_{i-1} \quad i = 1, 2, \cdots, 16$$
$$R_i = L_{i-1} \oplus f(R_{i-1}, K_i)$$

表 2.6　E 盒(输入 32 位,输出 48 位)

32	1	2	3	4	5	4	5	6	7	8	9	8	9	10	11
12	13	12	13	14	15	16	17	16	17	18	19	20	21	20	21
22	23	24	25	24	25	26	27	28	29	28	29	30	31	32	1

(5) S 盒替代。即 L_1 就等于 R_0,而为了求 R_1,首先将 R_0 和密钥 K_1 进行异或运算后得到 48 位的字符串,把这 48 位数分成 8 个 6 位数,1~6 位为 $B[1]$,7~12 位为 $B[2]$……43~48 位为 $B[8]$。将这 8 个 6 位数分别输入到 8 个 S 盒(S1~S8 盒)里。S 盒再取出 $b_1 \sim b_6$ 中的 b_1 和 b_6 作为行数,$b_2 \sim b_5$ 组成的二进制数表示列数。两位二进制数转换为十进制数作为行,4 位二进制数转换为十进制数作为列,在 S 盒中选取该行和列对应的数字,将

该数字转换为 4 位二进制数作为输出。例如,若 S1 盒的输入 $B[1]$ 为 101100,则它的首尾两位为 10,对应的行数是 2,中间四位是 0110,对应的列数是 6,查如表 2.7 所示的 S1 盒,可发现第 2 行第 6 列的数字是 2,则 4 位输出是 0010。注意:S 盒的行和列序号都是从 0 开始的。

表 2.7　S1 盒

	0	1	2	3	4	5	6	7	8	9	10	11	12	13	14	15
0	14	4	13	1	2	15	11	8	3	10	6	12	5	9	0	7
1	0	15	7	4	14	2	13	1	10	6	12	11	9	5	3	8
2	4	1	14	8	13	6	2	11	15	12	9	7	3	10	5	0
3	15	12	8	2	4	9	1	7	5	11	3	14	10	0	6	13

(6) P 盒置换。将 8 个 S 盒输出的 32 位数进行 P 盒置换,该置换把每个输入位移动到输出位,例如,把第 21 位移动到第 4 位处,第 4 位移动到第 31 位处。最后,将 P 盒置换的结果再与 L_0 进行异或运算。所得结果即为 R_1。

(7) 末置换。在对明文左右部分 L_0、R_0 进行完依赖于密钥的 16 轮处理后,得到 R_{16} 和 L_{16},应注意在 DES 的最后一轮,左半部分和右半部分并未交换,而是将其合并为 $R_{16}L_{16}$,形成一个分组作为末置换的输入,依据 DES 的末置换表将输入打乱顺序,如将第 40 位移动到第 1 位,第 8 位移动到第 2 位……

(8) DES 的解密。DES 的解密算法和加密算法相同,只不过第一次迭代时用子密钥 K_{16},第 2 次用 K_{15}……第 16 次用 K_1,也就是仍然按照加密的过程进行以上步骤的运算,只不过把子密钥的顺序倒过来而已。

2. DES 加密的特点

从 DES 的加密过程中不难发现,DES 综合运用了许多次置换和替代技术,从而达到了混淆和扩散的特点;其次它将大的明文分组,再分成了左右两部分小的分组,分别完成各个小段的加密置换;并且采用了乘积密码技术,将 R_0 加密后的所得结果 R_1 再作为 L_2 的输入进行加密。

自从 DES 问世以来,有人对它进行了各种各样的研究分析,并未发现其算法上的破绽。在过去相当长的一段时间里,找不到比穷举搜索更有效的方法攻击 DES,而在过去是没有能力对 56 位的密钥进行穷举搜索的,因而在过去 DES 是安全的。但现在由于计算机技术的发展,56 位的密钥已经经不起穷举攻击了。为此,人们利用两个密钥进行 3 次 DES 加密,这称为三重 DES,它的密钥相当于有 112 位,目前三重 DES 依然是安全的。但 DES 已逐渐被更为安全的高级加密标准 AES 算法取代,AES 的密钥长度至少有 128 位。

3. DES 算法的变形

为了提高 DES 算法的安全性,可以将 DES 算法在多密钥下多重使用,如双重 DES、三重 DES(3DES)等 DES 算法的变形。

双重 DES 是使用两个密钥对明文进行两次 DES 加密。双重 DES 有两个密钥 K_1 和 K_2。首先对明文用 K_1 进行 DES 加密,得到密文后再对该密文用另一密钥 K_2 加密得到最终密文。

而三重 DES 仍然使用两个密钥 K_1 和 K_2。首先用密钥 K_1 加密明文块,得到 $E_{K_1}(P)$;然后用密钥 K_2 解密上面的密文,得到 $D_{K_2}(E_{K_1}(P))$,由于是用另一个密钥进行解密,实际上相当于又加密了一次;最后用密钥 K_1 再次加密上一步的输出,得到 $E_{K_1}(D_{K_2}(E_{K_1}(P)))$,整个过程如图 2.6 所示。

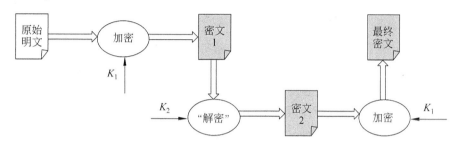

图 2.6　利用两个密钥的三重 DES

为什么三重 DES 只使用两个密钥而不是 3 个呢? 这是因为两个密钥的总长度已经达到 112 位,已经足够抵抗穷举搜索攻击了,如果使用 3 个密钥,则势必增加不必要的数据传输。在进行加密时,采用 E-D-E(加密-解密-加密)而不是 E-E-E 的原因是为了与普通 DES 系统兼容,如果三重 DES 使用的两个密钥 $K_1 = K_2$,则三重 DES 就相当于普通 DES 算法,因此,对于 3DES 与仅支持普通 DES 算法的应用程序进行通信,可设置 $K_1 = K_2$。

2.2.4　其他分组密码体制

1. 高级加密标准

高级加密标准(Advanced Encryption Standard,AES)是美国国家标准与技术研究院(NIST)旨在取代 DES 的加密标准。2001 年,NIST 选中了 Rijmen 设计的 Rijndael 作为 AES 标准。AES 是一个非保密的、公开技术细节的、可免费使用的分组密码算法。它的设计策略是宽轨迹策略,这是针对差分分析和线性分析而提出的。AES 限定了明文分组长度为 128 位,而密钥长度可以为 128、192、256 位,相应的迭代轮数为 10 轮、12 轮和 14 轮。由于 AES 的密钥长度达到 128 位,因此其密钥空间达到 2^{128},能有效地抵抗穷举攻击。

2. IDEA

IDEA(International Data Encryption Algorithm)是最强大的数据加密标准之一,由来学嘉在 1990 年提出。尽管 IDEA 很强大,但并不像 DES 和 AES 那么普及,主要原因是 IDEA 受专利保护,要先获得许可证之后才能在商业应用程序中使用。IDEA 的分组长度是 64 位,密钥长度是 128 位,同一算法既可用于加密也可用于解密,该算法的整体设计非常有规律,很适合利用 VLSI(超大规模集成电路)实现。

3. 轻量级分组密码算法

近年来,由于物联网的出现和应用,物联网的安全问题逐渐被人们重视,但因为物联网中的传感器节点、电子标签等微型计算设备的运算和存储能力都非常弱,不能使用资源消耗较大的传统密码算法。在这种情况下,适应资源约束的很多轻量级分组加密算法近年来被提出。

轻量级分组密码要求做到较小的分组长度和密钥长度。当明文分组长度为 n 位时,至少需要 2^n 个明密文对才可破解密码。轻量级分组密码算法要求可以用软件与硬件来实现。由于轻量级分组密码设计当初主要是为了克服资源受限的问题,因此轻量级分组密码算法在资源受限的硬件上实现更具有价值。

目前,典型的轻量级分组密码算法有:A. Bogdanov 于 2007 年提出的 PRESENT 算法,日本 Shibutani 等设计的 Piccolo 算法,李浪等提出的一种高安全性的轻量级分组密码算法 Magpie 等。

2.2.5   流密码

流密码将明文消息按字符逐位加密,它采用密钥流生成器(KG),从种子密钥生成一串密钥流字符来加密信息,每个明文字母被密钥流中不同的密钥字符加密,如图 2.7 所示。

图 2.7   流密码体制模型

1949 年香农证明了只有"一次一密"的密码体制是绝对安全的,所谓"一次一密"是指每个明文字母每次都用一个真正随机产生的密钥字母加密,即每个密钥字母的出现无任何规律。这给流密码技术的研究以强大的支持,流密码设计的思想就是模拟"一次一密"的密码体制,或者说"一次一密"的密码体制是流密码的雏形。如果流密码使用的是真正随机产生的,与明文流长度相同或更长的密钥流,那么此时的流密码就是"一次一密"的密码体制,是无法破解的。

但是,在实际应用中的密钥流都是用有限存储和有限复杂逻辑的电路来产生的,此时的密钥流生成器只具有有限多个状态,这样,密钥流产生器迟早是要回到初始状态而使其状态呈现出一定长度的周期,因此它的输出也只能是周期序列。因而,实际的流密码是不可能实现"一次一密"密码体制的。

但是,如果密钥流产生器产生的密钥流周期足够长,并且其随机性又足够好,就可以近似地实现人们所追求的理想的"一次一密"的密码体制。

因此,流密码的强度完全依赖于密钥流产生器生成序列的随机性和不可预测性,其核心问题是密钥流生成器的设计。保持收发两端密钥的精确同步是实现可靠解密的关键。

1. 同步流密码

同步流密码是指密钥流的产生独立于明文流和密文流的流密码。如图 2.8 所示,同步流密码各符号之间是真正独立的,因此,一个字符传播错误只影响一个符号,不会影响后继的符号。

下面通过对维吉尼亚密码进行改进定义一个同步流密码。设一个维吉尼亚密码算法的密钥 $k=\text{cipher}$,则密钥长度 $d=6$,将该密钥作为流密码的种子密钥,密钥流生成器生成密钥流的规则为:第一次用该密钥加密明文,以后每次将该密钥每位循环右移一位,得到密钥流。

设种子密钥 $k=\text{cipher}(2,8,15,7,4,17)$,则在种子密钥控制下产生的密钥流

$$z_i=(2,8,15,7,4,17,8,15,7,4,17,2,15,7,4,17,2,8,7,4,17,2,8,15,\cdots)$$

将明文序列的每位与密钥流序列的每位进行相加取余(mod 26)运算即得到密文。

可以看出,这不是一个完善的流密码,因为密钥流并不是随机序列,而且还会发生周期性的变化,但与普通的维吉尼亚密码相比,其密钥周期是原来的 d 倍,因此破解难度增大。

同步要求:在同步流密码中,消息的发送者和接收者必须同步才能做到正确地加密解密,即双方使用相同的密钥,并用其对同一位置进行操作。一旦由于密文字符在传输过程中被插入或删除而破坏了这种同步性,那么解密工作将失败。因此,最好对接收到的密文的完整性先进行校验。

2. 自同步流密码(异步流密码)

与同步流密码相反,自同步流密码密钥流的产生与已经产生的一定数量的密文有关。通常第 i 个密钥字符的产生不仅与主密钥有关,而且与前面已经产生的若干个密文字符有关。如图 2.9 所示。自同步流密码是一种有记忆变换的流密码。

对维吉尼亚密码稍作改进就能得到一个自同步流密码。设维吉尼亚密码的密钥为 cipher,将该密钥作为流密码的种子密钥,密钥流产生器产生密钥流的规则为:首先用该密钥加密明文,该密钥用完后就使用密文作为密钥流,再用密钥流加密明文。此时密文流不仅与密钥有关,还与密文有关,因此属于自同步流密码。例如:

图 2.8　同步流密码　　　　　　　　图 2.9　自同步流密码

```
明文：  t h i s i s a n e x s a m p l e
密钥：  c i p h e r
密文：  v p x z m j v c b w e j h r m a
密钥流：c i p h e r v p x z m j v c b w
```

解密时根据种子密钥可以把先收到的密文恢复成明文,然后再使用已收到的密文作为密钥流来解密接下来收到的密文。

对于自同步流密码,某一个符号的传输错误将影响到后面的符号的解密,例如,如果明文 thisis 传输错误,则密钥流也会跟着发生改变,也就是说,自同步流密码具有错误传播现象。

3. 常见的几种流密码体制

由于流密码长度灵活可变,且具有运算速度快、密文传输中没有差错或只有有限的错误传播等优点,使基于伪随机序列的流密码(例如通过线性反馈移位寄存器制造伪随机序列)成为当今最通用的密码系统。目前常见的二进制流密码体制有 RC4、SEAL 和 A5。

RC4 是一个可变密钥长度、面向字节操作的流密码,RC4 在 Internet 通信和无线通信领域都有广泛应用,如它在 SSL 协议中与 DES 算法一起用来加密传输的数据,并且是无线局域网标准 IEEE 802.11 中 WEP 协议的一部分。RC4 密码的密钥长度可变,其长度可以是 8～2048 位,为安全起见,至少应使用 128 位的密钥。

SEAL(Software-Optimized Encryption Algorithm)流密码体制是 IBM 公司设计的易于用软件实现的流密码,它不是传统意义的基于线性反馈移位寄存器的流密码,而是一个基于伪随机函数簇(PRF)的流密码。

2.3　密码学的数学基础

由于公钥密码体制都是基于某种数学难题的,下面先学习一些与密码学有关的数论知识。

2.3.1　数论的基本概念

1. 整除

设 a、b 是两个整数,其中 $b \neq 0$,如果存在另一个整数 m 使得等式 $a = m \times b$ 成立,则称 b 整除 a,记为 $b \mid a$,并称 b 是 a 的除数(或因子),a 为 b 的倍数。整除具有以下性质:

(1) 若 $b \mid a, c \mid b$,则 $c \mid a$。

(2) 若 $a \mid 1$,则 $a = \pm 1$;若 $a \mid b$ 且 $b \mid a$,则 $a = \pm b$。

(3) 对任一 $b(b \neq 0)$ 有 $b \mid 0$。

(4) 若 $b \mid g, b \mid h$,则对任意整数 m、n 有 $b \mid (mg + nh)$。

2. 素数和合数

一个大于 1 且只能被 1 和它本身整除的整数称为素数(或质数),否则称为合数。例如,2、3、5、7、11 就是素数。可以看出,除 2 之外的所有素数必定都是奇数。

对于素数,有以下定理。

【定理 2.1】　任一正整数 a 都能分解成素数乘积的形式,并且此表示是唯一的。
$$a = p_1^{\alpha_1} p_2^{\alpha_2} \cdots p_t^{\alpha_t}$$
其中,$p_1 < p_2 < \cdots < p_t$ 是素数,$\alpha_i > 0$ $(i = 1, 2, \cdots, t)$。例如 $91 = 7 \times 13, 11011 = 7 \times 11^2 \times 13$。这一性质称为整数分解的唯一性定理。

【定理 2.2】　若 p 是素数,$p \mid ab$,则 $p \mid a$ 或 $p \mid b$。

如果整数 a 能整除整数 $a_1, a_2, \cdots, a_n$,则称 a 为这几个整数的公因子。这几个整数可能有多个公因子,其中最大的公因子叫最大公因子(Greatest Common Divisor,GCD),记作 $\gcd(a_1, a_2, \cdots, a_n)$ 或 $(a_1, a_2, \cdots, a_n)$;如果这几个整数的最大公因子是 1,则称这几个整数互为素数,简称互素,记为 $\gcd(a_1, a_2, \cdots, a_n) = 1$。

在互素的正整数中,不一定有素数。例如 $\gcd(25, 36) = 1$,但 25 和 36 都不是素数而是合数。

【定理 2.3】　若 p 是素数,a 是任意整数,则有 $p \mid a$ 或 $\gcd(p, a) = 1$,即素数与任意数之间只可能是整除或互素的关系。

【定理 2.4】　设 a、b、c 是任意不全为 0 的整数,且 $a = qb + c$,其中 q 是整数,则有
$$\gcd(a, b) = \gcd(b, c)$$
或写成
$$\gcd(a, b) = \gcd(b, a \bmod b)$$
即被除数和除数的最大公因子与除数和余数的最大公因子相同。例如:
$$\gcd(18, 12) = \gcd(12, 6) = \gcd(6, 0) = 6$$
$$\gcd(11, 10) = \gcd(10, 1) = \gcd(1, 0) = 1$$
该定理是欧几里得(Euclid)算法(辗转相除法)求最大公因子的理论基础。

【定理 2.5】　任给整数 $a > b > 0$,则存在两个整数 m、n,使得
$$ma + nb = \gcd(a, b)$$

例如,若 $a=3,b=2$,则 $\gcd(a,b)=1$,存在 $m=1,n=-1$,使得 $ma+nb=\gcd(a,b)$。

证明:因为 $\gcd(a,b)\mid a,\gcd(a,b)\mid b$,根据整除的性质有 $\gcd(a,b)\mid ma+nb$,因此存在两个整数 m、n,使得 $ma+nb=\gcd(a,b)$。

由定理 2.5,显然有推论:a 和 b 的公因数是 $\gcd(a,b)$ 的因数。

对于合数,有以下定理。

【定理 2.6】 若 a 是合数,则 a 有一个因数 d 满足 $1<d\leqslant a^{1/2}$。

【定理 2.7】 若 a 是合数,则 a 必有一个素因数小于或等于 $a^{1/2}$。

该定理为公元前 3 世纪希腊数学家厄拉多塞(Eratosthenes)提出的构造素数表方法奠定了理论基础,后人称它为厄拉多塞筛法。

3. 模运算与同余

设 n 是一个正整数,a 是整数,如果用 n 除 a,得商为 q,余数为 r,即 $a=qn+r,0\leqslant r<n$,则余数 r 可以用 $a \bmod n$ 表示,即 $r=a \bmod n$;商 q 可表示为 $q=\lfloor a/n \rfloor$,其中,$\lfloor x \rfloor$ 表示小于或等于 x 的最大整数。

(1) 同余:如果 $a \bmod n=b \bmod n$,则称两个整数 a 和 b 模 n 同余,记为
$$a\equiv b \pmod n$$
其中 $\equiv$ 是同余运算符,注意它和 $=$ 的区别:

如果 $a<n$,此时 $a\equiv b \pmod n$ 又可写成 $a=b \pmod n$。

对于 $\equiv$ 运算符,若 $a\equiv b \pmod n$,则有:$a-b\equiv 0 \pmod n$,$a-c\equiv (b-c) \pmod n$。

而对于 $=$ 运算符,若 $a\equiv b \pmod n$,仅有 $a-b=0 \pmod n$。例如,a、b、n 分别取 11、8、3。

(2) 同余有以下性质:

① $a\equiv b \pmod n$ 成立的充要条件是 $n\mid(a-b)$,即 $a\equiv b \pmod n \Leftrightarrow n\mid(a-b)$。

② 自反性:如 $a\equiv a \pmod n$。

③ 对称性:若 $a\equiv b \pmod m$,则 $b\equiv a \pmod m$。

④ 传递性:若 $a\equiv b \pmod m$,$b\equiv c \pmod m$,则 $a\equiv c \pmod m$。

可见,同余关系是等价关系(在关系运算中,如果一个关系具有自反性、对称性和传递性,则称它为等价关系)。

【定理 2.8】 若 $a\equiv b \pmod m$,$c\equiv d \pmod m$,则有:

(1) $ax+cy\equiv bx+dy \pmod m$,其中 x 和 y 为任意整数。

(2) $ac\equiv bd \pmod m$。

(3) $an\equiv bn \pmod m$,其中 $n>0$。例如 $2\equiv 5 \pmod 3$,则 $2\times 2\equiv 5\times 2 \pmod 3$。

(4) $a^n\equiv b^n \pmod m$,其中 $n>0$。例如 $2\equiv 5 \pmod 3$,则 $2^2\equiv 5^2 \pmod 3$。

(5) $f(a)\equiv f(b) \pmod m$,其中 $f(x)$ 为任给的一个整系数多项式。

求余运算 $a \bmod n$ 将整数映射到非负整数的集合 $Z_n=\{0,1,\cdots,n-1\}$,称为求余运算,在这个集合上的运算称为模运算。称 Z_n 为模 n 的同余类集合。其上的模运算有以下性质:

(1) $[(a \bmod n)+(b \bmod n)] \bmod n=(a+b) \bmod n$。

（2）$[(a \bmod n) - (b \bmod n)] \bmod n = (a - b) \bmod n$。

（3）$[(a \bmod n) \times (b \bmod n)] \bmod n = (a \times b) \bmod n$。

即同余类可看成是特殊的"数"，可以加、减和乘，但不能除。利用性质（3）还可将大数的模运算分解成两个小数的模运算，这是对大数求模的一种常用方法。

【例 2.5】　证明：$17 \mid 19^{1000} - 1$。

解：因为 $19^{1000} \equiv (2 + 17)^{1000} (\bmod 17) = 2^{1000} (\bmod 17)$，而 $2^{1000} = 2^{4 \times 250} = 16^{250}$，所以 $19^{1000} \equiv 16^{250} \equiv (-1)^{250} = 1 (\bmod 17)$。

另外，设 m 是一个正整数，有：

（1）若 $an \equiv bn (\bmod m), \gcd(m, n) = 1$，则 $a \equiv b (\bmod m)$。

（2）若 $ac \equiv bc (\bmod m), d = \gcd(c, m)$，则 $a/d \equiv b/d (\bmod m)$。例如，$42 \equiv 7 (\bmod 5)$，$\gcd(7, 5) = 1$，所以 $6 \equiv 1 (\bmod 5)$。

（3）若 $ac \equiv bd (\bmod m), a \equiv b (\bmod m), \gcd(a, m) = 1$，则 $c \equiv d (\bmod m)$。

（4）存在 c，使得 $ac \equiv 1 (\bmod m)$，当且仅当 $\gcd(a, m) = 1$。

（5）$a \equiv b (\bmod m)$，如果 d 是 m 的因子，则 $a \equiv b (\bmod d)$。

4. 逆变换

（1）加法逆元：对每一个 a，存在一个 b，使得 $a + b \equiv 0 (\bmod n)$，则称 b 为 a 对模 n 的加法逆元，例如 $(5 + 3) \bmod 4 = 0$，就称 5 是 3 对模 4 的加法逆元。

（2）乘法逆元：若 $m \geqslant 1, \gcd(a, m) = 1$，则存在 c 使得 $ca \equiv 1 (\bmod m)$，把满足这样条件的 c 称为 a 对模 m 的乘法逆元，记作 $a^{-1} (\bmod m)$。若 $a \in Z_m$，则 a 对模 m 的逆记作 a^{-1}。例如 $5 \times 3 \bmod 7 = 1$，就称 5 是 3 对模 7 的乘法逆元。并非每一个数在模 n 运算时都有乘法逆元，求乘法逆元要用到 2.3.3 节介绍的扩展的欧几里得算法。

5. 欧拉函数

定义：设 n 是一个正整数，小于 n 且与 n 互素的正整数的个数称为 n 的欧拉函数，记为 $\phi(n)$。例如，小于 6 且与 6 互素的数只有 1 和 5，因此 $\phi(6) = 2$。

欧拉函数的性质（求法）如下：

（1）若 n 是素数，则 $\phi(n) = n - 1$。

（2）若 $n = pq, p$、q 是素数且 $p \neq q$，则 $\phi(n) = (p - 1)(q - 1)$。

（3）若 $n = p_1^{a_1} p_2^{a_2} \cdots p_s^{a_s}$，其中 $p_1, p_2, \cdots, p_s$ 为素数，$a_1, a_2, \cdots, a_s$ 为正整数，则有

$$\phi(n) = n \left(1 - \frac{1}{p_1}\right) \left(1 - \frac{1}{p_2}\right) \cdots \left(1 - \frac{1}{p_s}\right)$$

例如，$\phi(6) = (3 - 1) \times (2 - 1) = 2; \phi(7) = 7 - 1 = 6; \phi(8) = 8 \times (1 - 1/2) = 4; \phi(20) = 20 \times (1 - 1/5) \times (1 - 1/2) = 8; \phi(49) = 49 \times (1 - 1/7) = 42$。

2.3.2　欧拉定理与费马定理

数论的四大定理是指欧拉定理、费马定理、威尔逊定理和中国剩余定理，它们在密码学中都有重要应用，本节主要阐述欧拉定理和费马定理。

1. 欧拉（Euler）定理

欧拉定理：若 a 和 n 都是正整数，且 gcd $(a,n)=1$，则有 $a^{\phi(n)} \bmod n = 1$。

欧拉定理的应用：求解 $3^{102} \bmod 11$。

解： 因为 gcd $(3,11)=1$，则有 $3^{10} \bmod 11 = 1$（因为 $\phi(11)=10$）。

所以 $3^{10 \times 10} \bmod 11 = 1^{10} = 1$，$3^{100+2} \bmod 11 = 3^2 \bmod 11 = 9$。

【例 2.6】 求 7^{803} 的后 3 位数字。

解： 显然，求后 3 位数字就是求该数 $\bmod 1000$ 的结果。因为 $\phi(1000)=1000(1-1/2)(1-1/5)=400$，而 $7^{803}=(7^{400})^2 7^3 \equiv 7^3 \equiv 343 \pmod{1000}$，所以后 3 位数字是 343。

可见，在本例中，可以将指数从 803 改成 3，因为 $803 \equiv 3 \pmod{\phi(1000)}$。

推论：若 a 与 n 互素，则 a 与 $a^{\phi(n)-1}$ 互为乘法逆元。

利用该推论可求一些简单数的乘法逆元，例如：

$2^{-1} \bmod 15 = 2^{\phi(15)-1} \bmod 15 = 2^{8-1} \bmod 15 = 2^7 \bmod 15 = 2^3 \times 2^4 \bmod 15 = 2^3 \bmod 15 = 8$

$4^{-1} \bmod 15 = 4^7 \bmod 15 = (4^2)^3 \times 4 \bmod 15 = 16^3 \times 4 \bmod 15 = 4$

推论：若 a 和 n 都是正整数，且 gcd $(a,n)=1$，则有 $a^{k\phi(n)} \equiv 1 \pmod{n}$，因此有 $a^{k\phi(n)+1} \equiv a \pmod{n}$。

2. 费马（Fermat）定理

费马定理：设 a 和 p 都为正整数，且 p 是素数，若 gcd $(a,p)=1$，则 $a^{p-1} \equiv 1 \pmod{p}$。也可写成设 p 是素数，a 是任一正整数，则 $a^p \equiv a \pmod{p}$。

费马定理的应用：利用费马定理计算 $7^{560} \bmod 31$。

因为 $7^{30} \bmod 31 = 1$，所以 $7^{30 \times 18} \bmod 31 = 1$，$7^{560} \bmod 31 = 7^{20} = 7^5 \times 7^5 \times 7^5 \times 7^5 = 5 \bmod 31$。

由此可见，$7^{560} \equiv 7^{20} \pmod{31}$。

因此有推论：$a^k \equiv a^{k \bmod (p-1)} \pmod{p}$。

由此，计算某个数的 k 次方模 p，可以首先计算 $k \bmod (p-1)$，例如 $53 \equiv 3 \pmod{10}$，即可推出 $7^{53} \equiv 7^3 \pmod{11}$。

注意：当 n 为素数时，欧拉定理即转化为费马定理，该费马定理又叫作费马小定理。通过费马定理可发现：a^{p-2} 与 a 互为乘法逆元。

3. 威尔逊定理

若 p 为素数，则 p 可整除 $(p-1)!+1$，该定理给出了判定自然数为素数的充要条件。

4. 中国剩余定理

已知某个数关于一些两两互素的数的同余类集，就可重构这个数。如某个数模 3 余 2、模 5 余 3、模 7 余 2，使用中国剩余定理就可求出该数是 23。中国剩余定理的思想在密钥分割中很有用，如假设密钥是 23，就可以将这个密钥分解成模数、余数的集合，如 $\{(3,2),(5,3),(7,2)\}$，它们分别相当于密钥的一部分。

2.3.3 欧几里得算法

欧几里得(Euclid)算法是数论中的一项基本技术。基本的欧几里得算法可求两个正整数的最大公因子(GCD),这时也叫辗转相除法,而扩展的欧几里得算法可用来求出其中一个数关于另一个数模 n 的乘法逆元。

1. 求最大公因子

以下是欧几里得算法的具体描述。

对于整数 a、$b(a>b)$,如果要求 $\gcd(a,b)$,则步骤如下:

(1) 用 $a \bmod b$ 得余数 c。

(2) 若 c 不为 0,将 b 作为 a,c 作为 b,重复步骤(1),(2);否则转(3)。

(3) 如果 c 等于 0,则退出,b 即是所求的 $\gcd(a,b)$。

【例 2.7】 求 $\gcd(1970,1066)$。

解: $1970=1\times1066+904,\gcd(1066,904)$

$1066=1\times904+162,\gcd(904,162)$

$904=5\times162+94,\gcd(162,94)$

$162=1\times94+68,\gcd(94,68)$

$94=1\times68+26,\gcd(68,26)$

$68=2\times26+16,\gcd(26,16)$

$26=1\times16+10,\gcd(16,10)$

$16=1\times10+6,\gcd(10,6)$

$10=1\times6+4,\gcd(6,4)$

$6=1\times4+2,\gcd(4,2)$

$4=2\times2+0,c$ 等于 0,返回 $b=2$

因此 $\gcd(1970,1066)=2$。

2. 求乘法逆元

在仿射密码中已经遇到需要求乘法逆元的情况了,按照 2.3.1 节中的定理 2.5,任给整数 $n>a>0$,则存在两个整数 x、y(可为负数)使得

$$xa+yn=\gcd(a,n)$$

当 $\gcd(a,n)=1$ 时,即有 $xa+yn=1$。

因此有 $xa-1=-yn$,则有 $(xa-1)\bmod n=0$,即 $xa \bmod n=1$。

即存在一个 x,使得 $ax\equiv1\pmod n$。显然 x 就是 a 的乘法逆元。

求乘法逆元可通过扩展的欧几里得算法(extended Euclid)实现,对该算法的描述如下:

(1) 定义几个变量 X_1、X_2、X_3、Y_1、Y_2、Y_3 和 Q,然后给它们赋初值,令:(X_1,X_2,X_3) 等于 $(1,0,n)$;(Y_1,Y_2,Y_3) 等于 $(0,1,a)$;令 Q 值为空。将它们写到表格的第一行。

（2）令 $Q=\lfloor X_3/Y_3 \rfloor$，根据得到的 Q 计算 $(X_1-QY_1,X_2-QY_2,X_3-QY_3)$，将计算结果暂存到 T_1、T_2、T_3。

（3）重新赋值，将原来 (Y_1,Y_2,Y_3) 的值赋给新的 (X_1,X_2,X_3)，即 $(X_1,X_2,X_3) \leftarrow (Y_1,Y_2,Y_3)$，将 (T_1,T_2,T_3) 的值赋给新的 (Y_1,Y_2,Y_3)

（4）重复第（2）、（3）步，直到 Y_3 等于 1 或 0。如果 $Y_3=1$，返回最大公因子的值为 Y_3，乘法逆元的值为 Y_2。如果 $Y_3=0$，则表示无乘法逆元，最大公因子的值为 X_3。

【例 2.8】 用扩展的欧几里得算法计算 $37^{-1} \bmod 98$。

解：先画一张给参数赋值的表，算法的运行结果及各变量的变化情况如表 2.8 所示。

表 2.8　求 gcd(37,98) 时扩展欧几里得算法运行表

循环次数	Q	X_1	X_2	X_3	Y_1	Y_2	Y_3
赋初值	—	1	0	98	0	1	37
1	2	0	1	37	1	−2	24
2	1	1	−2	24	−1	3	13
3	1	−1	3	13	2	−5	11
4	1	2	−5	11	−3	8	2
5	5	−3	8	2	17	−45	1

解得 $Y_3=1$，有乘法逆元，值为 Y_2 的值 -45，为方便，记为最小非负数，因为 $-45 \equiv 53 \pmod{98}$，故一般说 37 模 98 的乘法逆元为 53。即 $a^{-1} \bmod n=53$，也就是 $53a \bmod n=1$。

顺便指出，该算法还可以求出 $ax+ny=1$ 中的 x 和 y 的值，其中 $x=Y_2$、$y=Y_1$，在这里即

$$(-45) \times 37 + 17 \times 98 = 1$$

3. 一次同余式及其求解

一次同余式的求解也可以通过求乘法逆元的方法来实现。

定义：设 $m \in \mathbf{Z}^+$，$a,b \in \mathbf{Z}$，$a \neq 0$，把 $ax+b \equiv 0 \pmod m$ 称为模数 m 的一次同余式。

如果 $x_0 \in \mathbf{Z}$ 满足 $ax_0+b \equiv 0 \pmod m$，则称 $x \equiv x_0 \pmod m$ 是同余式的解。

例如，同余式 $2x+1 \equiv 0 \pmod 3$ 有解 $x_0=1$；而同余式 $2x+1 \equiv 0 \pmod 4$ 无解；同余式 $2x+1 \equiv 0 \pmod 5$ 有解 $x_0=2$。

【定理 2.9】 设 $m \in \mathbf{Z}^+$，$a,b \in \mathbf{Z}$，$a \neq 0$，$\gcd(a,m)=d$，则同余式 $ax \equiv b \pmod m$ 有解的充要条件是 $d|b$。在 $d|b$ 的条件下，同余式有 d 个解。

显然，对于同余式 $ax \equiv b \pmod m$，如果 $b=1$，则 a 的乘法逆元就是同余式的解；若 $b \neq 1$，则首先仍然是求 a 的乘法逆元，然后再把该乘法逆元放大 $b \bmod m$ 倍。

例如，$5x \equiv 323 \pmod{12}$，先求 $b \bmod m$ 的余数，得到 $5x \equiv 11 \pmod{12}$；接下来通过求乘法逆元的方法求 $5x' \equiv 1 \pmod{12}$，求出 $x'=5$，然后将两边同乘以 11，得 $5x' \times 11 \equiv 11 \pmod{12}$，所以 $x \equiv x' \times 11 \pmod{12}=55 \bmod 12=7$。

【例 2.9】 求 $41^2 \times 51^{-1} \equiv m \pmod{55}$。

解：因为 51 不能整除 41^2，两边同乘以 51 得 $51m \equiv 41^2 \pmod{55}$，可推得 $51m \equiv 31 \pmod{55}$。

再求 $51m' \equiv 1 \pmod{55}$ 得 $m' = 41$。

将两边同乘以 31 得 $m = m' \times 31 \bmod 55 = 6$。

以上是通过求乘法逆元的方法求同余式的解，另一种求解方法是用下面的定理来求。

【定理 2.10】　设 $m \in \mathbf{Z}^+, a, b \in \mathbf{Z}, a \neq 0, \gcd(a, m) = 1$，则同余式 $ax \equiv b \pmod{m}$ 恰有一个解：$x \equiv ba^{\phi(m)-1} \pmod{m}$。

例如，$3x \equiv 10 \pmod{29}$，则 $x \equiv 10 \times 3^{28-1} \pmod{29} = 13$。

以上是 $\gcd(a, m) = 1$ 时求同余式解的情况。如果 $\gcd(a, m) \neq 1$，可以将两边同除以公因子，得到一个新的同余式再来求解。

【例 2.10】　求 $12x \equiv 21 \pmod{39}$。

解：$\gcd(12, 39) = 3$，可知同余式有 3 个解。两边同除以 3，得到新的同余式：$4x' \equiv 7 \pmod{13}$，根据例 2.9 的方法得到 $x' = 5$。

则原同余式的解就是 $x \equiv 5, 18, 31 \pmod{39}$（即 $5 + 13n$ 的形式，$1 \leq n < d$）。

2.3.4　离散对数

1. 阶和本原根

在 2.3.2 节中，欧拉定理指出，如果 $\gcd(a, n) = 1$，则 $a^{\phi(n)} \equiv 1 \pmod{n}$。现在考虑如下的一般形式：

$$a^m \equiv 1 \pmod{n}$$

如果 a 与 n 互素，则至少会有一个整数 m（比如 $m = \phi(n)$）满足这一方程。称满足方程的最小正整数 m 为模 n 下 a 的阶。

例如，$a = 7, n = 19$，则易求出 $7^1 \equiv 7 \pmod{19}, 7^2 \equiv 11 \pmod{19}, 7^3 \equiv 1 \pmod{19}$，即 7 在模 19 下的阶为 3。

由于 $7^{3+j} \equiv 7^3 \times 7^j \equiv 7^j \pmod{19}$，所以 $7^4 \equiv 7 \pmod{19}, 7^5 \equiv 7^2 \pmod{19}, \cdots$，即从 $7^4 \bmod 19$ 开始所求的幂出现循环，循环周期为 3，即循环周期等于元素的阶。

【定理 2.11】　设 a 的阶为 m，则 $a^k \equiv 1 \pmod{n}$ 的充要条件是 k 为 m 的倍数。

推论：a 的阶 m 整除 $\phi(n)$。

如果 a 的阶 m 等于 $\phi(n)$，则称 a 为 n 的本原根。如果 a 是 n 的本原根，则 $a, a^2, \cdots, a^{\phi(n)}$ 在 $\bmod\ n$ 下互不相同且都与 n 互素。特别地，如果 a 是素数 p 的本原根，则 $a, a^2, \cdots, a^{p-1}$ 在 $\bmod\ p$ 下都不相同。

例如，$n = 9$，则 $\phi(n) = 6$，考虑 2 在 $\bmod\ 9$ 下的幂 $2^1 \bmod 9 \equiv 2, 2^2 \bmod 9 \equiv 4, 2^3 \bmod 9 \equiv 8, 2^4 \bmod 9 \equiv 7, 2^5 \bmod 9 \equiv 5, 2^6 \bmod 9 \equiv 1$。即 2 的阶为 6，正好等于 $\phi(9)$，所以 2 为 9 的本原根。

例如，$n = 19, a = 3$ 在 $\bmod\ 19$ 下的幂分别为 3、9、8、5、15、7、2、6、18、16、10、11、14、4、12、17、13、1，即 3 的阶为 $18 = \phi(19)$，所以 3 为 19 的本原根。

本原根不唯一。可验证除 3 外,19 的本原根还有 2、10、13、14、15。

注意,并非所有的整数都有本原根,只有以下形式的整数才有本原根:2、4、p^a、$2p^a$,其中 p 为奇素数。

2. 离散对数

设 p 为一个素数,a 是 p 的本原根,则在模 p 下 $a,a^2,a^3,\cdots,a^{p-1}$ 会产生 1 到 $p-1$ 之间的所有值,而且每个值仅出现一次。例如,$p=19,a=3$,容易计算 $b\equiv a^k (\bmod\ p)$ 的结果如表 2.9 所示。

表 2.9 计算 $b\equiv a^k (\bmod\ p)$

$3^1\equiv 3$	$3^2\equiv 9$	$3^3\equiv 8$	$3^4\equiv 5$	$3^5\equiv 15$	$3^6\equiv 7$
$3^7\equiv 2$	$3^8\equiv 6$	$3^9\equiv 18$	$3^{10}\equiv 16$	$3^{11}\equiv 10$	$3^{12}\equiv 11$
$3^{13}\equiv 14$	$3^{14}\equiv 4$	$3^{15}\equiv 12$	$3^{16}\equiv 17$	$3^{17}\equiv 13$	$3^{18}\equiv 1$

因此,对于任意 $b\in\{1,2,\cdots,p-1\}$,都有且仅有唯一的正整数 k 与 b 对应,使得 $b\equiv a^k (\bmod\ p)$,也就是说 b 和 k 之间是一一对应的关系。称 k 为模 p 下以 a 为底的 b 的离散对数,记为 $k\equiv \log_a b(\bmod\ p)$。离散对数的这一特点保证了任意一个明文(密文)字符都有且仅有唯一的密文(明文)字符与之对应。

当 a、k、p 已知时,可有快速算法比较容易地求出 b 的值;但如果已知 b、a 和 p,要求 k 的值时,对于精心选择的 p 将至少需要 $p^{1/2}$ 次以上的运算,如果 p 足够大,求解离散对数问题是相当困难的,这就是著名的离散对数难题。

由于离散对数问题具有较好的单向性,所以在公钥密码学中得到广泛应用。像 ElGamal、Diffie-Hellman、DSA 等密码算法都是建立在离散对数问题之上的。

2.3.5 群和有限域

在 AES、椭圆曲线等许多密码算法中,都涉及群和有限域的概念。

1. 群的概念

给定一个非空集合 $G=\{a,b,\cdots\}$ 和该集合上的抽象运算 $*$,如果满足以下 4 个条件,则称代数系统 $<G,*>$ 为群。

(1) 封闭性:对任意 $a,b\in G$,总是有 $a*b\in G$。

(2) 结合律成立:对任意 $a,b,c\in G$,总是有 $(a*b)*c=a*(b*c)$。

(3) 存在单位元 e:即存在 $e\in G$,对任意 $a\in G$,总是有 $a*e=e*a=a$。

(4) 存在逆元:对任意 $a\in G$,存在 a 的逆元 $a^{-1}\in G$,使 $a*a^{-1}=a^{-1}*a=e$。

若群满足交换律,即对任意 $a,b\in G$,有 $a*b=b*a$,则称群 G 为交换群,又称为阿贝尔(Abel)群。

密码算法之所以要用到群的概念,主要是因为群的封闭性可保证明文和密文将位于同一个集合内,群存在逆元可保证密码算法可进行可逆的双向加解密变换。

【例 2.11】　证明 $G=\{0,1,2,\cdots,n-1\}$ 关于 mod n 的加法运算是一个阿贝尔群。

证明：依次检验集合 G 是否满足群和阿贝尔群的各项条件。

(1) 封闭性：若 $a\in G,b\in G$，则 $(a+b)$ mod n 也肯定在 G 中。

(2) 结合律：显然：$((a+b)+c)$ mod $n=(a+(b+c))$ mod n。

(3) 单位元 $e=0$。

(4) 存在逆元：设 $a^{-1}=n-a$，则 $a+a^{-1}=a^{-1}+a=n\equiv0$ (mod n)。

(5) 交换律：显然 $(a+b)$ mod $n=(b+a)$ mod n。

【例 2.12】　证明 $G=\{1,2,\cdots,p-1\}$，p 是一个素数，则 mod p 的乘法运算是一个阿贝尔群。

证明：

(1) 封闭性：若 $a\in G,b\in G$，则 ab mod p 也肯定在 G 中。

(2) 结合律：显然 $(ab)c$ mod $p=a(bc)$ mod p。

(3) 单位元 $e=1$。

(4) 存在逆元，使 $a\times a^{-1}=a^{-1}\times a$ mod $p\equiv1$。例如，7 mod 11 在集合中的逆元为 8。

(5) 交换律：显然 ab mod $p=ba$ mod p。

群具有以下性质：

① 群中的单位元 e 是唯一的。

② 群中每一个元素的逆元是唯一的。

③ 消去律成立，即对任意 $a,b,c\in G$，如果 $ab=ac$，则 $b=c$；如果 $ba=ca$，则 $b=c$。

2. 域和有限域的概念

F 是至少含有两个元素的集合，对 F 定义了两种运算：加法＋和乘法×，如果满足以下 3 个条件，则称代数系统 $<F,+,\times>$ 为域。

(1) F 中的元素对于加法＋构成交换群，记其单位元为 0。

(2) F 中的非零元素对于乘法×构成交换群，记其单位元为 1。

(3) 乘法在加法上满足分配律，即：对任意 $a,b,c\in F$，有 $a(b+c)=ab+ac,(a+b)c=ac+bc$。

若 F 中的元素个数有限，则称 F 为有限域，也称为伽罗瓦域(Galois field)。有限域中的元素个数称为该有限域的阶。有限域一般用 $GF(q)$ 或 F_q 表示，其中 q 表示其元数(阶)。

例如，对于 $F=\{0,1,2,\cdots,p-1\}$，p 是一个素数，在 mod p 的情况下做加法和乘法运算，定义运算规则如下。

加法：如果 $a,b\in F$，则 $a+b\equiv r$ (mod p)，$r\in F$。

乘法：如果 $a,b\in F$，则 $a\times b\equiv s$ (mod p)，$s\in F$。

则 F 关于加法构成交换群，其加法单位元为 0；F 中非零元素的全体对乘法构成交换群，其乘法单位元为 1。分配律也显然成立。故 F 在 mod p 情况下做加法和乘法运算构成有限域。

又如，有理数全体、实数全体、复数全体对加法和乘法分别构成域，分别称为有理数域、实数域和复数域。它们的元素个数是无穷的,故称为无穷域。

再如,0 和 1 两个元素按模 2 加和乘构成域。该域仅有两个元素,记为 GF(2)。

2.4　公钥密码体制

公钥密码体制又称为非对称密码体制,它的出现是整个密码学历史上的一次革命,有极其重要的意义。在公钥密码体制出现之前,几乎所有的密码系统都是建立在基本的替代和置换技术上的。而公钥密码体制与以前的所有方法截然不同,它是基于一种特殊的数学函数,而不是替代和置换操作。而且公钥密码体制是不对称的,它有两个密钥,一个为密钥拥有者保管,另一个公开。用两个密钥中任何一个密钥加密内容,都能且只能用对应的另一个密钥解密,通过这种方式,解决了对称密码体制中的密钥管理、分发和数字签名的难题,公钥密码体制对于保密通信、密钥管理、数字签名和认证等领域有深远的影响。

2.4.1　公钥密码体制的基本思想

公钥密码体制的基本思想是,使用两个不同的密钥进行加密和解密,一个可对外公开,称为公钥(Public Key),一般用 KU 或 PK 表示;另一个严格保密,只有所有者才知道,称为私钥(Private Key 或 Secret Key),一般用 KR 或 SK 表示。公钥和私钥之间具有紧密的联系,用公钥加密的信息只能用相应的私钥解密,反之亦然。也就是说,下面两种做法是可行的:

- 用公钥加密,对应的私钥解密。
- 用私钥加密,对应的公钥解密。

而以下两者做法是行不通的:

- 用公钥加密,公钥解密。
- 用私钥加密,私钥解密。

同时,要想由一个密钥推导出另一个密钥,在计算上是不可能的。例如,不可能通过获取公开的公钥推导出其相应的私钥。图 2.10 是公钥(非对称)密码体制的示意图。

图 2.10　公钥密码体制示意图

图 2.10 中,$E(KU_B, m)$ 表示发送方 A 采用接收方 B 的公钥 KU_B 对明文 m 进行加密;$D(KR_B, c)$ 表示接收方 B 用自己的私钥 KR_B 对密文 c 进行解密。有时也用 E_B 表示给用户 B 发送信息时的加密变换,D_B 表示用户 B 接收信息时使用的解密变换。

公钥密码体制应满足以下要求：

（1）对任意明文进行加密变换是很容易的，并且若知道解密密钥，那么对密文的解密也是很容易的。

（2）信息的发送方对任意明文进行加密变换后，接收方进行解密变换就可以得到明文。

（3）若不知道解密密钥，那么即使知道加密密钥。具体的加密与解密算法以及密文，要确定明文在计算上也是不可行的。

也就是说，公钥密码体制就像上下行线不同的公交线路一样，从明文到密文加密变换的过程和从密文到明文解密变换的过程是不同的，而且这两条上下行线都是单向行驶线，加密后不能按原来过程的逆过程解密。

公钥密码体制的实现是通过单向陷门函数实现的。所谓单向陷门函数是这样的函数，即除非知道某种附加的信息，否则这样的函数在一个方向上容易计算，而在反方向上要计算是不可行的，如图 2.11 所示。因此，寻找合适的单向陷门函数是公钥密码体制应用的关键。

图 2.11　单向陷门函数的特点

对这种函数的定义如下：

（1）正向易算性。给出 f 的定义域中的任意元素 x，计算 $f(x)$ 是很容易的。

（2）当给出 $y=f(x)$ 中的 y，要计算 $x=f_k^{-1}(y)$ 时，若知道设计函数 $f(x)$ 结合进去的某种信息时，则容易计算（陷门依赖性）；否则 $x=f_k^{-1}(y)$ 将是很难计算的（反向不可算性）。

这样，设计公钥密码体制就变成了寻找某种单向陷门函数。让知道陷门的人可以很容易地进行解密变换，而不知道的人则无法有效地进行解密变换，也称该问题难解或难以计算。生活中有很多问题类似于单向陷门函数。例如，任何人都可以很容易地将一扇防盗门关上，但如果没有钥匙，要将关上的防盗门打开是非常困难的。那么钥匙就可以看成是这个单向函数（开关防盗门）的一个陷门。

单向陷门函数一般基于数学上的难解的问题来实现。目前常见的数学难题有以下几类：

（1）基于大整数分解的数学难题，即已知两个素数，要求它们的乘积是容易的；但已知它们的乘积，要将它们分解成两个素数是很困难的，代表算法是 RSA。

（2）基于离散对数的难题，代表算法有 ElGamal、Diffie-Hellman、DSA 等。

（3）基于椭圆曲线的难题，代表算法有椭圆曲线密码体制（Elliptic Curves Cryptography，ECC）。

（4）基于背包问题，代表算法是 Merkle-Hellman，背包问题刚提出来时曾认为是不可破译的,但5年后Shamir完全破译了背包系统,因此背包问题已不能用作单向陷门函数使用了。

2.4.2 RSA公钥密码体制

1978年,R. Rivest,A. Shamir和L. Adleman提出的RSA(名字的缩写)公钥密码体制是一种用数论构造的、也是迄今为止理论上最为成熟完善,安全性能良好的密码体制,该体制已得到广泛的应用。RSA公钥密码体制的原理是基于大整数分解的数学难题。

实际上,设N是两个大素数的乘积,则大整数N的分解存在以下4个难题,RSA的原理是基于下面的第3个难题。

(1)将N分解为两个大素数。

(2)给定整数m(明文)和c(密文),寻找d满足$m^d = c \bmod N$。

(3)给定整数e和c,寻找m满足$c = m^e \bmod N$。

(4)给定整数x,判定是否存在整数y满足$x = y^2 \bmod N$。

大整数分解是计算上困难的问题,目前,比较好的大整数分解算法有二次筛选法、椭圆曲线法、Pollard的蒙特卡罗算法、数域筛选法等。然而,专家推测,即使用数域筛选法分解n为200位的十进制大整数时,用超高速计算机也要10^8年,因此设计良好的RSA算法加密是足够安全的。

1. RSA加密的过程

RSA公钥密码体制的实现过程如下:

(1)选择大素数。任选两个秘密的大素数p和q(100～200位的十进制数或更大),计算$n = pq$,再计算n的欧拉函数:$\phi(n) = \phi(p)\phi(q) = (p-1)(q-1)$,计算完后,$n$可以公开。

(2)产生公钥和私钥。随机地选择一个与$\phi(n)$互素的整数e作为某用户的公钥(这样e才会具有乘法逆元)。求出e的乘法逆元,将该结果作为私钥d,即$de = 1 \bmod \phi(n)$。显然,公钥和私钥是成对出现的。其他用户的公钥和私钥也可以这样产生,但私钥是保密的,公钥是公开的。

(3)密钥的发布。将d保密,(d,n)作为私钥;将e公开,(e,n)作为公钥。为了安全,这时可以销毁p、q。

(4)加密。加密时首先将明文比特串分组,使得每个分组对应的十进制数小于n,即分组长度小于$\log_2 n$。然后对每个明文分组m作加密运算:

$$c = E(m) = m^e \bmod n$$

(5)解密。对密文分组c的解密运算为

$$m = D(c) = c^d \bmod n$$

2. 证明RSA解密过程的正确性

证明:由加密过程知$c = m^e \bmod n$,可知:

$$c^d \bmod n = m^{ed} \bmod n \tag{1}$$

由于 $ed \equiv 1 \bmod \phi(n)$ 可推出 $ed = k\phi(n) + 1$，代入 (1) 式得

$$c^d \bmod n = m^{ed} \bmod n = m^{k\phi(n)+1} \bmod n$$

下面分两种情况来讨论：

（1）m 与 n 互素，则由欧拉定理得

$$m^{\phi(n)} \equiv 1 \pmod{n}, \quad m^{k\phi(n)} \equiv 1 \pmod{n}, \quad m^{k\phi(n)+1} \equiv m \pmod{n}$$

即 $c^d \bmod n \equiv m$。

（2）若 $\gcd(m,n) \neq 1$，先看 $\gcd(m,n) = 1$ 的含义。由于 $n = pq$，所以 $\gcd(m,n) = 1$ 意味着 m 不是 p 的倍数也不是 q 的倍数，因此 $\gcd(m,n) \neq 1$ 意味着 m 是 p 的倍数或 q 的倍数，不妨设 $m = tp$，其中 t 为一个正整数。此时必有 $\gcd(m,q) = 1$，否则 m 也是 q 的倍数，从而是 pq 的倍数，与 $m < n = pq$ 矛盾。

由 $\gcd(m,q) = 1$ 及欧拉定理得 $m^{\phi(q)} \equiv 1 \pmod{q}$，可得

$$m^{k\phi(q)} \equiv 1 \pmod{q}, \quad (m^{k\phi(q)})^{\phi(p)} \equiv 1 \pmod{q}, \quad m^{k\phi(n)} \equiv 1 \pmod{q}$$

因此存在一个整数 r，使得 $m^{k\phi(n)} = 1 + rq$，两边同乘以 $m = tp$（左边乘以 m，右边乘以 tp）得

$$m^{k\phi(n)+1} = m + rtpq = m + rtn$$

即 $m^{k\phi(n)+1} \equiv m \pmod{n}$，所以 $m^{ed} \bmod n = m$，$c^d \bmod n = m$。问题得证。

提示：一个明文 m 与 n 不互素的概率小于 $1/p + 1/q$，因此，如果 p 和 q 的值极大，$\gcd(m,n) \neq 1$ 的概率极小，有时也可忽略不计。

证明：m 同 n 不互素，那么 m 必是 p 的倍数或 q 的倍数，由于 $m \leqslant n$，m 是 p 的倍数的情况最多有 q 个，m 是 q 的倍数的情况最多有 p 个，而 m 所有可能的个数是 n 个，因此 m 同 n 不互素的概率小于 $(p+q)/n$，即 $p + q/(pq)$，即 $1/p + 1/q$。

【例 2.13】　演示 RSA 密码体制加密与解密过程的例子。

假定用户 B 任取两个素数，$p = 47$，$q = 71$，然后计算 $n = 47 \times 71 = 3337$，$\phi(n) = 46 \times 70 = 3220$。接下来任取一个与 3220 互素的数作为 e，设 B 取 $e = 79$，那么 B 必须用扩展的欧几里得算法求 e 在模 $\phi(n)$ 下的乘法逆元 d，可算得

$$d = e^{-1} \bmod \phi(n) = 79^{-1} \bmod 3220 = 1019$$

因此 B 的公钥 e 为 $(79, 3337)$，私钥 d 为 $(1019, 3337)$。

现在用户 A 想加密明文信息 688（可看成是明文转换成编码后的一个分组）给 B，A 首先需要获得 B 的公钥 $(79, 3337)$，然后计算：

$$c = m^e \bmod n = 688^{79} \bmod 3337 = 1570$$

并将密文 1570 发给 B。B 收到密文后，用自己的私钥 $(1019, 3337)$ 进行解密：

$$m = c^d \bmod n = 1570^{1019} \bmod 3337 = 688$$

【例 2.14】　设明文为"YES"，试用 RSA 算法对其进行加密。

解：假定用户取 $n = 281 \times 167 = 46927$，$e = 39423$，$d = 26767$。

由 Y→24，E→4，S→18，得

$$\text{YES} \to 24 \times 26^2 + 4 \times 26 + 18 = 16346$$

利用加密公式：

$$c = m^e \bmod n = 16346^{39423} \bmod 46927 = 21166$$

而 $21166 = 1 \times 26^3 + 5 \times 26^2 + 8 \times 6 + 2$，得：$1 \to B, 5 \to F, I \to 8, 2 \to C$，所以密文是 "BFIC"。

3. RSA 的计算问题

1）大整数求幂运算

在实际中，由于 RSA 的加密、解密过程都是对一个大整数求幂，再取模。如果直接计算，则中间结果非常大，有可能超出计算机所允许的整数取值范围。目前一般采用快速指数算法将大数分解后再计算，来解决这个问题。

2）素性检验

在 RSA 中，需要选取两个大素数 p 和 q。如何确保选取的大数一定是素数呢？这就是素性检验问题。目前寻找大素数一般是先随机选取一个大的奇数，然后用素性检验算法检验这一奇数是否为素数，如果不是则再选取另一奇数，重复这一过程，直到找到素数为止。

4. RSA 的参数考虑

(1) p 和 q 在长度上应仅差几个数位，即 p 和 q 应是 1075～10100。

(2) $p-1$ 和 $q-1$ 都应包含一个较大的素数因子 $r, r-1$ 也有一个大的素因子。

(3) gcd $(p-1, q-1)$ 应比较小。

(4) 如果 $e < n$ 且 $d < n$ 的 1/4 时，则 d 可以很容易确定，因此 d 不能太小。

5. 对 RSA 的攻击

RSA 的安全性依赖于大数分解，但是否等同于大数分解一直未能得到理论上的证明，因为没有证明破解 RSA 就一定需要作大数分解。假设存在一种无须分解大数的算法，那它肯定可以修改成为大数分解算法。目前，RSA 的一些变种算法已被证明等价于大数分解。不管怎样，分解 n 是最直接的攻击方法。现在，人们已能分解 140 多个十进制位的大素数。因此，模数 n 必须选大一些，根据具体适用情况而定。

1）RSA 共模攻击

在实现 RSA 时，为方便起见，可能给每个用户相同的模数 n（虽然加解密密钥不同），然而这样做是不行的。设两个用户的公钥分别为 e_1 和 e_2，且它们互素（一般情况都成立），明文消息是 m，密文分别是 $c_1 \equiv m^{e_1} \pmod{n}$ 和 $c_2 \equiv m^{e_2} \pmod{n}$。敌手截获 c_1 和 c_2 后，可如下恢复 m：用扩展欧几里得算法求出满足 $re_1 + se_2 = 1$ 的两个整数 r 和 s，其中一个为负，设为 s。再次用扩展欧几里得算法求出 $c_1^{-1} \bmod n$，就可计算出

$$(c_1^{-1})^{-r} c_2^s \equiv (m^{e_1})^{-r} \times (m^{e_2})^s = m^{(re_1 + se_2)} \bmod n = m \pmod{n}$$

例如，假设系统选择 $p=5, q=11, n=55$，则 $\phi(n) = 4 \times 10 = 40$。

如果为两个用户都使用相同的模数 n，为他们选择的公钥分别为 $e_1 = 7, e_2 = 13$。

设明文消息 $m = 6$，则两个用户的密文分别为

$$c_1 \equiv m^{e_1} \pmod{n} = 6^7 \bmod 55 = 41$$

$$c_2 \equiv m^{e_2} \pmod{n} = 6^{13} \bmod 55 = 51$$

由 $re_1 + se_2 = 1$ 推出 $r \times 7 + s \times 13 = 1$，根据扩展欧几里得算法求出：$r = 2, s = -1$。根据 $(c_1^{-1})^{-r} c_2^s \equiv m \pmod{n}$ 得

$$41^2 \times 51^{-1} \equiv m \pmod{55}$$

解该一次同余式，得 $m = 6$，从而恢复得到了明文。

2) RSA 的小指数攻击

有一种提高 RSA 速度的建议是使公钥 e 取较小的值，这样会使加密变得易于实现，速度有所提高。同样，为了使解密速度快，希望选用较小的 d。但这样做都是不安全的，当 d 小于 n 的 1/4 时，已有求出 d 的攻击方法。对付的办法就是 e 和 d 都取较大的值，有学者建议 e 取 $2^{16} + 1 = 65537$。

2.4.3　ElGamal 算法

ElGamal 公钥密码算法于 1985 年由 T. ElGamal 提出，它是一种基于离散对数问题的公钥密码算法。ElGamal 算法的具体加密和解密过程如下。

1. 密钥的生成

对于基于离散对数问题的密码算法来说，依据 $y = a^x \bmod p$，总是将 x 作为私钥，而将 y 作为公钥，这样通过 x 求 y 很容易，但已知 y 求 x 时，就相当于计算离散对数问题的复杂性。ElGamal 公钥密码算法也是如此：先取一个大素数 p 及 p 的本原根 a，然后选择一个随机数 $x, 2 \leqslant x \leqslant p - 2$，再计算 $y = a^x \bmod p$，以 (y, a, p) 作为用户的公钥，而 x 作为用户的私钥。

2. 加密过程

设用户想加密的明文为 $m, m < p$，其加密过程如下：随机选择一个整数 $k, 2 \leqslant k \leqslant p - 2$，计算

$$c_1 = a^k \bmod p$$
$$c_2 = m y^k \bmod p$$

则密文为二元组 (c_1, c_2)。

3. 解密过程

用户使用私钥 x 对密文 (c_1, c_2) 解密的过程如下：

$$m = c_2 (c_1^x)^{-1} \bmod p$$

4. 验证解密的正确性

因为 $c_1 = a^k \bmod p, c_2 = m y^k \bmod p$，所以：

$$c_2 (c_1^x)^{-1} \bmod p = m y^k (a^{kx})^{-1} \bmod p = m a^{xk} (a^{kx})^{-1} \bmod p = m \bmod p = m$$

从加密过程可以看出，ElGamal 加密运算的结果具有随机性，因为密文既依赖于明

文和公钥,还依赖于加密过程中选择的随机数 k。所以,对于同一个明文,每次加密时会有许多可能的密文,这说明 ElGamal 是一个"非确定性"的算法。这样,由于明文和密文并非一一对应关系,攻击者通过选择明文攻击或选择密文攻击的难度会大大增加。

下面举一个简单的例子说明 ElGamal 密码体制加密的运算过程。

【例 2.15】 设 $p=19$,本原根 $a=13$(2.3.4 节已验证,13 是 Z_{19} 的本原根)。假设用户 B 选择整数 $x=10$ 作为自己的私钥,然后计算用户 B 的公钥 y:

$$y=a^x \bmod p=13^{10} \bmod 19=6$$

假设用户 A 想秘密地发送编码为 $x=11$ 的消息给用户 B,则用户 A 可执行下述加密过程。

首先用户 A 选择一个随机数 r,假设 $r=7$,则计算

$$c_1=a^k \bmod p=13^7 \bmod 19=10$$
$$c_2=my^k \bmod p=11 \times 6^7 \bmod 19=4$$

用户 A 把元组(10,4)发送给用户 B。

用户 B 在收到密文 $c=(10,4)$ 后,解密如下:

$$m=c_2(c_1^x)^{-1} \bmod p=4 \times (10^{10})^{-1} \bmod 19=4 \times 17 \bmod 19=11$$

ElGamal 算法在加密方面的应用没有在签名方面应用广泛。加密模型没有被充分应用,而其签名模型是美国数字签名标准(DSS)的基础。

在实际应用中,要求 ElGamal 密码算法中的素数 p 按十进制表示至少应该有 150 位数字,并且 $p-1$ 至少应该有一个大的素因子。

2.4.4 椭圆曲线密码体制

人们对椭圆曲线方程的研究开始于 19 世纪中期,其中最著名的是 Weierstrass 提出的 Weierstrass 方程,椭圆曲线在费马大定理的证明中起到了重要作用。1985 年,Koblit 和 Victor Miller 首次将椭圆曲线方程应用于密码学领域,提出了椭圆曲线加密算法(Elliptic Curve Cryptography,ECC)。

1. 平行线与无穷远点的表示

平面上的直线只有相交和平行两种情况。为了将这两种情况进行统一,可以认为平行线相交于无穷远点。

直线上出现无穷远点所带来的好处是所有的直线都相交了,且只有一个交点。这就把直线的平行与相交统一了。为与无穷远点相区别,把原来平面上的点叫作平常点。

无穷远点具有以下重要性质:

- 直线 L 上的无穷远点只能有一个(从定义可直接得出)。
- 平面上一组相互平行的直线有公共的无穷远点(从定义可直接得出)。
- 平面上任何相交的两条直线 L_1、L_2 有不同的无穷远点(假设 L_1 和 L_2 有公共的无穷远点 P,则 L_1 和 L_2 有两个交点 A、P,故假设错误)。
- 平面上全体无穷远点构成一条无穷远直线。

由于普通的平面直角坐标系(笛卡儿坐标系)无法表示无穷远点的坐标,为了表示无穷远点,人们引入了射影平面坐标系,射影平面坐标系兼容平面直角坐标系中旧有的平常点,并且还可以表示无穷远点。

对普通平面坐标系上的任意点坐标 $A(x,y)$ 做如下改造即可得到射影平面坐标上的点:

令 $x=X/Z,y=Y/Z(Z\neq0)$。则 A 点可以表示为 $(X:Y:Z)$。例如,平面上的点 $(1,2)$ 在射影平面上的坐标为 $(1,2,1)$、$(2,4,2)$、$(1.2,2.4,1.2)$ 等形如 $(Z:2Z:Z)$,$Z\neq0$ 的形式。

由于无穷远点是两条平行线的交点,因此联立两条平行线在射影平面下的方程 $aX+bY+c_1Z=0$ 和 $aX+bY+c_2Z=0$,即可得无穷远点的坐标为 $(X,Y,0)$,显然,无穷远直线对应的方程为 $Z=0$。

2. 椭圆曲线方程

简单地说,椭圆曲线方程描述的并不是椭圆,之所以称为椭圆曲线,是因为它是用三次方程来表示的,并且该方程与计算椭圆周长的方程相似。一般而言,椭圆曲线的三次方程形式为

$$y^2+a_1xy+a_3y=x^3+a_2x^2+a_4x+a_6 \tag{2.1}$$

其中 $a_i\in F,i=1,2,3,4,6$。F 是一个域,可以是有理数域、复数域,还可以是有限域 F_q。满足上面方程的所有点 (x,y) 再加上一个无穷远点 O 就构成椭圆曲线。用公式表示即

$$\{(x,y)\in F \mid y^2+a_1xy+a_3y=x^3+a_2x^2+a_4x+a_6\} \bigcup \{O\}$$

3. 椭圆曲线的加法

在椭圆曲线所在的平面上,前面已经定义了一个无穷远点 O,我们把它定义为加法的单位元,即椭圆曲线上的任意点与它相加,有 $P+O=O+P=P$。

椭圆曲线的加法定义如下:如果椭圆曲线上的 3 个点位于同一直线上,则这 3 个点的和为 O。根据该加法定义可推导出以下 4 条重要的运算规则。

(1) 设 R_1 和 R 为椭圆曲线上关于 X 轴对称的两个点,如图 2.12 所示,即 $R=(x,y)$,$R_1=(x,-y)$,由于 R 和 R_1 的连接线必定经过无穷远点 O,故 R、R_1、O 三点共线,因此由加法定义得 $R+R_1+O=O$,所以 $R=-R_1$。

(2) 设 P 和 Q 是椭圆曲线上 x 坐标不同的两个点,$R=P+Q$ 定义为:画一条通过 P、Q 的直线与椭圆曲线相交于 R_1,如图 2.12 所示,由加法定义得 $P+Q+R_1=O$,则 $P+Q=-R_1=R$,图 2.12 直观地展示了该运算。

(3) 点 P 的倍点定义为:过 P 点做椭圆曲线的切线,如图 2.13 所示,设与椭圆曲线相交于 R_1,则 $P+P+R_1=O$,故 $2P=-R_1=R$。

(4) k 个相同的点 P 相加记作 kP。有 $P+P+P=2P+P=3P$。因此,要计算 $3P$ 的值,只能将 3 个 P 依次相加,不能将 P 点坐标乘以 3。

对于椭圆曲线上任意两点的加法,可以通过下面的方法求解。

设椭圆曲线方程为 $y^2=x^3+ax+b$,椭圆曲线上有点 $P(x_1,y_1)$、$Q(x_2,y_2)$,如图 2.12 所

示。则过 P 和 Q 点的直线的斜率为 $k=(y_2-y_1)/(x_2-x_1)$，该直线可表示为 $y=k(x-x_1)+y_1$。通过把直线代入椭圆曲线方程，即可求得第 3 个交点的坐标，取第 3 个交点关于 X 轴的对称点即为所求。

对于倍点运算，则通过 $P(x_1,y_1)$ 点做椭圆曲线的切线，如图 2.13 所示，该切线的斜率可用如下方法求得。

图 2.12　$R=P+Q$ 示意图

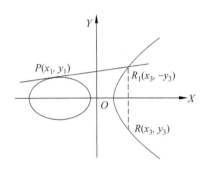

图 2.13　$R=2P$ 示意图

对 $y^2=x^3+ax+b$ 两边求导数得

$$2yy'=3x^2+a, \quad k=y'=\frac{3x^2+a}{2y}$$

则过 P 点的椭圆曲线的切线就可表示为 $y=k(x-x_1)+y_1$。再把 y 代入椭圆曲线方程，有

$$x^3-k^2x^2-2k(y_1-kx_1)x+ax-b-(y_1-kx_1)^2=0$$

即可求得直线与椭圆曲线另一个交点的坐标，取该点关于 X 轴的对称点即为所求。

综上所述，椭圆曲线上点的加法运算规则可以定义如下。

设 $P=(x_1,y_1)$、$Q=(x_2,y_2)$，$P\neq-Q$，则 $P+Q=R(x_3,y_3)$，由以下公式确定：

$$\begin{cases} x_3=k^2-x_1-x_2 \\ y_3=k(x_1-x_3)-y_1 \end{cases} \quad \text{其中，} \quad k=\begin{cases} \dfrac{y_2-y_1}{x_2-x_1}, & P\neq Q \\ \dfrac{3x_1^2+a}{2y_1}, & P=Q \end{cases}$$

4. 密码学中的椭圆曲线模型

并不是任何椭圆曲线都适合加密，密码学中普遍采用的是有限域上的椭圆曲线，有限域上的椭圆曲线是指曲线方程定义式(2.1)中所有系数都是某一有限域 F_q 中的元素，这可通过将椭圆曲线方程做模 p 运算实现，最常用的有限域 F_p 上的椭圆曲线是由

$$y^2\equiv x^3+ax+b\,(\bmod p)\quad (a,b\in F_p, 4a^3+27b^2\neq 0\,(\bmod p)) \tag{2.2}$$

定义的曲线，简记为 $E_p(a,b)$。例如 $y^2\equiv x^3+x+6\,(\bmod 11)$ 是有限域 F_{11} 上的椭圆曲线，可简单表示为 $E_{11}(1,6)$。

其中，p 是一个大素数，a 和 b 是两个小于 p 的非负整数，它们满足 $4a^3+27b^2\neq 0\,(\bmod p)$，其元素集合是满足方程 $y^2\equiv x^3+ax+b$ 且小于 p 的非负整数对 (x,y) 以及外加无穷远点 O 的所有点。

例如,对于椭圆曲线 $y^2=x^3+x+1\ (\bmod\ 23)$,此曲线上共有 27 个点,分别是$(0,1)$、$(6,4)$、$(12,19)$、$(0,22)$、$(6,19)$、$(13,7)$、$(1,7)$、$(7,11)$、$(18,20)$、$(17,3)$、$(3,10)$ 、$(9,7)$、$(17,20)$、$(3,13)$、$(9,16)$、$(18,3)$、$(4,0)$、$(11,3)$、$(5,4)$、$(11,20)$、$(19,5)$、$(5,19)$、$(12,4)$、$(19,18)$、$(13,16)$、$(1,16)$、$(7,12)$,然后再加上一个无穷远点 O,如图 2.14 所示。

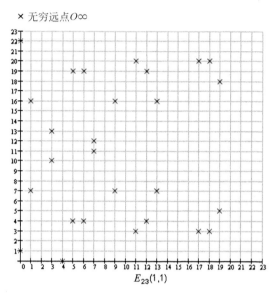

图 2.14 $y^2=x^3+x+1\ (\bmod\ 23)$在平面上的点

从图中看,这些点之间没有太多联系,这样,椭圆曲线在有限域上就转化为一些杂乱无章的点了。对于同一条椭圆曲线 $y^2=x^3+ax+b\ (\bmod\ p)$,p 的取值不同,这些点的分布也不同。

有限域上的椭圆曲线加法也遵循上面的加法公式,但需要把求得的值再做一次 mod p 运算。

【例 2.16】 设椭圆曲线为 $y^2=x^3+x+1\ (\bmod\ 23)$,其上的点 $P=(3,10)$,$Q=(9,7)$,求 $R=P+Q$ 的值和 $2P$ 的值。

解:$k=(y_2-y_1)/(x_2-x_1)=(7-10)/(9-3)=-1/2\equiv22/2\ (\bmod\ 23)=11\ (\bmod\ 23)$

$x_3=k^2-x_1-x_2=11^2-3-9\equiv17\ (\bmod\ 23)$

$y_3=k(x_1-x_3)-y_1=11\times(3-17)-10\equiv20\ (\bmod\ 23)$

故 $R=P+Q$ 的坐标为$(17,20)$。

$k=(3x_1^2+a)/2y_1=[3\times3^2+1]/(2\times10)=7/5\equiv30/5\ (\bmod\ 23)\equiv6\ (\bmod\ 23)$

$x_3=k^2-x_1-x_2=6^2-3-3=30\equiv7\ (\bmod\ 23)$

$y_3=k(x_1-x_3)-y_1=6\times(3-7)-10=-34\equiv12\ (\bmod\ 23)$

故 $2P$ 的坐标为$(7,12)$。

5. ECC 加解密模型

公钥加密算法总是基于一个数学难题的,椭圆曲线密码体制基于的数学难题如下。

对于等式 $K=kG$，其中 K、G 是 $E_p(a,b)$ 上的点，k 是小于 n 的整数（n 为 G 的阶数）。不难发现，给定 k 和 G，依据加法法则，计算 K 很容易；但如果给定 K 和 G，要求 k 就相当困难了。

一般地，把 G 点称为基点(base point)，k 作为私钥，而 K 作为公钥。

下面是一个使用 ECC 进行加密、解密的通信过程：

(1) 用户 A 选定一条椭圆曲线 $E_p(a,b)$，并取椭圆曲线上的任一点作为基点 G。

(2) 用户 A 选择一个私有密钥 k，满足 $k<n$，并生成公开密钥 $K=kG$。

(3) 用户 A 将 $E_p(a,b)$ 和点 K、G 传送给用户 B；私钥 k 严格保密。

(4) 用户 B 接收到信息后，将待传输的明文进行编码（编码方法很多，这里不作讨论），将编码后的明文 m 映射到 $E_p(a,b)$ 上的一点 M，并产生一个随机整数 $r(r<n)$。

(5) 用户 B 计算点 $C_1=M+rK$；$C_2=rG$。

(6) 用户 B 将 (C_1,C_2) 作为密文传送给用户 A。

(7) 用户 A 收到信息后，计算 C_1-kC_2，结果就是点 M。因为

$$C_1 - kC_2 = M+rK - k(rG) = M+rK - r(kG) = M$$

再对点 M 进行解码就可以得到明文了。

可见，ECC 算法如同 ElGamal 密码体制一样，也是一个不确定性的算法，对于一个消息 m，如果加密过程中随机数 r 选择不一样，则加密得到的密文也不同。另外，该密码体制也有密文"信息扩展"问题。

在这个加密通信中，如果存在窃听者 H，他只能看到 $E_p(a,b)$、K、G、C_1、C_2。而通过 K、G 求 k 或通过 C_2、G 求 r 都是相当困难的。因此，H 无法得到 A、B 间传送的明文信息。

【**例 2.17**】 设用户 A 选取的椭圆曲线为 $y^2=x^3+x+6$ (mod 11)，并选取曲线上的点 $(2,7)$ 作为 G 点。则加解密过程如下：

(1) 用户 A 选择一个数 $k=7$ 作为私钥，然后计算公钥 $K=kG=7G=(7,2)$。

(2) 用户 A 将 $E_p(a,b)$ 和点 K、G 传送给用户 B。

(3) 用户 B 对明文进行加密，假设 B 要加密的明文经映射后是 $M=(10,9)$（这是 E 上的一个点），然后 B 选择一个随机数 $r=3$，B 计算：

$$C_1 = M+rK = (10,9)+3(7,2) = (10,9)+(3,5)$$
$$= 9r+8r = 17r = 4r = (10,2)（注：13r=0）$$
$$C_2 = rG = 3(2,7) = (8,3)$$

B 发送密文 $((10,2),(8,3))$ 给 A。

(4) A 收到密文后，解密过程如下：

$$M = C_1 - kC_2 = (10,2)-7(8,3) = (10,2)-21r = (10,2)-8r$$
$$= (10,2)+5r = 4r+5r = 9r = (10,9)$$

于是恢复得到了明文 M。

6. ECC 的特点

相对于 RSA 算法，ECC 算法最大的优点是它可以用较短的密钥取得与 RSA 算法相

同的安全性,经 RSA 实验室证实,160 位的椭圆曲线密码算法相当于 1024 位的 RSA 算法,并且 ECC-160 的加解密速度比 RSA-1024 快 5～8 倍。因此,ECC 算法可有效减少计算开销,这对于那些终端处理能力较弱的移动电子商务尤其适用。总的来看,ECC 算法大有取代 RSA 算法的趋势。

2.5　公钥密码体制解决的问题

对称密码体制已经能够对信息很好地进行加密,为什么还需要公钥密码体制呢?公钥密码体制仅仅比对称密钥密码体制多用了一个密钥而已,两个密钥比一个密钥到底好在哪里呢?本节将回答这些问题。

2.5.1　密钥分配

在网络环境中,通过加密技术可防止数据的机密性遭受破坏。发送方如果对明文进行了加密,那么攻击者截获密文后必须先解密才能阅读。假设该密码算法非常安全,如 AES,攻击者无法解密,那么他就无法阅读这些信息。实际上,攻击者也无法修改明文的内容了,因为要修改明文的内容必须要先将加密信息解密。因此,从表面上看,通过安全的对称加密算法似乎能够很好地保证信息的机密性和完整性。

但事实并非如此。这里的漏洞在于:发送方将加密信息传递给接收方的同时,为了让接收方能够解密密文,还必须将密钥 K 也发送给接收方,这个过程如图 2.15 所示。

图 2.15　传递加密信息的一般过程

在图 2.15 中,如果密钥 K 以明文方式传递给接收方,就有可能被攻击者窃取。一旦窃取成功,攻击者可以解密任何用该密钥加密的密文,毫无安全性可言。那么能否将密钥加密后再传送呢?这也是不可行的。

因为将密钥 K 加密后,又必须将加密密钥 K 的密钥 K' 以明文形式传递给 B,再次用其他密钥加密密钥 K' 也是一样,这样总会有一个密钥必须以明文形式传送。一旦该密钥被窃取,攻击者就可以解密所有被加密的密文了。

可见,如果使用传统的对称密码体制加密信息,那么密钥交换(密钥的分发)就成了一个不可逾越的难题。问题的根源在于 Internet 环境下,A 和 B 无法见面,不可能亲手传递密钥。也许有人会说,如果 A 不通过网络,而通过其他途径(比如发短信)将密钥告知 B,那么网络上的窃听者也无法窃取到,这样在一定程度上似乎可以解决该问题。但是,在 Internet 上传递信息的双方通常并非普通的人,而是两台主机或应用程序(比如 SSL 协议中的浏览器和服务器双方),它们之间经常要传递加密的数据和密钥,而它们显然是不会发短信的,而我们肯定也不希望采用人工干预的方法为它们之间传递密钥,那样加密的协议对用户来说就不透明了,增加了用户的工作量。

为了解决这个问题,可以对图 2.15 中一般的加密过程进行改进。如果发送方要发送加密数据给接收方,必须由接收方生成密钥,再传递给发送方。发送方用接收方提供的密钥加密数据,该过程如图 2.16 所示。这样一来,发送方获取密钥是为了加密,而攻击者获取密钥是为了解密,两者的目的不同。

图 2.16　改进后的传递加密信息的过程(第一步)

而将公钥密码体制作为加解密使用时,公钥只能用来加密数据,而不能用来解密数据。因此,在上面接收方生成密钥的基础上,进一步假设接收方生成的是一对公钥/私钥,然后将公钥传递给发送方。那么即使攻击者窃取到该公钥也没有用,因为公钥不能用来解密信息,而发送方却能够用公钥来加密信息。该过程如图 2.17 所示。

图 2.17　改进后的传递加密信息的过程(第二步)

这样,发送方用接收方的公钥加密信息,接收方用该公钥对应的私钥解密信息,攻击者即使截获了公钥也不能解密信息,从而就解决了密钥在分发过程中可能被窃取的问题。

可以看出,利用公钥加密算法解决密钥安全分发问题的关键有两点。

(1) 线路上传输的必须是公钥。

(2) 这个公钥必须是接收方的。

提示：如果 A、B 双方需要使用公钥加密算法相互发送加密的信息给对方,则必须使用两对公钥/私钥,即 A 用 B 的公钥加密信息发送给 B,B 用 A 的公钥加密信息发送给 A。

但本节的密钥分配方案还存在一个问题,就是攻击者也生成一对公钥/私钥,然后把自己的公钥 KU′冒充接收方 B 的公钥 KU 发给发送方,发送方没有察觉,于是用该假冒的公钥 KU′加密信息,攻击者就能用其对应的私钥 KR′解密该信息了。

因此,公钥虽然不需要保密,但必须保证公钥的真实性,通常可以使用数字证书将公钥和用户的身份绑定在一起,保证该公钥确实是某个用户的。关于数字证书的用法将在第 6 章中介绍。

2.5.2　密码系统密钥管理问题

在一个密码系统中,用户通常不止 A 和 B 两个人,有时候几千人之间要相互发送加密信息,能否使用对称密钥进行操作呢? 如果仔细分析一下就会发现,随着服务人数的增加,这个方法有很大的缺点。

先看看人数比较少的情况,假设 A 要与两个人(B 和 C)安全通信,A 能否用同一个密钥处理与 B 和与 C 的消息? 当然这是不行的,否则怎么保证 B 不会打开 A 给 C 的信,C 不会打开 A 给 B 的信? 因此,A 为了和两个人安全通信,必须使用两个密钥(K_{AB} 与 K_{AC}),如果 B 要与 C 通信,则要另一个密钥(K_{BC}),因此三方通信的话需要 3 个密钥。仔细分析可知,是两两之间需要一个密钥。

也就是说,对称密码系统有 n 个人需要安全通信时,这 n 个人中两两之间需要一个密钥,需要的密钥数是

$$C_n^2 = \frac{n \times (n-1)}{2}$$

即密钥数与参与通信人数的平方约成正比,这使大系统的密钥管理极为困难。假设有 1000 人参加,那么需要的密钥套数是 $1000 \times (1000-1)/2 = 499\,500$ 个。并且每个用户必须记住与其他 $n-1$ 个用户通信所用的密钥,例如用户 A 需记住 999 个密钥。

另外,这么多密钥的管理和必要的更换也是十分繁重的工程,这是必要的,因为有些人可能会丢失密钥,或者需要更换密钥。这个工作量非常大。而且密钥管理者 T 应该高度可信任,并且每个用户都能够访问到它,因为每个通信对都要从 T 取得密钥,这是一个麻烦而费时的过程。

而采用公钥密码系统,假设 A 要与 n 个人进行安全通信,他只需把他的公钥发布出去,让这 n 个人知道就可以了,也就是说,A 与 n 个人之间安全通信只需要一对密钥,同样,B 与 n 个人之间安全通信也只需要一对密钥。也就是说,对于公钥密码系统,有 n 个人之间需要相互安全通信时,只需要 n 对密钥即可,密钥量大大减少。

这 n 对密钥中的私钥由用户自己保存,例如,对于用户 A 来说,即使他要和 1000 人通信,他也只需保存 1 个自己的私钥即可,公钥则由专门的公钥管理机构保管和分发。

2.5.3　数字签名问题

对于公钥密码算法来说，一般的加密机制是：

如果 A 是发送方，B 是接收方，则 A 用 B 的公钥加密信息，并将其发送给 B。

下面考虑另外一种机制：

如果 A 是发送方，B 是接收方，则 A 用 A 的私钥加密信息，并将其发送给 B。

这个机制有什么用呢？因为 A 的公钥是公开的，任何人都可以访问，因此任何人都可以用其解密 A 加密的信息，从而无法实现保密性。这个过程如图 2.18 所示。

图 2.18　数字签名的基本原理

的确如此，但 A 用自己的私钥加密信息，不是为了保密消息的内容，而是另有用途。有什么用途呢？因为接收方 B(可能是多方)收到用 A 的私钥加密的信息，就可以用 A 的公钥解密，从而访问明文。如果解密成功，则 B 可以断定这个消息是 A 发来的。因为，用 A 的私钥加密的信息只能用 A 的公钥解密，反过来说，用 A 的公钥能解密成功就证明消息一定是用 A 的私钥加密的。而 A 的私钥只有 A 自己知道，别人不可能冒充 A 用 A 的私钥加密信息，所以，这个消息一定是 A 发来的。另外，如果今后发生争议，A 也无法否认自己发了消息，因为 B 可以拿出加密信息，用 A 的公钥解密，从而证明这个消息是 A 发来的。这就是数字签名，它可以实现不可抵赖性的安全需求。

由此可见，数字签名使用的是发送方的密钥对。发送方用自己的私钥进行加密，接收方用发送方的公钥进行解密；这是一个一对多的关系，任何拥有发送方公钥的人都可以验证数字签名的正确性。数字签名的作用归纳起来有 3 点：

(1) 消息认证，证实某个消息确实是由某个用户发出的。

(2) 实现不可抵赖性，消息的发送方不能否认他曾经发过该消息。

(3) 完整性保证，如果消息能够用公钥解密成功，还可确信消息在传输过程中没有被篡改过。

以上只是数字签名的基本原理。在实际中，数字签名通常不是对消息本身加密，而是对消息的摘要加密，有时需要使签名的消息具有保密性，这就需要用另一对公钥/私钥中的公钥对明文再做一次加密。这些将在第 3 章中详细介绍。

2.6　数　字　信　封

虽然公钥密码体制与对称密码体制相比有很多优点,比如解决了对称密码体制中的很多问题,但它并不能取代对称密码体制,因为公钥密码体制存在一个严重的缺点,就是加、解密速度很慢。例如,512 位模数的 RSA 算法与 DES 算法相比,用软件实现时 RSA 大约比 DES 慢 100 倍,用硬件实现时 RSA 大约比 DES 慢 1500 倍。表 2.10 对比了公钥密码体制和对称密码体制的优缺点。

表 2.10　对称密钥加密与公钥加密的比较

特　　征	对称密钥加密	公　钥　加　密
加密/解密所用密钥	相同	不同
加密/解密速度	快	慢
得到的密文长度	通常等于或小于明文长度	大于明文长度
密钥交换	需通过安全信道传递密钥	可通过普通信道传递公钥
系统所需密钥总数	大约与参与者个数的平方成正比	等于参与者的个数
用法	主要用于加密/解密	主要用于加密保护对称密钥,进行数字签名

这使公钥密码算法对很长的明文信息加密变得不实际,于是人们想出了用对称密码体制的密钥加密明文,而用公钥密码体制的公钥加密这个对称密钥,这样就既能使加密有很高的效率,又不必担心对称密钥在传输中被窃取,实现了两全其美的效果。

这个过程如图 2.19 所示,具体是:信息发送方 A 首先利用随机产生的对称密钥(又称为会话密钥)加密信息,再利用接收方 B 的公钥加密该对称密钥,被公钥加密后的对称密钥被称为数字信封。由于综合利用了对称密码体制和公钥密码技术,数字信封又被称为混合加密体制。信息接收方要解密信息时,必须先用自己的私钥解密数字信封,得到对称密钥,再利用对称密钥解密密文得到明文信息。

图 2.19　数字信封的工作过程

提示：在实际中,公钥密码体制更多地用来加密对称密码体制的密钥,而不是加密普通的明文信息。明文信息一般用对称密钥加密。此时对称密钥也被称为会话密钥,为了防止攻击者截获大量的密文分析出会话密钥,该会话密钥需要经常更换。

2.7 单向散列函数

不可逆加密体制又称为单向密码体制,它是一个从明文到密文的不可逆变换,也就是说,在明文到密文的转换中存在信息的损失,因此密文无法恢复成明文。单向散列函数是实现不可逆加密体制的主要方法。

单向散列函数用于某些只需要加密、不需要解密的特殊场合。例如,为保证数据文件的完整性,可以使用单向散列函数对数据生成并保存散列值,用户要使用数据时,可以重新使用单向散列函数计算散列值,如果与以前生成的散列值相等,就说明数据是完整的,没有被改动过,否则说明数据已经被改动了。

单向散列函数还可用于口令存储等场合,这时系统保存的是口令的散列值,当用户进入系统时输入口令,系统重新计算用户输入口令的散列值并与系统中保存的数值相比较,当两者相等时,说明用户口令是正确的。使用单向散列函数保存口令可以避免口令以明文形式保存,而且即使是系统管理员也无法恢复出用户口令的明文。

2.7.1 单向散列函数的性质

单向散列函数必须具有以下几条基本性质:

(1) 函数的输入(明文)可以是任意长度。

(2) 函数的输出(密文)是固定长度的。

(3) 已知明文 m,求 $H(m)$ 较为容易,可用硬件或软件实现。

(4) 已知散列值 h,求使得 $H(m)=h$ 的明文 m 在计算上是不可行的,这一性质称为函数的单向性,称 $H(m)$ 为单向散列函数。

(5) 散列函数具有防伪造性(又称弱抗冲突性),即已知 m,找出 $m'(m' \neq m)$ 使得 $H(m')=H(m)$ 在计算上是不可行的。

(6) 散列函数具有很好的抵抗攻击的能力(又称强抗冲突性),即找出任意两个不同的输入 x、y,使得 $H(y)=H(x)$ 在计算上是不可行的。

提示：强抗冲突性自然包含弱抗冲突性。

第(5)和第(6)个性质给出了散列函数无碰撞性的概念,如果散列函数对不同的输入可产生相同的输出,则称该函数具有碰撞性(collision)。

单向散列函数的算法一般是公开的,常见的单向散列函数有 MD5 和 SHA-1,散列函数的安全性主要来源于它的单向性。MD5 的散列码长度是 128 位,而 SHA-1 的散列码长度是 160 位。

近年来有报道称已可以在 24 小时内找到 MD5 的一个冲突,使得 MD5 对于不同的输入有相同的输出结果,因此说 MD5 算法已经被破解。

但需要注意的是,说 MD5 算法被破解,只是说可以通过密文找到与明文有相同散列值的一个碰撞,而绝不是说可以将 MD5 算法加密的密文还原成明文。即对于单向散列函数来说,破解成功并不等于解密成功。单向散列函数可以被破解但不可以被解密。

*2.7.2　对散列函数的攻击

由于单向散列函数接受的输入长度是任意的,而它的输出长度是固定值,因此单向散列函数将带来数据的压缩,单向散列函数肯定会产生碰撞。如果用单向散列函数对消息求散列值,是不希望发生碰撞的,否则攻击者可以把消息修改成特定的模式,使其和原始消息具有相同的散列值,而用户却无法通过计算散列值发现数据已经被修改,因此散列函数又称为数字指纹,就是说一般每个不同的消息都有其独特的散列值。

对单向散列函数的攻击是找到一个碰撞,这称为生日攻击,它包括两类,分别对应攻击散列函数的弱抗冲突性和强抗冲突性。

1. 第一类生日攻击

已知一个散列函数 H 有 n 个可能的输出,$H(x)$ 是一个特定的输出,如果对 H 随机取 k 个输入,则至少有一个输入 y 使得 $H(y)=H(x)$ 的概率为 0.5 时,k 有多大?

以后为叙述方便,称对散列函数 H 寻找上述 y 的行为叫作第一类生日攻击。

因为 H 有 n 个可能的输出,所以输入任意值 y 产生的输出 $H(y)$ 等于特定输出值 $H(x)$ 的概率是 $1/n$,反过来说 $H(y)\neq H(x)$ 的概率是 $1-1/n$。如果任意取 k 个输入 $(y_1,y_2,\cdots,y_k)$,计算散列函数 H 的 k 个输出 $(H(y_1),H(y_2),\cdots,H(y_k))$ 中没有一个等于 $H(x)$,其概率等于每个输出都不等于 $H(x)$ 的概率的乘积,为 $(1-1/n)^k$,那么取 k 个输入 $(y_1,y_2,\cdots,y_k)$ 得到函数 H 的 k 个输出中至少有一个等于 $H(x)$ 的概率为 $1-(1-1/n)^k$。

根据极限定理,当 $|x|<<1$ 时,有 $(1+x)^k\approx1+kx$,可得
$$1-(1-1/n)^k\approx1-(1-k/n)=k/n$$

若要使上述概率等于 0.5,则 $k=n/2$。特别地,如果 H 的输出为 m 位长(即 H 所有可能的输出个数 $n=2^m$),则 $k=2^{m-1}$。

因此,增加散列函数的输出位数 (m),会使得 k 增大,可见,散列函数的输出位数 m 必须足够长,才能抵抗利用穷举法进行的第一类生日攻击。实际应用的散列算法的散列值长度通常在 128 位以上。

2. 第二类生日攻击(基于生日悖论)

生日悖论是指:任意找 23 个人,则他们中有两个人生日相同的概率会大于 50%;如果有 30 人,则此概率大约为 70%,这比我们凭感觉认为的概率要大得多,因此称为生日悖论。

将生日悖论推广为下述问题:已知一个在 1 到 n 之间均匀分布的整数型随机变量,若该变量的 k 个取值中至少有两个取值相同的概率大于 0.5,则 k 至少多大?

为了回答这一问题,首先定义下述概率:设有 k 个整数项,每一项都在 1 到 n 之间等可能地取值,则 k 个整数项中至少有两个取值相同的概率为 $P(n,k)$。

因而生日悖论就是求使得 $P(365,k) \geqslant 0.5$ 的最小 k,为此首先考虑 k 个数据项中任意两个取值都不同的概率,记为 $Q(365,k)$。如果 $k > 365$,则不可能使得任意两个数据都不相同,因此假定 $k \leqslant 365$。k 个数中任意两个都不相同的所有取值方式数量为

$$365 \times 364 \times \cdots \times (365-k+1) = \frac{365!}{(365-k)!}$$

即第 1 个数可从 365 个值中任取一个,第 2 个数可从剩余的 364 个数中任取一个,以此类推,最后一个数可从 $365-k+1$ 个值中任取一个。而 k 个数任意取两个值的方式总数为 365^k(每个数的取值有 365 种可能,则 k 个数的取值有 365^k 种可能)。因此可得:

$$Q(365,k) = \frac{\dfrac{365!}{(365-k)!}}{365^k} = \frac{365!}{(365-k)!365^k}$$

那么至少有两个取值相同的概率就是任意两个都不相同的概率的补集,即

$$P(365,k) = 1 - Q(365,k) = 1 - \frac{365!}{(365-k)!365^k}$$

当 $k=23$ 时,$P(365,23)=0.5073$,即上述问题只需 23 人,人数如此之少。若 k 取 100,则 $P(365,100)=0.9999997$,即获得如此大的概率。之所以称这一问题是生日悖论,是因为当人数 k 给定时,得到至少有两个人生日相同的概率比想象的要大得多。

这是因为在 k 个人中考虑的是任意两个人的生日是否相同,在 23 个人中可能的情况数为 $C_{23}^2 = 253$。

一般地,令 $P(n,k) > 0.5$,可以解得

$$k = 1.18\sqrt{n} \approx \sqrt{n}$$

因此可知,设散列函数 H 有 2^m 个可能的输出(即输出长为 m 位),如果 H 的 k 个随机输入中至少有两个产生相同输出的概率大于 0.5,则 $k = 2^{m/2}$。称寻找函数 H 的具有相同输出的两个任意输入的攻击方式为第二类生日攻击。

可看出第二类生日攻击比第一类生日攻击容易,因为它只需要寻找 $2^{m/2}$ 个输入。因此抵抗第二类生日攻击(对应强抗冲突性)比抵抗第一类生日攻击(对应弱抗冲突性)要难。

下面举一个简单的例子来说明针对散列函数的第二类生日攻击的方法。

假设张三要从李四公司购买一批计算机,经过双方协商,确定 5000 元/台的价格,于是李四发来合同的电子稿请求张三签名,张三看后觉无异议,就对该合同进行签名,他先计算出这一合同文本的散列值,然后用自己的私钥加密(进行签名)并发回给李四,表示对合同样本的确认。

但是,李四在发给张三合同样本前,首先写好一份正确的合同,然后标出这份合同中无关紧要的地方——由于合同总是由许许多多的句子构成,而这些句子往往可以有很多不同的表达方式,所以一份合同总可以有很多不同的写法,却能表达相同的意思。那么李四只要把这些意思相同的合同都列为一组,然后把每一份合同中的单价 5000 元改成 8000 元,并且把修改过的合同也集中起来作为另一组,这样他的手中就有两组合同:一

组的单价条款是 5000 元,而另一组是 8000 元。然后,李四只要把这两组合同中的散列值全都计算一遍,从中挑出一对散列值相同的,把这一对当中写明 5000 元的合同作为合同样本给张三,并交由张三签名,而自己则偷偷把那份 8000 元的合同藏起来,以便将来进行欺诈。

从生日攻击的理论上来说,如果上述事例使用的散列函数输出的散列码只有 64 位,那么李四只要找到合同中 32 个无关紧要的地方,来分别构造成两组合同,就有 0.5 以上的概率能在这两组合同中找到碰撞,来实现他的欺诈行为。

2.7.3　散列函数的设计及 MD5 算法

1. 散列函数设计举例

先举个例子来看散列函数该如何设计,假设要设计一个散列函数对数字 7 391 753 求散列值,则可以将数字中的每两位与下一位相乘(是 0 时排除),再忽略乘积中的第一位。

计算过程如下:

$73 \times 9 = 657$,丢弃第一位,得 57;

$57 \times 1 = 057$,丢弃第一位,得 57;

$57 \times 7 = 399$,丢弃第一位,得 99;

$99 \times 5 = 495$,丢弃第一位,得 95;

$95 \times 3 = 285$,丢弃第一位,得 85。

因此得到的散列值是 85。

当然,这只是计算散列值的一个举例,但却演示了实现散列函数的基本思想。实际上散列值的计算是非常复杂的,并且散列值长度通常要在 128 位以上,以对抗冲突。

2. 散列函数的设计原则

一个好的散列函数的设计有以下一些基本原则:

(1) 抗冲突性。对不同的输入,要尽量不产生相同的散列值。

(2) 扩散性。两个明文即使只有微小的差别(如只有一位不同),它们的散列值也会有很多位都发生变化,这样根本不能从散列值看出两个明文的相似性。

例如,对于一个有 2150 字节的文本文档 yd. txt,用 Hash. exe 程序计算出它的 MD5 和 SHA-1 散列码如下:

MD5:C544B447E4122EEF9D3DE540B30F4774

SHA-1:3B5F396C7CFED263374B6236924CE4D187FBEE92

如果删除该文档中一个字符,则 MD5 和 SHA-1 散列码变为

MD5:4B6F9D83D63B20F31E5F38D4938EF280

　SHA-1:C05AEF3D81127833789A487AAA179A7494865195

如果再在该文档中插入一个其他字符,则 MD5 和 SHA-1 散列码又变为

MD5：96DB3382B9184BD7BCB14EB9307F52B5

SHA-1：C62D35CE8A7DA71FCD56400B76F065FD8C753663

可见,文件 yd.txt 中只要有微小的差别,它的散列码就会有很多位发生变化,说明 MD5 和 SHA-1 这两种散列算法都具有很好的扩散性。

(3) 将明文的长度信息附加到消息中,再求散列值,可以更好地防止冲突。

3. MD5 散列算法

MD5(Message-Digest 5)算法是由 RSA 的创始人 Rivest 设计开发的,该算法能接收任意长度的明文作为输入,输出是 128 位的散列值。MD5 的原理如图 2.20 所示,其工作过程分为以下几步。

图 2.20 MD5 产生散列码的工作过程

(1) 填充。

MD5 首先在原消息末尾增加填充位,填充位使用一个 1 位和多个 0 位,如 100000000…,目的是使原消息的长度等于一个值,即比 512 位少 64 位,剩下的 64 位放消息的长度信息,这样才能保证明文最后一个分组也是 512 位。经过填充后,消息的长度为 448 位(比 512 位少 64 位)、960 位(比 1024 位少 64 位)等。注意填充总是使消息长度增加,如果消息长度正好是 448 位,则要填充 512 位,因此,填充的长度值范围为 1~512。

(2) 添加消息的长度信息。

先计算消息的原始长度,即填充之前的长度,不包括填充位。例如,原消息长度为 1000 位,则将这个长度表示为 64 位的二进制值。如果消息长度超过 2^{64} 位(即消息太长, 64 位无法表示),则只用长度的二进制数的低 64 位。

(3) 将消息分成 512 位的分组。

经过前两步之后,消息的长度正好是 512 的倍数(设为 L 倍),因此可以将其分成 L

个 512 位的分组。记为 Y_0、Y_1、$\cdots$、Y_{L-1}。

（4）将分组再分成 16 位的子分组。

MD5 在进行分组处理时，将每一个 512 位的分组又分为 16 个 32 位的子分组，经过一系列的处理后，算法的输出由 4 个 32 位的分组组成，最后级联后生成一个 128 位的散列值。

2.7.4 散列函数的分类

1. 根据是否使用密钥分类

散列函数根据是否使用密钥分为带密钥和不带密钥两种。

1）带密钥的散列函数

消息的散列值由只有通信双方知道的密钥 K 来控制。此时，散列码称作 MAC（Message Authentication Code，消息认证码），其原理如图 2.21 所示。MAC 通常用来对消息进行认证。

图 2.21 MAC 原理示意图

MAC 的实现的一个简单方法是：先对消息求散列值，再用一个对称密钥加密该散列值，这样，接收方必须知道该对称密钥才能够提取这个散列值，并将该散列值与对消息求出的散列值进行比较。

由于散列函数并不是专为 MAC 而设计的，它不使用密钥，并不能直接构造 MAC。于是人们想出了将密钥直接加到原文中再求散列值的方法构造 MAC，传输前把密钥 K 移去，如图 2.22 所示。这种方案的一种实现叫作 HMAC。

图 2.22 将密钥加到原文中求 MAC 示意图

2）不带密钥的散列函数

消息散列值的产生无须使用密钥，任何人都可以使用公开的散列函数算法对散列值进行验证，这就是普通的散列函数。此时，散列值称作 MDC（Manipulation Detection Code，篡改检验码）。MDC 通常用来检测文件或报文的完整性。

2. 根据散列函数使用的算法分类

根据散列函数使用的算法，目前的散列函数主要有 MD5、SHA-1 和 RIPEMD 等。

2.7.5 散列链

散列链的概念和方法由美国数学家 Lamport 提出，最初用于一次性口令机制。但由于散列链同时具有类似于公钥技术的单向性和散列函数计算的高效率，使它很快被应用到各种密码学系统中。目前散列链最常见的应用包括前向安全数字签名、身份认证协议和基于散列链的微支付协议等。

散列链可以通过很小的运算代价提供良好的安全性或认证机制（将散列链和普通数字签名结合在一起还可构造一条承诺链）。目前有大量的研究集中于将散列链技术用于各种具体应用，散列链已成为微支付、移动电子商务安全、电子拍卖等应用中的一项关键技术。

散列链的概念可定义如下：

构造长度为 T 的散列链，首先选择一个随机数 s（s 称为种子值），用某个单向散列函数 h 重复计算 T 次，得到包含 T 个散列值的序列：

$$s, h(s), h^2(s), \cdots, h^i(s), \cdots, h^{T-1}(s), h^T(s)$$

其中，s 称为散列链的"根"。根据单向散列函数的性质，显然，已知 $h^T(s)$，但不知道 s，就不能计算出 $h^{T-1}(s)$；而已知 $h^{T-1}(s)$，则能很容易地计算出 $h^T(s)$，因为 $h^T(s) = h(h^{T-1}(s))$。

一般情况下，应用散列链都是遵循如下过程：首先，将散列链的根节点 $h^T(s)$ 安全地分发（即首次初始化），这一般通过两种方式，一是手工方式，另一种是使用公钥签名方式，对于网络通信来说，实际上只能采用后一种方式，否则无法保证其真实性。然后，从 $h^{T-1}(s)$ 开始，散列链上的散列值被依次释放直到到达种子值 s。此时，一条散列链就被用尽。如果需要，可按上述方式重新构造另一条散列链，不同点在于需要一个新的随机种子值 s' 来重新初始化系统。

散列链存在长度上的限制，当链上的散列值被用尽以后，需要生成新的散列链，这称为散列链的更新。散列链更新的过程通常是：首先重新寻找一个随机数 s 作为散列链的根，然后将 s 用私钥签名后提交给认证方进行认证。由于散列链的更新一般都要使用公钥签名技术，如果频繁更换新的散列链，大量的公钥签名算法将严重有损系统的效率。

如果能够在散列链被用尽后自动使用另一个随机数作为散列链的根，并且能够计算出散列链的根，则称该散列链具有自更新性。散列链的有限长度限制问题随着散列链应用的广泛也日益突出。目前一般使用公钥技术来实现散列链的自更新性，但这样又使散列链丧失了计算高效率的优势。

习　　题

1. 图 2.3 中的棋盘密码属于(　　)。
　　A. 单表替代密码　　　　　　　　　B. 多表替代密码
　　C. 置换密码　　　　　　　　　　　D. 以上都不是

2. (　　)攻击不修改消息的内容。
　　A. 被动　　　　　B. 主动　　　　　C. 都是　　　　　D. 都不是

3. 在 RSA 中,若取两个质数 $p=7$、$q=13$,则其欧拉函数 $\phi(n)$ 的值是(　　)。
　　A. 84　　　　　　B. 72　　　　　　C. 91　　　　　　D. 112

4. RSA 算法建立的理论基础是(　　)。
　　A. 替代和置换　　B. 大数分解　　　C. 离散对数　　　D. 散列函数

5. 数字信封技术是结合了对称密码技术和公钥密码技术优点的一种加密技术,它解决了(　　)的问题。
　　A. 对称密码技术密钥管理困难　　　B. 公钥密码技术分发密钥困难
　　C. 对称密码技术无法进行数字签名　D. 公钥密码技术加密速度慢

6. 生成数字信封时,我们用(　　)加密(　　)。
　　A. 一次性会话密钥,发送方的私钥　B. 一次性会话密钥,接收方的私钥
　　C. 发送方的公钥,一次性会话密钥　D. 接收方的公钥,一次性会话密钥

7. 如果发送方用自己的私钥加密消息,则可以实现(　　)。
　　A. 保密性　　　　B. 保密与鉴别　　C. 保密而非鉴别　D. 鉴别

8. 如果 A 要和 B 安全通信,则 B 不需要知道(　　)。
　　A. A 的私钥　　　B. A 的公钥　　　C. B 的公钥　　　D. B 的私钥

9. 通常使用(　　)验证消息的完整性。
　　A. 消息摘要　　　　　　　　　　　B. 数字信封
　　C. 对称解密算法　　　　　　　　　D. 公钥解密算法

10. 两个不同的消息摘要具有相同散列值时,称为(　　)。
　　A. 攻击　　　　　B. 冲突　　　　　C. 散列　　　　　D. 签名

11. (　　)可以保证信息的完整性和用户身份的确定性。
　　A. 消息摘要　　　B. 对称密钥　　　C. 数字签名　　　D. 时间戳

12. 与对称密钥加密技术相比,公钥加密技术的特点是(　　)。
　　A. 密钥分配复杂　　　　　　　　　B. 密钥的保存数量多
　　C. 加密和解密速度快　　　　　　　D. 可以实现数字签名

13. 正整数 n 的_____是指小于 n 并与 n 互素的非负整数的个数。

14. 时间戳是一个经加密后形成的凭证文档,它包括需_____的文件的摘要、DTS 收到文件的日期和时间和_____3 个部分。

15. 请将下列常见密码算法按照其类型填入相应单元格中。
　　① RSA;② MD5;③ AES;④ IDEA;⑤ DES;⑥ Diffie-Hellman;⑦ DSA;

⑧ SHA-1；⑨ ECC；⑩ SEAL

对称（分组）密码算法	流密码	公钥密码算法	散列算法

16. 对于自同步流密码，如果密钥流不是与密文相关，而是与明文相关（例如先用种子密钥作为密钥流的前几个密钥字符，再用明文序列作为密钥流接下来的密钥字符），会产生什么问题？

17. 利用扩展的欧几里得算法求 28 mod 75 的乘法逆元。

18. 求 2^{53} mod 11＝，求模 43 的所有本原根。

19. 在一个使用 RSA 的公钥密码系统中，如果截获了发给一个其公开密钥是 $e=5$，$n=35$ 的用户的密文 $c=10$，则明文 m 是什么？

20. 在 ElGamal 密码体制中，设素数 $p=71$，本原元＝7。

① 如果接收方 B 公钥 $y=3$，发送方 A 选择的随机整数 $r=2$，求明文 $m=30$ 所对应的密文二元组 (c_1,c_2)。

② 如果发送方 A 选择另一个随机整数 r，使得明文 $m=30$ 加密后的密文 $(c_1,c_2)=(59,c_2)$，求 c_2。

21. ECC 的理论基础是什么？它有何特点？

22. 已知椭圆曲线方程为 $E_{23}(16,10)$ 和它上面的一个点 $G=(5,10)$，计算 G 的所有倍点。

23. 公钥密码体制的加密变换和解密变换应满足哪些条件？

24. 在电子商务活动中为什么需要公钥密码体制？

25. 小明想出了一种公钥加密的新方案，他用自己的公钥加密信息（并且将自己的公钥也严格保密），然后将自己的私钥传给接收方，供接收方解密用。请问这种方案存在什么缺陷吗？

26. MAC 与消息摘要有什么区别？

chapter 3

数 字 签 名

在工作中,人们经常需要对文件进行签名,签名无非出于以下 3 种目的:①认证。如果某人写了一份文件,希望其他人确信该文件来自他,他可以在文件上签名。②批准和负责。比如人们需要办理某种业务(如刷卡消费、支取存款)时,营业员会要求经办人签名,这是为了防止经办人以后抵赖,因为一旦签名就表明该项业务得到了经办人的批准,并且由经办人承担责任。③有效。人们有时经常请求领导或上级对某份文件签名或签章,用来表明该份文件是有效力和权威的,以获得机构内其他人的认可。

3.1 数字签名概述

对签名的基本要求是无法伪造、容易认证和不可抵赖。手写签名一般通过某人特有的笔迹实现以上 3 个特点。例如,有些领导为了让自己的签名无法伪造,也为了让其他人容易鉴别,一般把签名签得很有特色,其他人模仿不出,就是这个原因。而数字签名和手写签名的功能非常类似,好的数字签名比手写签名更能够防止别人伪造。因此,包括我国在内的很多国家都设立了电子签名法,承认数字签名和手写签名具有同等的法律效力。

不仅如此,通过数字签名还能实现认证机制,如果一份消息附带有某人的数字签名,那么可以确信该消息确实是从该用户处发出的,而不是其他人伪造的。因此,可以说数字签名是连接加密技术和认证技术的桥梁。

3.1.1 数字签名的特点

传统签名的基本特点有:与被签的文件在物理上不可分割;签名者不能否认自己的签名;签名不能被伪造;签名容易被验证。

而数字签名是传统签名的数字化,它也具有传统签名的这 4 个特点,表现为:签名能与所签文件"绑定";签名者不能否认自己的签名;签名容易被自动验证;签名不能被伪造。

而进行数字签名通常也是为了确认以下两点:

(1) 信息是由签名者发送的。

（2）信息自签发后到收到为止未曾作过任何修改。

总的来说，数字签名应具备以下几个特点：

（1）签名是可以被确认的，即收方可以确认或证实签名确实是由发方签名的。

（2）签名是不可伪造的，即收方和第三方都不能伪造签名（unforgeable）。

（3）签名不可重用，即签名是和消息绑定在一起的，不能把签名移到其他消息（文件）上。

（4）签名是不可抵赖的，即发方不能否认他所签发的消息。

（5）第三方可以确认收发双方之间的消息传送但不能篡改消息。

如果客户愿意支付某一账单，最好的办法就是要他在账单上签名，这样他以后就不能否认同意支付的行为了。如果要让其他人确信某个文件是由某人发出的并且在他们收到之前没有被篡改过，最好的办法就是该人对这份文件签名。

3.1.2 数字签名的过程

我们知道，最简单的数字签名就是发送方将整个消息用自己的私钥加密，接收方用发送方的公钥解密，解密成功就可验证确实是发送方的签名。

但这种方法存在一个缺陷，就是被签名的文件或消息可能很长。由于公钥加密运算速度慢的原因，如果将整个文件都用私钥加密，则加密会非常耗时而不可行。因此，在实际中一般是先对消息用散列函数求消息摘要（散列值），然后发送方用其私钥加密该散列值，这个被发送方私钥加密的散列值就是发送方的数字签名，将其附在文件后，一起发送给接收方就可以让其验证签名了。

验证签名时，接收方先用发送方的公钥解密数字签名，然后将提取到的散列值与自己计算该文件的散列值相比较，如果相同就表明该签名是有效的。整个过程如图 3.1 所示。这样攻击者虽然能截获并阅读消息（消息是明文形式），但不能修改消息内容或将消息换成其他消息，因为其他消息的散列值和该消息的散列值是不同的，接收方能通过验证签名发现。

图 3.1 数字签名的基本过程

图 3.1 的数字签名方案虽然解决了公钥密码体制加密长消息速度慢的问题，但又产生了一个新的问题，那就是消息以明文形式传输，无法实现消息的保密性。如果对消息

有保密性要求,则可以不直接发送明文和数字签名,而是将明文和数字签名的组合体用一个对称密钥加密,再将加密后的组合体以及对称密钥的数字信封发送给接收方,如图 3.2 所示。这种方式是将数字签名与数字信封技术结合在了一起,实现了带有保密性要求的数字签名。

图 3.2　带有保密性要求的数字签名方案(省略了数字签名过程)

注意:带有保密性的数字签名使用了两对公钥/私钥。这是因为公钥密码体制如果作为数字签名使用,则无法同时实现保密性;反之,如果作为加解密使用,则无法同时实现签名。如果要用公钥密码体制同时实现数字签名和加密,则需要使用两次公钥密码算法,一次用于加密,另一次用于签名。这需要两对公钥/私钥才能实现,一对是发送方的,另一对是接收方的。

3.2　数字签名的算法实现

理论上讲,只要是双向可逆的公钥加密算法都能用于实现数字签名,常见的数字签名算法有 RSA、ElGamal、ECC 等。下面分别介绍使用 RSA、ElGamal 和 Schnorr 实现数字签名的算法。

3.2.1　RSA 数字签名算法

设 RSA 算法的私钥为 d,公钥为 (e,n),则 RSA 签名算法的思想就是:签名者用自己的私钥 d 加密文件摘要,其他人用签名者的公钥 e 就可以验证签名。

1. 签名过程

用户 A 对消息 M 进行签名,他先计算 M 的摘要 $H(M)$,再用自己的私钥 d 签名:
$$S_A = \text{Sig}(H(M)) = (H(M))^d \bmod n$$
然后将 S_A 附在消息 M 后作为用户 A 对消息 M 的签名。

2. 验证签名过程

如果其他用户要验证 A 对消息 M 的签名，其他用户用 A 的公钥 e 计算

$$M' = S_A^e \bmod n$$

如果 M' 与 M 相等，则相信签名确实是用户 A 所产生的。可见，RSA 签名算法的计算过程就是 RSA 加密算法的逆过程。

3. RSA 数字签名的注意事项

如果用 RSA 算法实现数字签名，一定要先对消息求消息摘要，再用私钥签名；或者签名的密钥对专门用于签名，而用另外一对公钥/私钥对进行加/解密。

这是因为，签名者的公钥 e 和 n 是公开的，攻击者如果截获别人发给签名者的密文 c(c 是别人用签名者的公钥 e 加密得到的，即 $c = m^e \bmod n$)，则攻击者可以任意选择一个小于 n 且与 n 互素的数 r，计算

$$x = r^e \bmod n, \quad y = xc \bmod n$$

将 y 发给签名者请其签名，如果签名者随随便便就用自己的私钥 d 给攻击者发来的 y 签名，即

$$u = y^d \bmod n$$

则攻击者得到签名 u 后，就可以轻而易举地恢复出 c 对应的明文 m。他首先计算 r 的乘法逆元 t，即 $t = r^{-1} \bmod n$，再把 t 和 u 相乘即得到 m，这是因为

$$tu = r^{-1} y^d \bmod n$$
$$= r^{-1}(xc)^d \bmod n = r^{-1} x^d c^d \bmod n$$
$$= r^{-1} r^{ed} c^d \bmod n = r^{-1} r^{k\varphi(n)+1} c^d \bmod n$$
$$= r^{-1} r c^d \bmod n = c^d \bmod n = m$$

而如果先对消息 y 求消息摘要 $H(y)$ 再签名则不存在该问题，或者签名和加密使用不同的密钥对也能避免该问题。

3.2.2 ElGamal 数字签名算法

ElGamal 数字签名算法是一种非确定性的签名方案，它需要使用随机数，但 ElGamal 数字签名算法的运算过程并非是 ElGamal 加密算法的逆过程。

1. 用户选择密钥

系统先选取一个大素数 p 及 p 的本原根 a，用户 A 选择一个随机数 $x(1 \leqslant x \leqslant p-1)$ 作为自己的私钥，计算 $y = a^x \bmod p$，将 y 作为自己的公钥。整个系统公开的参数有大素数 p、本原根 a 以及每个用户的公钥；而每个用户的私钥 x 则严格保密。

2. 签名过程

给定消息 M，用户 A 进行下述计算来实现签名。

（1）选择随机数 $k \in \mathbf{Z}_p^*$，且 k 与 $p-1$ 互素（注意：随机数 k 需要保密）。

（2）签名方 A 对消息 M 进行散列压缩后得到消息散列码 $H(M)$，再计算

$$r = a^k \bmod p$$

$$s = (H(M) - xr)k^{-1} \bmod (p-1)$$

将 (r,s) 作为用户 A 对消息 M 的数字签名，与消息 M 一起发送给接收方。

3. 验证签名的过程

接收方 B 在收到消息 M 与数字签名 (r,s) 后，先计算消息 M 的散列码 $H(M)$。然后计算

$$y^r r^s \bmod p = a^{H(M)} \bmod p$$

如果上式成立，则可确信 (r,s) 为有效签名，否则认为签名是伪造的。

4. 证明验证签名的正确性

若 (r,s) 为合法用户采用 ElGamal 数字签名算法对消息 M 的签名，则

$$y^r r^s = (a^x)^r (a^k)^s = a^{xr+ks} \bmod p$$

又因为

$$s = (H(M) - xr)k^{-1} \bmod (p-1)$$

两边乘 k 再移项得

$$ks + xr = H(M) \bmod (p-1)$$

根据模运算规则有

$$a^{xr+ks} = a^{H(M) \bmod (p-1)} \bmod p$$

由费马定理的推论，$a^k \equiv a^{k \bmod (p-1)} \bmod p$，将 k 替换成 $H(M)$，有

$$a^{xr+ks} = a^{H(M)} \bmod p$$

因此有

$$y^r r^s = a^{H(M)} \bmod p$$

5. ElGamal 数字签名过程举例

（1）用户 A 对消息 M 进行签名。

设系统选取素数 $p=19$，本原根 $a=13$。用户 A 选择整数 $x=10$ 作为自己的私钥，经计算可得用户 A 的公钥 $y=6$。

如果用户需要对消息 M 的散列码 $H(M)=15$ 进行签名，首先，用户 A 选择一个随机数 $k=11$，然后求出 k 的乘法逆元：

$$k^{-1} = 5 \bmod 19$$

然后，用户 A 计算

$$r = a^k \bmod p = 13^{11} \bmod 19 = 2$$

接着，用户 A 再计算

$$s = (H(M) - xr)k^{-1} \bmod (p-1) = 5 \times (15 - 10 \times 2)(\bmod 18) = 11$$

用户 A 把元组 $(r,s)=(2,11)$ 作为自己对 $H(M)=15$ 的消息的签名。

（2）接收方 B 验证签名时只需计算

$$y^r r^s \bmod p = 6^2 \times 2^{11} \bmod 19 = 8$$
$$a^{H(M)} \bmod p = 13^{15} \bmod 19 = 8$$

两者相等，则认为（2，11）是用户 A 对消息 M 的有效签名。

6. ElGamal 数字签名算法的安全性

ElGamal 数字签名算法在安全性方面有以下特点。

（1）ElGamal 数字签名算法是一个非确定性的数字签名体制，对同一个消息 M 所产生的签名依赖于随机数 k。

（2）由于用户的签名私钥 x 是保密的，攻击者要从公钥 y 推导出私钥 x 等价于求解离散对数的困难性，因此 ElGamal 数字签名体制的安全性是建立在求解离散对数的困难性上的。

（3）在签名时使用的随机数 k 绝对不能被泄露，这是因为当攻击者知道了随机数 k 后，就可以通过公式 $s = (H(M) - xr)k^{-1} \bmod (p-1)$ 推出

$$x = (H(M) - ks)r^{-1} \bmod (p-1)$$

从而得到用户的私钥 x，这样整个签名算法便被攻破。

（4）随机数 k 不能被重用。有研究指出，如果随机数 k 被重用，则攻击者可根据得到的两个不同的签名求出签名私钥 x。

另外，还有一些 ElGamal 签名算法的变种，如 DSA（Digital Signature Algorithm）。DSA 是一种单向不可逆的公钥密码体制，它只能用于数字签名，而不能用于加密解密和密钥分配。与 ElGamal 类似，DSA 算法在每次签名的时候也要使用随机数，对同一个消息签名，每次签名的结果是不同的。所以称 DSA 的数字签名方式为随机化数字签名，而 RSA 的数字签名方式为确定性数字签名。由于 RSA 存在共模攻击，用 RSA 签名每次都要使用不同的 n，而 DSA 没有这个需要，因此在实际中 DSA 签名比 RSA 签名更加方便。

3.2.3 Schnorr 签名体制

Schnorr 签名体制的安全性建立在离散对数分解困难的基础上。对于相同的安全级，Schnorr 的签名长度比 RSA 短（对 140 位长的 q，Schnorr 签名长度仅为 212 位，比 RSA 签名长度短一半，比 ElGamal 短得多）。而且产生签名所需要的大部分计算都可在预处理阶段完成，进一步提高了该签名体制的速度。由于其签名运算的高效率，Schnorr 数字签名算法已被广泛应用于许多电子现金协议和公平盲签名协议中。

Schnorr 签名方案的安全性建立在计算离散对数难度的基础上，签名过程如图 3.3 所示。

1. 初始过程

（1）选择大素数 $p, q, p \geqslant 2^{512}, q \geqslant 2^{160}$，并且 q 是 $p-1$ 的一个素因子，即 $q \mid (p-1)$。

（2）选择 $g \in \mathbf{Z}_p^*$，满足 $g^q \equiv 1 \bmod p$。

（3）选择一个小于 q 的随机数 s，计算 $v=g^{-s} \bmod p$。

（4）将 p、q、a、v 公开，s 保密，其中 v 是公钥，s 是私钥。

2. 签名过程

（1）签名方 A 选取一个小于 q 的随机整数 r，并计算 $x=g^r \bmod p$。

（2）A 将消息 m 与 x 连接起来，计算其散列值 $e=H(m,x)$。

（3）A 计算 $y=(r+se) \bmod q$，(e,y) 即为签名，A 将消息和签名 (m,e,y) 传送给 B。

其中，$H(\cdot)$ 是一个单向散列函数，m 是待签名的消息。

3. 验证过程

验证方 B 收到 (m,e,y) 后，计算 $x'=g^y v^e \bmod p$，然后验证 $e=H(m,x')$，如果通过验证，则认为该签名有效。这是因为 $y=(r+se) \bmod q$，$v=g^{-s} \bmod p$，$x=g^r \bmod p$。所以：

$$x'=g^y v^e \bmod p=g^{r+se} v^e \bmod p=g^r g^{se} g^{-se} \bmod p=g^r \bmod p=x$$

图 3.3　Schnorr 签名体制

由于每次计算得到的签名与选择的随机数 r 有关，因此 Schnorr 签名也是非确定性的签名算法。

3.3　前向安全数字签名

对于数字签名来说，其安全性牵涉到两个方面：一是签名算法的安全性，数字签名使用的算法要能够抵抗各种密码分析，即算法不被破解；二是签名私钥的安全性，即私钥不能被窃取，或者即使被窃取了损失也不大。一般来说，私钥是签名者自己生成再保存在自己系统中，不会经过 Internet 传输，一般很难被窃取。因此普通数字签名算法都是假设私钥是绝对安全的（这个假设隐含着如果私钥泄露则责任完全由签名者承担，验证者无须承担任何责任）。因为如果不这样假设，则签名者无论自己的私钥是否被窃取，他都可以声称自己的私钥被盗了，是窃取者用他的私钥签的名，从而可对自己所签的任何文件进行抵赖了。

但是私钥不在 Internet 上传输并不表示私钥是绝对安全的，因为攻击者还可能会攻入签名者的系统窃取私钥,一旦签名私钥被泄露,则攻击者可使用该私钥随意地冒用签名,这将给整个系统带来灾难性的后果。对于银行或 CA 等比较重要的机构,必须考虑签名私钥泄露这种风险的存在。

1. 前向安全的概念和方法

基于私钥可能被泄露的风险,1997 年 Anderson 首次提出了前向安全(forward secrecy)的概念。其主要思想是,将一个密码学系统的整个生命周期分为若干个阶段,系统的私钥值在每个时间段都不断地变化。这样,即使当前时间段的私钥值泄露了,也不会影响以前时间段私钥的安全性,这意味着以前的签名仍然是有效的。因此,前向安全数字签名方案能有效地降低因私钥泄露而造成的损失。这种思想的本质是对数字签名安全性的风险控制,即将签名私钥泄露后造成的损失尽可能减少。

前向安全数字签名与一般数字签名相比,就是多了一个私钥更新的环节。这使它具有前向安全性:如果在时间段 i 的私钥泄露,则攻击者只可以伪造 i 时间段以后的签名,而不能伪造 i 时间段之前的签名,也就是说,i 时间段之前的签名仍然有效。

前向安全数字签名实现的关键是私钥可以自动更新,但验证签名的公钥却要求始终不变,这样无论私钥怎样变化,验证者总能用固定的公钥和时间段编号对签名进行验证。因此,私钥可以用单向函数(例如散列链)来实现,即允许签名者由昨天的私钥计算出今天的私钥,但不能由今天的私钥计算出昨天的私钥,以此来保证即使当前的私钥暴露了,但过去的私钥仍然是安全的。进化是单向的,所以进化函数是单向函数,为了便于验证及提高效率,对应的公钥必须始终保持不变。

为了实现前向安全,可以将签名的私钥按时间段进行更新,并用不同的私钥生成签名,而相应的公钥并没有变,任何验证者都可以使用固定的公钥和时间段编号来验证签名,如图 3.4 所示。用户先注册一个公钥 PK,同时保存相应的私钥 SK。然后将公钥的有效时间分为 n 个时间段,记为 $T_1, T_2, \cdots, T_n$,每个时间段的私钥记为 $SK_1, SK_2, \cdots, SK_n$。存在这样一个单向函数 f 可以将私钥 SK_1 更新为 SK_2,即 $SK_2 = f(SK_1)$。因为单向函数具有单向性,即由 SK_1 计算 SK_2 非常容易,而反过来要通过 SK_2 计算 SK_1 则非常困难。

图 3.4　前向安全数字签名的私钥进化过程

2. 基于 ElGamal 的前向安全数字签名方案

通常一个前向安全数字签名方案包括 4 个算法:公私钥生成算法、私钥更新算法、签名算法和验证算法,也就是说比普通数字签名方案多了一个私钥更新算法。

基于 ElGamal 的前向安全数字签名方案的算法如下。

1) 基本参数建立

系统先选取一个大素数 p 及 p 的本原根 g，用户 A 选择一个随机数 $x(1 \leqslant x \leqslant p-1)$ 作为自己的初始私钥 SK_0，确定私钥的更新次数 T_i，并根据 $PK = g^{SK_0-1} \bmod p$，计算出公钥 PK。系统公开初始化参数 $\{p, g, PK, T_i\}$。

2) 私钥更新算法

前向安全技术的关键是：签名者根据所设定的时间段不断地计算出自己的新私钥，并用新的私钥替换旧的私钥。设 i 表示第 i 个时间段，则私钥更新算法如下：

根据 SK_i 计算 SK_{i+1}，计算公式为 $SK_{i+1} = SK_i^2 \bmod (p-1)$，其中 $i \in [1, n+1]$。

显然，如果想由 SK_{i+1} 计算 SK_i，则等价于求离散对数复杂性的难题，因此非常困难。

3) 数字签名生成

对消息 M 进行签名时，签名者 Alice 首先选择一个随机数 k（k 与 $p-1$ 互素），然后计算

$$a = g^k \bmod p$$
$$b = (Hash(M) - SK_i^{2a+1-i}a)k^{-1} \bmod p$$

此时对消息 M 的签名结束，$\{a, b, i\}$ 为第 i 个时间段对消息 M 的签名。

4) 签名验证

Bob 在接收到 Alice 的签名后通过以下等式进行验证：

$$PK^a a^b = g^{Hash(M)} \bmod p$$

若上式为真，则签名有效，否则签名无效。这是因为

$$PK^a a^b = g^{SK_0^{2a+1}} g^{k(H(M) - SK_i^{2a+1-ia})} SK^{-1} (\bmod p) = g^{H(M)} \bmod p$$

3. 强前向安全的概念

前向安全数字签名仍然是有安全漏洞的，因为它没有办法阻止攻击者窃取了私钥后在未来的时间段内进行同样的私钥更新。即：如果攻击者获得了第 i 时间段的私钥，并且签名者也没有发觉自己的私钥已经被窃取，那么攻击者就可以和签名者一样进行私钥的更新，得到 i 时间段以后的所有私钥。有了这些私钥就可以伪造 i 时间段及 i 时间段以后的所有签名，直到被签名者发现。也就是说，前向安全签名无法保证签名在将来的安全性（即后向安全性）。为此，2001 年 M. Burmester 提出了强前向安全签名的概念，即在保证签名是前向安全的同时，不应该让攻击者具有和合法签名者同样的私钥更新能力，即，即使攻击者获得了 i 时间段的私钥，它也不能伪造 i 时间段以前的签名和 i 时间段以后的签名，把具有这样特性的安全性称为强前向安全性，或称为双向安全性。

3.4　特殊的数字签名

根据电子商务等应用的需要，产生了许多种特殊的数字签名方式，如盲签名、群签名、门限签名、不可争辩签名、数字时间戳等。

3.4.1 盲签名

在一般的数字签名中,文件的签名者都知道他们在签署什么,甚至该文件就是签名者自己生成的,这是通常所需要的。但有时可能需要某人对一个文件签名,却又不想让他知道文件的内容。例如某人立遗嘱时,通常将遗嘱写好并用信封密封好后,给公证人签名盖章,公证人看不到遗嘱内容,这样可防止公证人未到时候就私下将遗嘱的内容泄露出去,但又必须要让公证人签名,这样验证者才能确信遗嘱是真实的。这里公证人对遗嘱的签名就是一种盲签名。

盲签名最主要的用途是实现电子现金的匿名性。用户自己生成了一些电子现金(包含有序列号),把电子现金提交给银行签名(当然有办法让银行能大体知道他签署的是什么,只不过不准确而已),这样电子现金才会变得有效,但用户又不想让银行知道自己提交的电子现金是哪些,以防止银行对他的消费状况进行跟踪,从而达到保护用户隐私的目的。因此不能让银行看到待签名文件(电子现金)的具体内容(如序列号),这就需要盲签名技术。

盲签名操作涉及三方,分别是请求签名者、签名者和签名验证者。

1. 盲签名的基本原理

为了实现盲签名,一种自然的想法就是先将消息加密(称为盲化),再把加密的消息发送给签名者签名。这样签名者就无法阅读消息的内容了,而只能进行签名,而请求签名者可先将签名解密(脱盲),然后再把消息明文和脱盲的签名发送给验证者验证签名。该过程如图 3.5 所示。

图 3.5　盲签名盲化、签名、脱盲、验证的过程

提示:脱盲的签名就相当于签名者直接对消息明文 M 进行的签名。

由此可见,盲签名的基本原理是两个可交换算法的应用:第一个是加密算法,它用来隐藏消息,实现盲化处理;第二个是签名算法,用来对消息进行签名。只有当这两个算法是可交换的,即 $\mathrm{Sign}_k(mh)=\mathrm{Sign}_k(m)h(h$ 为盲化因子),盲签名才能有效。

因为如果这两个算法不能交换,则请求签名者无法进行脱盲运算,不能由 Sign' 得到

Sign,而只能解密 Sign′ 得到 M′。虽然请求签名者也可以把 M、M′ 和 Sign′ 提交给验证者验证 Sign′ 确实是从 M 得来的签名,但这又要将盲化因子 h 告诉验证者,而一旦盲化因子公开,则签名者也能用盲化因子解密得知明文了。

总结:盲签名与普通数字签名相比,有两个显著的特点:

(1) 消息的内容对签名者是不可见的,例如图 3.5 中签名者不知道 M。

(2) 在签名消息被接收者公开后,签名者不能追踪签名,例如图 3.5 中签名者即使看到 Sign,仍然不能把它和 M′ 联系起来,即盲签名具有不可追踪性。

上述盲签名方案又称为强盲签名,如果盲签名方案满足条件(1),但不满足条件(2),即在签名消息被接收者公开后,签名者能够追踪签名,则称为弱盲签名,或公平盲签名。

盲签名可通过 RSA 算法、离散对数等数学难题实现。

2. RSA 的盲签名体制

RSA 的盲签名体制的步骤如下:

(1) 参数选择。系统随机选取两个大素数 p 和 q,计算 $n=pq$;再计算 n 的欧拉函数 $\phi(n)=(p-1)(q-1)$,计算完后,n 可以公开。然后选择一个与 $\phi(n)$ 互素的整数 e 作为某用户的公钥(这样 e 才会具有乘法逆元)。求出 e 的乘法逆元,将该结果作为私钥 d,即 $de=1 \bmod \phi(n)$。将 d 保密,(d,n) 作为私钥,将 e 公开,(e,n) 作为公钥。p、q 和 $\phi(n)$ 都需要保密。

(2) 签名过程。用户(请求签名者)选择待签名的消息 $m \in \mathbf{Z}_n^*$ 和一个随机数 $r \in \mathbf{Z}_n$ 作为盲因子,并用签名方的公钥 e 对原消息进行盲化,计算

$$m' = mr^e \bmod n$$

然后把盲化的消息 m' 发送给签名者进行签名。

签名者收到 m' 后,用自己的私钥 d 对其进行签名,计算

$$\mathrm{Sign}(m') = (m')^d \bmod n$$

可见签名过程和普通 RSA 签名完全一致,然后把 $\mathrm{Sign}(m')$ 作为 m' 的签名发送给用户。

(3) 脱盲过程。求签名者收到 $\mathrm{Sign}(m')$ 后,对其进行脱盲运算,只要计算

$$\mathrm{Sign}(m) = \mathrm{Sign}(m')/r \bmod n$$

$\mathrm{Sign}(m)$ 就是对原消息 m 的直接签名,即 $\mathrm{Sign}(m)=m^d \bmod n$,这是因为

$$\mathrm{Sign}(m) = \mathrm{Sign}(m')/r = (m')^d/r = (mr^e)^d/r$$
$$= m^d r^{ed}/r \bmod n = m^d r/r \bmod n = m^d \bmod n$$

(4) 验证签名。由于 $\mathrm{Sign}(m)$ 就是对原消息 m 的直接签名,因此验证者可以用签名者的公钥 e 像验证普通 RSA 签名一样验证签名,即验证如下等式是否成立:

$$m = (\mathrm{Sign}(m))^e \bmod n$$

【例 3.1】 取 $p=3$,$q=11$,则 $n=33$,$\phi(n)=20$,再取公钥 $e=3$,计算得知 $d=7$。

设明文 $m=6$,任取随机数 $r=5$;求 m 的盲签名,并对盲签名进行验证。

解:$m'=6 \times 5^3 \bmod 33=750 \bmod 33=24$

$\mathrm{Sign}(m')=24^7 \bmod 33=18$

$\text{Sign}(m) = 18 \times 5^{-1} \bmod 33 \Rightarrow 5 \times \text{Sign}(m) \bmod 33 = 18$,得 $\text{Sign}(m) = 30$。

验证：$m = 6$；$(\text{Sign}(m))^e \bmod n = 30^3 \bmod 33 = 6$。

两者相等,说明签名是有效的。

3. ElGamal 的盲签名体制

ElGamal 盲签名的步骤如下：

(1) 系统先选取一个大素数 p 及 p 的本原根 a,然后选择一个随机数 x,$2 \leqslant x \leqslant p-2$,再计算 $y = a^x \bmod p$,以 (y, a, p) 作为用户的公钥,而 x 作为用户的私钥。

(2) 盲化过程。请求签名者选择随机数 $h \in \mathbf{Z}_p^*$ 作为盲化因子,然后计算

$$\beta = a^h \bmod p$$
$$m' = mh \bmod (p-1)$$

将二元组 (β, m') 发送给签名者。

(3) 签名过程。签名者收到 (β, m') 后,选择随机数 $k \in \mathbf{Z}_{p-1}^*$,并用自己的私钥 x 对 m' 进行签名,计算

$$r = \beta k \bmod p$$
$$s = xr + m'k \bmod (p-1)$$

并将 (r, s) 作为对消息 m 的签名发送给请求签名者。

(4) 验证过程。请求签名者收到 (r, s) 后,用签名者的公钥 y 验证以下等式是否成立：

$$a^s = r^m y^r \bmod p$$

如果成立则说明签名有效。

3.4.2　群签名和门限签名

1. 群签名

群签名是指：一个群体中的任意一个成员可以以匿名的方式代表整个群体对消息进行签名,验证者可以确认签名来自该群体,但不能确认是群体中的哪一个成员进行的签名。但是当出现争议时,借助于一个可信的机构或群成员的联合就能识别出群中的那个签名者。

与其他数字签名一样,群签名也是可以公开验证的,而且可以用单个的群公钥来验证。

一个群签名体制是由以下几部分组成的：

(1) 创建：一个用以产生群公钥和私钥的多项式时间概率算法。

(2) 加入：一个用户和群管理人之间的交互协议。执行该协议可以使用户成为群成员,群管理人得到群成员的秘密成员管理密钥,并产生群成员的私钥和群成员证书。

(3) 签名：一个概率算法,当输入一个消息和一个群成员的私钥后,输出对消息的签名。

(4) 验证：一个在输入对消息的签名及群公钥后确定签名是否有效的算法。

(5) 打开：一个在给定一个签名及群公钥的条件下确定签名人身份的算法。

一个好的群签名方案应满足以下的安全性要求:

(1) 匿名性:给定一个群签名后,对除了唯一的群管理员之外的任何人来说,确定签名人的身份在计算上是不可行的。

(2) 不关联性:在不打开群签名的情况下,确定两个不同的群签名是否为同一个群成员所签在计算上是困难的。

(3) 防伪造性:只有群成员才能产生有效的群签名。

(4) 可跟踪性:群管理人在必要时可以打开一个群签名以确定群签名人的身份,而且签名人不能阻止一个合法群签名的打开。

(5) 防陷害攻击:包括群管理员在内的任何人都不能以其他群成员的名义产生合法的群签名。

(6) 抗联合攻击:即使一些群成员串通在一起也不能产生一个合法的不能被跟踪的群签名。

2. 群盲签名

1998 年,Lysyanskaya 和 Ramzan 有效结合群签名和盲签名提出了群盲签名的概念。大多数的电子现金系统都是基于由单个银行发行电子现金的模型,所有的用户与商家在同一家银行拥有账户。而在现实世界中,电子现金可能是在一个中央银行监控下,由一群银行发行的。由 J. Camenisch 和 M. Stadler 利用群盲签名构造了一个多个银行参与发行电子现金的、匿名在线的电子现金方案,为研究电子现金系统开辟了一个新的方向。

在该方案中有多个银行参与,每个银行都可以安全地发行电子现金,这些银行形成一个群体受中央银行的控制,中央银行担当了群管理员的角色。该方案具有以下性质:

(1) 任何银行不能跟踪自己发行的电子现金。

(2) 商家只需要用单个群公钥验证所收到的电子现金的有效性,而不关心该电子现金是哪个银行发行的。

(3) 所有银行组成的群体只有一个公钥,该公钥与参与银行的个数无关,而且有银行加入时,该公钥也不需要改变。

(4) 给定一个合法的电子现金,除中央银行以外,任何银行不能辨别该电子现金是哪家银行发行的,为用户和银行提供了匿名性。

(5) 包括中央银行在内的任何银行都不能以其他银行的名义发行电子现金。

3. 门限签名

在有 n 个成员的群体中,至少有 t 个成员才能代表群体对文件进行有效的数字签名。例如,银行金库大门的打开申请需要一个正行长和一个副行长同时签名或者 3 个副行长同时签名才能生效。这就需要门限签名。门限签名可通过共享密钥的方法实现,它将密钥分为 n 份,只有当超过 t 份的子密钥组合在一起时才能重构出密钥。

3.4.3　数字时间戳

在某些电子交易中,交易时间是非常重要的信息。例如,股票、期货的交易时间直接影响到交易商品的价格。因此,需要一个可信任的第三方——时间戳权威(Time Stamp Authority,TSA)来提供可信赖的且不可抵赖的时间戳服务。TSA 主要功能是证明某份文件(交易信息)在某个时间(或以前)存在,防止用户在这个时间后伪造数据进行欺诈。

数字时间戳(Digital Time-Stamp,DTS)产生的一般过程是:用户首先对需要加时间戳的文件用散列函数计算其摘要,然后将摘要发送给 TSA,TSA 将收到文件摘要时的日期时间信息附加到文件中,再用 TSA 的私钥对该文件进行加密(TSA 的数字签名),然后送回用户,整个过程如图 3.6 所示。

图 3.6　数字时间戳的产生过程

用户收到数字时间戳后,可以将其与原始文件一起发送给接收方,供接收方验证时间。可见,数字时间戳是一个经 TSA 签名后形成的凭证文档,它包括 3 个部分:

(1) 需加时间戳的文件摘要。

(2) TSA 收到文件的日期和时间。

(3) TSA 的数字签名。

习　　题

1. 要实现电子现金的匿名性,可以使用(　　　)。

  A. 盲签名　　　　　　　　　　　B. 群签名

  C. 门限签名　　　　　　　　　　D. 前向安全数字签名

2. 盲签名操作涉及三方,分别是_____、签名者和验证者。

3. 为了解决签名私钥可能被窃取的问题,人们提出了_____数字签名。

4. 如果要实现带有保密性的数字签名,需要使用发送方的_____和接收方的_____(填公钥或私钥)。

5. 简述数字签名的过程和应用。

6. 小强想出了一种数字签名的新方案,他用一个随机的对称密钥加密要签名的明文得到密文,再用自己的私钥加密该对称密钥(签名),然后把密文和加密后的对称密钥一起发送给接收方,接收方如果能解密得到明文,就表明验证签名成功。请问用该方案能够对明文签名吗?为什么?

第4章

密钥管理与密钥分配

在现代密码学中,加密算法的安全性完全依赖于密钥,因此密钥是现代密码体制的核心,密钥管理是整个加密系统中最重要的环节。密钥管理作为现代密码学的一个重要分支,就是在授权各方之间实现密钥关系建立和维护的一整套技术,它是现代密码学中最重要、最困难的部分。密钥设计具有一系列的规程,包括密钥的产生、分配、存储、使用、备份/恢复、更新、撤销和销毁等环节。

4.1 密 钥 管 理

密钥管理是一门综合性的技术,它除了技术性的因素外,还包括管理因素,例如密钥的行政管理制度和人员的素质密切相关。再好的技术,如果失去必要的管理支持,也将使技术毫无意义。密码系统的安全强度总是由系统中最薄弱的环节决定的。但作为一个好的密钥管理系统应尽量不依赖于人的因素,为此,密钥管理系统一般应满足以下要求:

(1)密钥难以被非法窃取。

(2)在一定条件下,即使窃取了密钥也没有用。

(3)密钥的分配和更换过程在用户看来是透明的,用户不一定要亲自掌握密钥。

4.1.1 密钥的层次结构

如果一个密码系统的功能很简单,可以使用单层密钥体制,即所有的密钥都用来直接对数据进行加密和解密,但这种密钥体制的安全性不高。一个完善的密钥系统通常要求密钥能够定期更换,密钥能自动生成和分配等其他功能,为此,就需要设计成多层密钥体制。

多层密钥体制的基本思想是用密钥保护密钥,在多层密钥体制中,密钥可分为会话密钥、密钥加密密钥、主密钥3个层次,密钥的层次结构如图4.1所示。系统使用主密钥 K_1 通过算法 f_1 加密保护二级密钥,使用密钥加密密钥 K_{n-1} 通过算法 f_n 保护会话密钥 K_n。

• 会话密钥(session key):最底层的密钥,直接对数据进行加密和解密。

图 4.1　密钥的层次结构

- 密钥加密密钥(key encrypting key)：最底层上所有的密钥，用于对下一层密钥进行加密保护。
- 主密钥(master key)：最高层的密钥，是密钥系统的核心，通常受到严格保护，用于对密钥加密密钥进行保护。

多层密钥体制的优点在于：

(1) 安全性大大提高，下层的密钥被破译不会影响到上层密钥的安全。

(2) 为密钥管理自动化带来了方便。除一级密钥需由人工装入以外，其他各层密钥均可由密钥管理系统实行动态的自动更新和维护。

4.1.2　密钥的生命周期

密钥管理涉及密钥的产生、使用、存储、备份与恢复、更新、销毁以及密钥的撤销等，涵盖了密钥的整个生命周期。

1. 密钥的产生

密钥必须在安全环境中生成，以防止对密钥的非授权访问。密钥的生成有两种方式，一种是由密钥分配中心(KDC)集中生成，另一种是由客户端分散生成。这两种方式各有优缺点，表 4.1 是两种密钥生成方式的优缺点对比。

表 4.1　两种密钥生成方式的对比

方　式	集　中　式	分　散　式
代表	密钥分配中心/CA 证书分发中心	个人
生成者	密钥分配中心/CA 证书分发中心	用户
用户数量	受限制	不受限制
特点	密钥质量高，方便备份	需第三方认证
安全性	需安全的私钥传输通道	安全性高，只需将公钥传送给 CA

为了保证安全，避免弱密钥，防止密钥被猜测分析出来，密钥的一个基本要求是具有

足够的随机性,这包括长周期性、非线性、统计意义上的等概率性以及不可预测性等。但是,一个真正的随机序列是无法用计算机模拟产生的,目前常采用物理噪声源方法产生足够随机的伪随机序列。

对密钥的另一个要求是密钥要足够长。决定密钥长度需要考虑多方面的因素,包括数据价值有多大,数据要有多长的安全期,攻击者的资源情况怎样。应该注意到,计算机的计算能力和加密算法的发展也是密钥长度要考虑的重要因素。

2. 密钥的存储

密钥的安全存储是密钥管理中的一个重要环节,也是比较困难的一个环节。所谓密钥的安全存储是要确保密钥在存储状态下的保密性、真实性和完整性。安全可靠的存储介质是密钥安全存储的物质条件,安全严密的访问控制机制是密钥安全存储的管理条件。

密钥安全存储的原则是不允许密钥以明文形式出现在密钥管理设备之外。例如,可以通过将密钥以明文形式存储在安全的 IC 卡或智能卡中,由专人保管,使用时插入设备中。如果无法做到,必须用另一个密钥加密来保护该密钥,或由一个可信方来分发。

3. 密钥的更新

密钥更新是密钥管理的基本要求,无论密钥是否泄漏,都应该定期更新,更换时间取决于给定时间内待加密数据的数量、加密的次数和密钥的种类。会话密钥应当频繁更换,以防止攻击者在长时间内通过截获大量的密文来分析出密钥。密钥加密密钥无须频繁更换,而主密钥可有更长的更换时间。

4. 密钥的备份和恢复

为了进一步确保密钥和加密数据的安全,防止密钥遭到毁坏造成数据丢失,可利用备份的密钥恢复出原来的密钥或被加密的数据,密钥的备份本质上也是一种密钥的存储。密钥备份有以下几个原则:

(1) 备份的密钥应当受到与存储密钥同样的保护。

(2) 为了减少明文形态的密钥数量,一般都采用高级密钥保护低级密钥的密文形态进行备份。

(3) 对于高级密钥,不能采用密文形态备份,一般采用多个密钥分量的形式进行备份,即把密钥通过门限方案分割成几部分,每个密钥分量备份到不同的设备或地点,并且指定专人负责。

(4) 密钥的备份应当考虑方便恢复,密钥的恢复应当经过授权而且要遵循安全的规章制度。

5. 密钥的销毁和撤销

对任何密钥的使用都必须像身份证、护照一样设置有效期。没有哪个密钥能够无限期地使用,否则会带来不可预料的后果,这是因为:①密钥使用时间越长,它泄露的机会就越大；②如果密钥已经泄露，又没有被使用者察觉，那么密钥使用越久，损失就会越大；③密钥使用越久，对攻击者来说花费精力破译它的诱惑力就越大，甚至采取穷举法进行攻击；④对同一密钥加密的多个密文进行密码分析一般比较容易。

因此，当密钥超过有效期或停止使用后，应该对该密钥进行销毁，彻底清除，清除所有踪迹，包括将所有明文、密钥及其他未受保护的重要保密参数全部清零，以禁止攻击者通过观察数据或从抛弃的设备中确定旧密钥值。

密钥的撤销是从法律上取消密钥与密钥拥有者之间的关联，解除实体对密钥使用过程中应承担的义务，密钥的撤销往往意味着密钥同时也被销毁。

以上密钥管理的各个过程都要记录日志，方便以后进行审计。

4.2　密钥的分配

密钥分配通俗地说就是把密钥传递给对方，在现实生活中，这应该是一个很简单的问题，因为人们可以面对面地把钥匙交到对方手里。但是在网络环境中，人们不能见面，只能通过网络把"钥匙"寄给对方。而在这中间可能会遭受到敌方各种各样的攻击，窃取密钥或伪造密钥等。如果密钥被敌方掌握了，那设计再好的密码系统也没用了，因此密钥分配是密钥管理最重要的一个环节。

密钥分配是指将密钥安全地分发给通信双方的过程，由于密钥是整个密码系统安全的核心，所以攻击者很可能通过窃取密钥来攻破密码系统。许多情况下，出现安全问题不是因为密码算法被破解，而是因为密钥分配系统被破解。需要注意的是，对于对称密码体制和公钥密码体制来说，它们的密钥分配方式是不同的。

4.2.1　对称密码体制的密钥分配

用户 A 和 B 获得共享的对称密钥有如下几种方法：

（1）密钥由 A 选取并通过物理手段发送给 B。

（2）密钥由第三方选取并通过物理手段发送给 A 和 B。

（3）如果 A、B 事先已有一个密钥，则其中一方选取新密钥后，用已有的密钥加密新密钥并发送给另一方。

（4）如果 A 和 B 与第三方 C 分别有一个保密信道（即 C 与每个用户事先共享一个对称密钥），则 C 为 A、B 选取密钥后，分别在两个保密信道上发送给 A、B。

注意：如果有 n 个用户，需要两两拥有共享密钥，那么一共需要 $n(n-1)/2$ 的密钥，而采用第 4 种方法，只需要 n 个密钥。

第 4 种方法称为集中式密钥分配方案，它是指由密钥分配中心（KDC）负责密钥的产生并分配给通信双方。在这种情况下，用户不需要保存大量的会话密钥，只需保存和 KDC 通信的加密密钥。其缺点是通信量大，同时要求具有较好的鉴别功能以鉴别 KDC 和通信双方。图 4.2 是一种具有 KDC 的密钥分配方案的实现（称为 Needham-Schroeder 协议）。

图 4.2 具有 KDC 的对称密钥分配方案

该密钥分配方案的具体过程如下：

（1）A 向 KDC 发出会话密钥请求，请求的消息由两部分组成，一是 A 和 B 的身份 ID_A 和 ID_B，二是本次业务的唯一标识符 N_1，每次请求的 N_1 都应不同，常用一个时间戳、一个计数器或一个随机数作为这个标识符。A 发给 KDC 的请求可表示为

$$A \rightarrow KDC：ID_A \parallel ID_B \parallel N_1$$

提示： $\parallel$ 表示连接符，例如，abc $\parallel$ fg＝abcfg。

（2）KDC 对 A 的请求做出应答。应答是由 KDC 与 A 共享的密钥 K_A 加密的信息，因此只有 A 才能成功地对这一信息进行解密，并且 A 能相信信息的确是由 KDC 发出的。

$$KDC \rightarrow A：E_{K_A}[K_s \parallel ID_A \parallel ID_B \parallel N_1 \parallel E_{K_B}[K_s \parallel ID_A]]$$

信息中包括 A 希望得到的两项数据：一次性会话密钥 K_s；A 在第（1）步中发出的请求，包括一次性随机数 N_1，其目的是使 A 将收到的应答信息与发出的请求比较，看是否匹配。因此 A 能印证自己发出的请求在被 KDC 收到之前未被篡改，而且 A 还能根据一次性随机数相信自己收到的应答不是重放对过去请求的应答。

KDC 到 A 的消息中含有 A 和 B 的身份 $ID_A \parallel ID_B$，又可防止攻击者将 KDC 发往其他用户的应答转向重放给 A。

此外，信息中还有 B 希望得到的两项数据：一次性会话密钥 K_s 以及 A 的身份 ID_A。这两项由 K_B 加密，将由 A 转发给 B，以建立 A 和 B 之间的连接并用于向 B 证明 A 的身份。

（3）A 收到 KDC 响应的信息后，将会话密钥 K_s 保存起来，同时将经过 KDC 与 B 的共享密钥加密过的信息传送给 B。B 收到后，得到会话密钥 K_s，并从 ID_A 可知对方是 A，而且还从 E_{K_B} 知道 K_s 确实来自 KDC。由于 A 转发的是加密后的密文，所以转发内容不会被窃听。

$$A \rightarrow B：E_{K_B}[K_s \parallel ID_A]$$

（4）B 用会话密钥加密另一个随机数 N_2，将加密结果发送给 A，并告诉 A，B 当前是可以通信的。

$$B \rightarrow A：E_{K_s}[N_2]$$

（5）A 响应 B 发送的信息 N_2，并对 N_2 进行某种函数变换（以防止攻击者将 B→A 的消息反向重放），同时用会话密钥 K_s 进行加密，然后将其发送给 B。

$$A \to B: E_{K_s}\left[f(N_2)\right]$$

实际上第(3)步已经完成了密钥的分配,第(4)、(5)步结合第(3)步执行的是认证功能,使 B 能够确认所收到的信息不是一个重放。

4.2.2　公钥密码体制的密钥分配

虽然公钥密码体制中使用的公钥可以公开,但必须保证公钥的真实性。公钥的发布一般有以下几种方法。

1. 公开发布

用户 A 将自己的公钥分发给其他每一个用户。这种方法简单,但没有认证性,因为任何人都可以伪造 A 的这种公开发布。如果某个用户假装是用户 A,并以 A 的名义向其他用户发送或广播自己的公钥,则在 A 发现假冒者以前,这一假冒者可解密所有发给 A 的加密消息(因为它拥有该假冒公钥对应的私钥),而且假冒者还能用伪造的密钥获得认证。

2. 公钥目录表

建立一个动态可访问的公钥目录表,目录表的建立、维护以及公钥的发布由可信的实体或组织承担。目录管理员为每个用户在目录表里建立一个目录项,目录项中包括两个数据项:一是用户名,二是用户的公开密钥。每一用户都亲自或以某种安全的认证通信在管理员处为自己的公开密钥注册,用户可以随时替换自己的密钥,管理员定期公布或定期更新目录。其他用户可以通过公开的渠道访问该公钥目录来获取公钥。

这种方法比个人公开发布公钥要安全,但它也存在缺点:一是一旦管理员的秘密钥被攻击者窃取,则攻击者可以修改公钥目录表,传递伪造的公钥;二是用户必须知道这个公钥目录表的位置且信任该目录。

3. 公钥管理机构(在线服务器方式)

公钥管理机构为用户建立维护动态的公钥目录。每个用户知道管理机构的公钥,只有管理机构知道自己的私钥。这种方案如图 4.3 所示,步骤如下:

(1) A 发送一条带有时间戳的消息给公钥目录管理员,以请求 B 的公钥。

(2) 管理员 M 给 A 发送一条用其私钥 SK_M 签名的包括 B 的公钥 PK_B 在内的消息,A 用管理员公钥 PK_M 解密得到 B 的公钥 PK_B。

(3) A 用 B 的公钥加密 $ID_A \| N_1$ 发送给 B 表示请求和 B 通信,B 用其私钥 SK_B 解密成功,就同意通信,然后 B 以同样的方法从管理员处检索到 A 的公钥。

其中,公钥管理机构应答的消息(如图 4.3 中的②)中的 Request 用于 A 验证收到的应答的确是对相应请求的应答,且还能验证自己最初发送的请求在被 M 收到之前是否被篡改。最初的时间戳 $Time_1$ 使 A 相信管理机构发来的消息不是一个旧消息。图 4.3 中的⑥和⑦是使 A、B 能相互确认对方身份,因为只有 B 才能成功解密得到 N_1,只有 A 才

能得到 N_2。

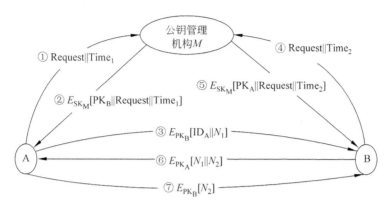

图 4.3　带认证的公钥分配(在线服务器方式)

该方案安全性很高,但也有缺点:只要用户与其他用户通信,就必须向公钥管理机构申请对方的公钥,故公钥分发服务器必须在线,这导致公钥分发服务器可能成为性能的瓶颈。

4. 公钥证书(离线服务器方式)

为解决公钥管理机构瓶颈的问题,可以通过公钥证书来实现。即,使用公钥证书来进行公钥分配,这样就不要求与公钥管理机构直接通信。公钥证书由认证机构 CA 为用户颁发。这样,用户只要获得 CA 的公钥,就可以安全地获得其他用户的公钥。证书的形式为

$$C_A = E_{SK_{CA}}[T, ID_A, PK_A]$$

其中,C_A 表示用户 A 的证书,ID_A 是用户 A 的身份标识,PK_A 是用户 A 的公钥,T 是当前时间戳,SK_{CA} 是 CA 的私钥。

由于只有 CA 的公钥才能解读证书,接收方如果使用 CA 的公钥解密成功,就能确信证书是由 CA 颁发的,同时表明证书中的内容没有被篡改过,由于证书将 A 的身份标识和 A 的公钥绑定在一起,因此接收方可确信 PK_A 就是用户 A 的公钥。时间戳 T 主要用来表明证书没有过期,防止攻击者重放旧证书。

4.2.3　用公钥密码体制分配对称密钥

公钥加密的一个主要用途是分配对称密码体制使用的密钥。用公钥密码体制分配对称密钥主要有两种方法:其一是使用数字信封技术,它的具体实现过程有以下两种方案;其二是使用 4.2.4 节介绍的 Diffie-Hellman 密钥加密算法。

1. 简单分配

该方案如图 4.4 所示。当接收方 B 获得发送方 A 的公钥后,接收方 B 自己产生一个会话密钥 K_S,然后用 A 的公钥加密得到 $E_{PK_A}[K_S]$ 后发送给 A;A 用自己的私钥解密就

得到 K_S 了。对称密钥分配完后，A 可以将其公私钥(PK_A, SK_A)销毁，B 将 A 的公钥(PK_A)销毁。但这一方案的缺点是不能保证 B 获得的公钥确实来自 A，如果攻击者截获 A 的公钥 PK_A，将其修改为自己的公钥 $PK_{A'}$ 冒充 A 发送给 B，则攻击者可以轻易地用该公钥对应的私钥解密得到 K_S 了，之后再用 A 的公钥加密 K_S 发给 A，这样 A 也不能发觉 K_S 已经被攻击者截获了。A、B 之间以后用 K_S 加密的信息将轻易被攻击者解密。

图 4.4　简单分配方案

2. 具有保密和认证功能的分配

针对简单分配密钥不具有认证性的缺点，人们又设计出具有保密和认证功能的密钥分配方案，如图 4.5 所示。

图 4.5　具有保密和认证功能的密钥分配方案

假设 A 和 B 已经完成了公钥交换，则接下来可以这样分配会话密钥：

(1) A 用 B 的公钥 PK_B 加密 A 的身份 ID_A 和一个一次性随机数 N_1，该随机数唯一地标识本次业务。

(2) B 解密后得到 N_1，再产生一个新随机数 N_2，然后用 A 的公钥 PK_A 加密 $N_1 \parallel N_2$ 发送给 A。由于只有 B 才能解密上一步的加密，所以 B 发送来的信息中的 N_1 使 A 能确信对方是 B。

(3) A 用 B 的公钥 PK_B 对 N_2 加密后返送给 B，使 B 也能相信对方的确是 A。

(4) B 产生会话密钥 K_S，然后将 $E_{PK_A}[E_{SK_B}[K_S]]$ 发送给 A，其中用 A 的公开钥加密是为了保证只有 A 才能解密加密结果，用 B 的私钥加密是为了保证该加密结果只有 B 能发送。A 用自己的私钥解密后再用 B 的公钥解密即得到 K_S，从而完成了会话密钥的分配。

4.2.4　Diffie-Hellman 密钥交换算法

Diffie-Hellman 算法是第一个公钥密码算法，发明于 1976 年，该算法的安全性基于求解离散对数的困难性。Diffie-Hellman 算法只能用于密钥分配，而不能用于加密/解密信息或数字签名。

假设 A 和 B 想在不安全的信道上传输对称密钥 K，则密钥在传输时有可能被线路窃听者获取。如果信道上传输的只是对称密钥的一部分,那么窃听者即使窃取到这一部分密钥也没办法恢复出整个密钥。Diffie-Hellman 算法设计的思想正是依据这一点,当在信道上传输部分密钥的过程中,对称密钥 K 实际上根本还未生成,包括 A 和 B 在内的所有人都无法知道这个密钥 K 到底是什么。因为"密钥"在信道传输时尚不存在,窃听者当然不可能在信道上窃取到该"密钥"。

1. Diffie-Hellman 密钥交换算法的过程

Diffie-Hellman 密钥交换算法的步骤如下:

(1) Alice 和 Bob 协商一个大素数 p 及 p 的本原根 a,a 和 p 可以公开,也就是说 Alice 可以在不安全的信道上把 a 和 p 传送给 Bob。

(2) Alice 秘密产生一个随机数 x,计算 $X = a^x \bmod p$,然后把 X 发送给 Bob。

(3) Bob 秘密产生一个随机数 y,计算 $Y = a^y \bmod p$,然后把 Y 发送给 Alice。

(4) Alice 计算 $K = Y^x \bmod p$,k 就是协商的对称密钥。

(5) Bob 计算 $K' = X^y \bmod p$。

证明:K 和 K' 是恒等的。

$$K = Y^x \bmod p = (a^y)^x \bmod p = (a^x)^y \bmod p = X^y \bmod p = K'$$

线路上的窃听者只能窃取到 a、p、X 和 Y 的值,他如果想获得 K 的值,唯一的办法就是还要得到 x 或 y,而 x 或 y 是不会在信道上传输的,因此他无法窃取到。除非他能计算离散对数,恢复出 x 或 y(而这等价于计算离散对数的困难性),否则就无法得到 K。因此,K 可作为 Alice 和 Bob 进行协商生成的秘密密钥。这个过程如图 4.6 所示。

图 4.6　Diffie-Hellman 密钥生成过程示意图

下面是 Diffie-Hellman 密钥交换算法的过程举例(在这个例子中用了小数字,但是要注意,在实际情况中,数字是非常大的)。假定 $g = 7$ 和 $p = 23$,则算法步骤如下:

(1) Alice 选择 $x = 3$ 并算出 $X = 7^3 \bmod 23 = 21$。

(2) Bob 选择 $y = 6$ 并算出 $Y = 7^6 \bmod 23 = 4$。

（3）Alice 发送数字 21 给 Bob。

（4）Bob 发送数字 4 给 Alice。

（5）Alice 算出对称密钥 $K = 4^3 \bmod 23 = 18$。

（6）Bob 算出对称密钥 $K = 21^6 \bmod 23 = 18$。

Alice 的 K 值和 Bob 的 K 值是相同的：

$$g^{xy} \bmod p = 7^{18} \bmod 35 = 18$$

2. Diffie-Hellman 密钥交换的特点

（1）Bob 和 Alice 在 X 和 Y 传输过来之前都不知道最终要共享的密钥（明文信息）到底是什么，而加密过程的前提是明文信息必须已知，才能进行加密，因此该算法不能对信息进行加密。

（2）Bob 和 Alice 相互之间都不分享他们各自的保密数 x 和 y，使攻击者无法窃取到。

（3）攻击者能够得到 g、p 以及值 $g^a \bmod p$ 和 $g^b \bmod p$，而得到 K 的唯一办法是计算出 a 和 b，这等价于求解离散对数问题。

3. Diffie-Hellman 算法的安全性分析

Diffie-Hellman 算法可能受到两种攻击：离散对数攻击和中间人攻击。

1）离散对数攻击

由于该算法的安全性基于离散对数问题的困难性，攻击者如果能够通过截获 a、p、X 和 Y 的值，计算出 x 或 y，密钥 K 就不再是秘密了。为了使 Diffie-Hellman 能够抵抗离散对数攻击，推荐采取以下措施。

（1）素数 p 必须非常大（大于 300 位的十进制数）。

（2）素数 p 的选择必须使得 $p-1$ 具有至少一个大的素数因子（大于 60 位的十进制素数）。

（3）双方计算出对称密钥后，必须立即销毁 x 和 y，也就是 x 和 y 的值只能使用一次。

（4）生成元必须从群 $<\mathbf{Z}_p^*, \times>$ 中选择。

2）中间人攻击

该协议还有一个缺点，攻击者不需要求出 x 和 y 的值，也可以攻击这个协议。他可以创建两个密钥来分别欺骗 A 和 B：一个是他和 A 之间的，另一个是他和 B 之间的。中间人攻击的过程如下：

（1）Alice 选择 x，计算出 $X = a^x \bmod p$，然后把 X 发送给 Bob。

（2）攻击者 Eve 先拦截 X，X 被 Eve 拦截并没有到达 Bob 那里。然后他选择 z，计算出 $Z = a^z \bmod p$，并将 Z 分别发送给 Alice 和 Bob。

（3）Bob 选择 y，计算出 $Y = a^y \bmod p$，并发送 Y 给 Alice，但 Y 被 Eve 拦截并没有到达 Alice 那里。

（4）Alice 和 Eve 算出 $K_1 = a^{xz} \bmod p$，这就是 Eve 和 Alice 之间的共享密钥，然而，

Alice 却认为这是她和 Bob 之间的共享密钥。

（5）Eve 和 Bob 算出 $K_2 = a^{yz} \bmod p$，这就是 Eve 和 Bob 之间的共享密钥，然而，Bob 却认为这是他和 Alice 之间的共享密钥。

也就是说，Eve 创建了两个密钥 K_1 和 K_2（而不是一个）：一个是 Eve 和 Alice 之间的，一个是 Eve 和 Bob 之间的。如果 Alice 发送用 K_1 加密的数据给 Bob（Alice 和 Eve 共享），那么这个数据就可以被 Eve 解密并读出其内容。Eve 可以发送一个用 K_2（Eve 和 Bob 共享）加密的信息给 Bob，她甚至可以改变信息或干脆发送一个新的信息。Bob 被欺骗从而相信信息是来自 Alice 的，相似的情形也可以在另一个方向上对 Alice 发生。

4.3　密钥分配的新技术

4.3.1　量子密码学

有关无条件安全的概念最早来自香农的保密通信模型，香农证明了只有一次一密的密码体制才是无条件安全（绝对安全）的，但是经典的一次一密密码体制（如 Vernam 提出的"一次密码本"，One-Time Pad，OTP）是无法应用到实际中的，这是因为：①密钥必须完全随机，而使用经典技术的随机数产生器只能产生伪随机数；②密钥不能重复使用，每个密钥使用一次后就要丢掉；③密钥序列的长度要等于被加密消息的长度。

量子密码学（quantum cryptography）是近年来现代密码学领域的一个新方向，量子密码的安全性基于量子力学的测不准原理和不可克隆性，其特点在于易于实现无条件安全性，其无条件安全的理论基础是不可克隆原理；并且对外界的任何扰动都具有可检测性，扰动的可检测性的理论基础是海森堡（Heisenberg）测不准原理，所以一旦窃听者存在，会立刻被量子密码的使用者所知道。因此，要破译量子密码协议就意味着否定量子力学定律，所以量子密码学是一种理论上绝对安全的密码技术。但量子密码学应用于实际还存在一个技术难题：由于使用量子密钥在光纤中传输时容易消耗，因此量子密码的长距离通信难度较大。

1. 量子密钥分配的原理

目前，量子密码的研究主要集中在量子密钥分配（Quantum Key Distribution，QKD）方面，1984 年，Bennett 和 Brassard 提出了第一个 QKD 协议，即 BB84 协议，从理论上解决了量子密钥分发的难题，标志着量子密码的诞生。

量子密钥分配的原理来源于光子偏振的原理：光子在传播时不断地振动。光子振动的方向是任意的，既可能沿水平或垂直方向振动，也可能沿某一倾斜方向振动。如果一大批光子都沿同样的方向振动则称为偏振光，如果沿各种不同方向振动，则称为非偏振光。通常生活中的光如日光、照明灯光等都是非偏振光。偏振滤光器只允许沿特定方向偏振的光子通过，并吸收其余的光子。这是因为经过偏振滤光器时，每个光子都有突然改变方向并使偏振方向与偏振滤光器的倾斜方向一致的可能性。

设光子的偏振方向与偏振滤光器的倾斜方向夹角为 α，当 α 很小时，光子改变偏振方向并通过偏振滤光器的概率大,否则就小。特别地,当 $\alpha=90°$ 时,其概率为 0;$\alpha=45°$ 时,概率为 0.5;$\alpha=0°$ 时,概率为 1。可以在任意基上测量极化状态:直角的两个方向和对角线的两个方向。一个基的例子就是直线:水平线和垂直线;另一个是对角线:左对角线和右对角线。如果一个光子脉冲在一个给定的基上被极化,而且又在同一个基上测量,就能够得到极化状态。如果在一个错误的基上测量极化状态,将得到随机的结果。因此,可以使用这个特性来生成密钥。

2. 量子密钥分配的步骤

假设通信双方 A 和 B 要使用上述量子密码理论进行密钥分配,则基本步骤如下:

(1) A 随机地选择比特流(明文),例如:11010010101010101…,A 随机地设置偏振滤光器的方向,例如:＋ － ＋ ｜ ＋ ＋ ｜ ＋ ｜ － …,其中"＋"表示左右对角方向;"－"表示水平方向;"｜"表示垂直方向。

A 和 B 事先约定好编码规则。例如,令偏振滤光器的左对角线"/"和水平方向"—"表示 0,右对角线方向"\"和垂直方向"｜"表示 1。

(2) A 把一串光子脉冲发送给 B,其中每一个脉冲随机地在 4 个方向上被极化成水平线、垂直线、左对角线和右对角线。比如,A 给 B 发送的是

$$｜ ｜ / － － \ － ｜ / …$$

(3) B 设置接收滤光器的序列,并读取接收到的光子序列,然后转换为相应的比特流,但由于 B 并不知道 A 的设置,因此他只能随机地设置;当 B 正确地设置了他的检测器,B 将记录下正确的极化。如果 B 将检测器设置成测量直线化,而脉冲被直线化,那么他将获得 A 极化光子的方向;如果 B 将检测器设置成对角线极化,而脉冲被直线化,那么 B 将得到一个随机的测量结果。因而 B 很难确定 A 极化光子的方向。

(4) B 通过传统的公共信道(非保密信道)告诉 A 其滤光器序列的设置,A 对照自动的位置,通过传统的非保密信道告诉 B 设置正确的位置。

(5) B 选择正确设置的比特,并向 A 公布部分选定的比特。

(6) A 检查 B 公布的比特与自己所发送的比特的一致性,若没有发生窃听行为,则两者应该是一致的。若两者不一致,则可以断定发生了窃听行为。

(7) 如果没有发生窃听行为,A 和 B 双方可以约定用剩余的比特作为共享的会话密钥,从而实现密钥的分配。

如果 A 和 B 获得的比特位在数量上没有达到要求,它们可以重复上述办法获得足够多的比特位。

以上是理想情况下 A 和 B 可以共享相同的密钥,但实际上,信道噪声不可避免,A 和 B 得到的密钥往往有区别,必须借助于纠错码解决。

BB84 协议的安全性由量子力学著名的海森堡测不准原理和不可克隆定理所保证。光子的 4 个偏振态中,线偏振态和圆偏振态是共轭态,满足测不准原理的条件。这样,任何窃听者的窃听必定会扰动原来的量子态,合法通信者之间通过协商,可以很容易检测出该扰动,从而检测出窃听者的窃听行为。而且,线偏振态和圆偏振态是非正交的,攻击者不可能精确地区分它们。

4.3.2　信息隐藏技术

为了使信息保密,人们想出了两种办法:一种是加密技术,加密技术的本质是将信息(明文)转换成另外一种形式(密文),使其他人辨认不出,达到伪装的效果;另一种是信息隐藏(information hiding)技术,它是将要保密的信息藏在其他载体信息里,使其他人找不到。例如,古时候的藏头诗就是将秘密信息藏在一首诗中,属于一种简单的信息隐藏技术。信息隐藏技术本质上已不属于密码学的范畴了,在这里介绍只是为了和密码技术做一个对比。

1. 信息隐藏技术的原理和方法

信息隐藏技术包括秘密信息、载体信息、伪装对象和伪装密钥几个概念,图 4.7 是信息隐藏的原理图。

图 4.7　信息隐藏的原理框图

(1) 秘密消息(secret message):又称嵌入数据(embedded data),是要隐藏的信息,它一般是有意义的明文信息,如版权信息等。

(2) 载体对象(cover object):又称掩饰对象,是公开信息,主要用来隐蔽秘密信息,可以是文字、声音、图像、视频等。但一般多采用多媒体(特别是图像)作为载体,这是因为:

① 多媒体信息本身存在很大的冗余性,从信息论角度看,未压缩的多媒体信息的编码效率是很低的,所以将某些信息嵌入到多媒体信息中进行秘密传送是完全可行的,并不会影响多媒体本身的传送和使用。

② 人眼或人耳本身对某些信息有一定的掩蔽效应,比如人眼对灰度的分辨率只有几十个灰度级;对边缘附近的信息不敏感等。利用人的这些特点,可以很好地将信息隐藏而不被察觉。

(3) 伪装对象(conceal object):又称隐蔽载体,是秘密信息和载体信息的组合。

(4) 伪装密钥:在实际中,为了使信息隐藏的算法能够公开,一般在秘密信息的嵌入过程中使用密钥,此密钥称为伪装密钥。

2. 实现信息隐藏的基本要求

(1) 载体信息是正常的,不会引起怀疑。

(2) 伪装对象与载体对象无法区分,无论从感观上,还是从计算机的分析上。信息隐藏的安全性取决于攻击者有没有能力将载体对象和伪装对象区别开来。如果攻击者经过各种方法仍然不能判断是否有信息隐藏,则认为信息隐藏系统是安全的。

(3) 对伪装对象的正常处理不应破坏隐藏的信息。

3. 信息隐藏技术的应用

信息隐藏技术涉及很多应用领域,其中主要应用领域可总结为 5 个方面:

(1) 版权保护(copyright protection):信息隐藏技术目前绝大部分研究成果都是在这一领域中取得的。信息隐藏技术在应用于版权保护时,所嵌入的隐藏信息通常被称为"数字水印"(digital watermarking)。版权保护所需嵌入的数据量很小,但对隐藏信息的安全性和鲁棒性(robust)要求很高。

(2) 数据完整性鉴定(integrity authentication),是指对某一信号的真伪或完整性的判别,并进一步需要指出该信号和原始信号的区别。

(3) 扩充数据的嵌入(augmentation data embedding),扩充数据主要是指对载体信号的描述或参考信息、控制信息以及其他媒体信号等。例如,可以通过在原文件(载体)里嵌入时间戳的信息,来跟踪载体的复制、删除以及被修改的历史,而无须在原信号上附加头文件或历史文件,避免了使用这些文件时文件容易被改动或丢失,需要占用更多的传输带宽和存储空间的问题。

(4) 数据保密。信息隐藏技术同样可以起到数据保密的作用,例如网上银行交易中的敏感信息、重要文件的数字签名和个人隐私等,对它们进行信息隐藏可以不引起好事者的兴趣,从而保护了这些数据。

(5) 数据的不可抵赖性。使用信息隐藏技术中的水印技术,在交易体系中的任何一方发送或接收信息时,将各自的特征标记以水印的形式加入到传递的信息中,这种水印应是不能去除的,以此达到交易双方不能否认其行为的目的。

4. 信息隐藏技术的优点和局限性

信息隐藏技术通过将信息隐藏起来使其具有相当高的安全性,但信息隐藏的方法一般不能公开,这使其在算法通用性方面存在问题,限制了其在大规模网络通信中的应用。另外,信息隐藏技术必须将秘密信息存放在载体中,如果秘密信息比较大,则需要大量的载体信息来装载,这样将占用大量的网络带宽和存储空间。

为了解决这些问题,可以将信息隐藏技术和加密技术结合应用,例如数字版权管理(Digital Rights Management,DRM)就是将版权信息加密后再嵌入到载体文档中。

习　　题

1. 下列公钥加密算法中(　　)只能用于密钥交换。
   A. RSA　　　　　　　B. Diffie-Hellman　C. ECC　　　　　　D. ElGamal
2. 多层密钥体制可解决密钥的_____问题。
3. 密钥管理包括哪些基本环节?

4. 对称密钥密码体制和公钥密码体制的密钥分配各有哪些方法？

5. 如果使用 Diffie-Hellman 算法分配密钥，在分配密钥前，发送方是否知道密钥的值？

6. 量子密码体制与传统密码体制相比具有哪两个明显优势？

7. 简述信息隐藏技术和加密技术的区别。

第 5 章

chapter *5*

认 证 技 术

加密和认证是现代密码学最主要的两大分支。加密的目的是防止敌方获取机密信息；认证的目的则是为了防止敌方欺骗、伪造、篡改、抵赖等形式的主动攻击。

认证(authentication)也称鉴别，是验证通信对象是原定者而不是冒名顶替者(身份认证)，或者确认收到的消息是希望的而不是伪造的或被篡改过的(消息认证)。认证技术包括身份认证和消息认证两大类。身份认证用于鉴别用户或实体的身份，而消息认证用于保证通信双方收到信息的真实性和完整性。

认证技术的实现通常需要借助于加密和数字签名等密码学的技术。实际上，数字签名本身也是一种认证技术，它可用来鉴别消息的来源。

5.1　消　息　认　证

消息认证是一个过程，用来验证接收消息的真实性(的确是由它所声称的实体发来的)和完整性(未被篡改、插入、删除)，同时还可用来验证消息的顺序性和时间性(未重排、重放、延迟)。

实现消息认证的手段可分为 4 类：利用对称密码体制，利用公钥密码体制，利用散列函数和利用消息认证码(MAC)实现的消息认证。

5.1.1　对称密码体制实现认证

发送方 A 和接收方 B 事先共享一个密钥 k。A 用密钥 k 对消息 M 加密后通过公开信道传送给 B，B 接收到密文消息后，通过是否能用密钥 k 将其恢复成合法明文来判断消息是否来自 A，信息是否完整，如图 5.1 所示。

这种方法的局限性在于需要接收方有某种方法能判定解密出来的明文是否合法，因此在处理中，可以规定合法的明文只能是属于在可能位模式上有微小差异的一个小子集，这使得任何伪造密文解密恢复出来后能成为合法明文的概率非常小。

在实际中，这是很容易实现的，可以假定明文是有意义的语句，而不是杂乱无章的字符串。例如，将一条有意义的明文加密后(无论使用什么算法加密)，它都会以极大的概率变成一段杂乱无章的字符串，而几乎没有可能变成另一条有意义的语句。因此，如果发

图 5.1　用对称加密实现消息鉴别

送方不知道密钥,用不正确的密钥(k')对明文加密,接收方收到后用正确的密钥 k 对密文解密,就相当于对密文再加密了一次,这样得到的是两次加密后的密文,有极大的概率仍然会是一段杂乱无章的字符串。所以,当接收方解密后发现明文是有意义的语句,即使他不知道明文到底是什么内容,也可以以极大概率相信发送方是用正确的密钥加密的。

利用对称密码体制实现消息认证有如下几个特点:

(1) 能提供认证:可确认消息只可能来自 A,传输途中未被更改。

(2) 提供保密性:因为只有 A 和 B 知道密钥 k。

(3) 不能提供数字签名:接收方可以伪造消息,发送方可以抵赖消息的发送。

提示:认证双方共享一个秘密就可以相互进行认证,这是最简单也是最常用的认证机制。例如现实生活中如果两人知道某个共同的秘密(并且只有他们知道),就能依靠这个秘密进行相互认证。虽然该机制的原理很简单,但实现起来却要解决诸多问题。例如,如何让认证双方能够共享一个秘密,如何保证该秘密在传输过程中不会被他人窃取或利用等。

5.1.2　公钥密码体制实现认证

1. 提供消息认证

如图 5.2 所示,发送方 A 用自己的私钥 SK_A 对消息进行加密运算,再通过公开信道传送给接收方 B;接收方 B 用 A 的公钥 PK_A 对得到的消息进行解密运算并完成鉴别。

因为只有发送方 A 才能产生用公钥 PK_A 可解密的密文,所以消息一定来自拥有私钥 SK_A 的发送方 A。这种机制也要求明文具有某种内部结构使接收方能易于确定得到的明文是正确的。

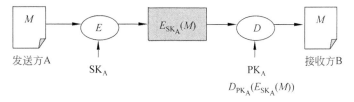

图 5.2　用公钥密码体制实现消息鉴别

这种方法的特点是能提供认证和数字签名功能,但不能提供保密性,因为任何人都能用 A 的公钥解密查看消息。

2. 提供消息认证和机密性保护

如图 5.3 所示，发送方 A 用自己的私钥 SK_A 进行加密运算（数字签名）之后，再用接收方 B 的公钥 PK_B 进行加密，从而实现机密性。这种方法能提供机密性、数字签名和鉴别。其缺点是：一次完整的通信需要执行公钥算法的加密、解密操作各两次。

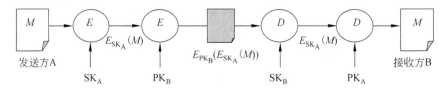

图 5.3　用公钥密码体制实现签名、加密和鉴别

提示：通常情况下，都是先对消息进行签名再加密，因为被签名的消息应该能够理解，如果将消息加密之后再签名，则不符合常理，因为一般不会对一个看不懂的文件去签名的。当然，上述原则也不是绝对的，有时候也需要先加密再传给别人签名，即所谓盲签名。

5.1.3　基于散列函数的消息认证

散列函数具有以下特点：输入是可变长度的消息 M，输出是固定长度的散列值（即消息摘要）；计算简单，不需要使用密钥，具有强抗碰撞性。散列值只是输入消息的函数，只要输入消息有任何改变，就会导致不同的散列值输出，因此散列函数常常用于实现消息认证。

基于散列函数的消息认证有如下几种方案实现：

(1) 用对称密码体制加密消息及其散列值，即 $A \rightarrow B: E_k(M \parallel h(M))$，如图 5.4 所示。由于只有发送方 A 和接收方 B 共享密钥 k，因此通过对 $h(M)$ 的比较鉴别可以确定消息一定来自 A，并且未被修改过。散列值在方案中提供用于鉴别的冗余信息，同时 $h(M)$ 受到加密的保护，这样，该方案与用对称密钥直接加密消息相比，不需要消息具有一定的格式。该方案可提供保密性和认证，但不能提供数字签名。

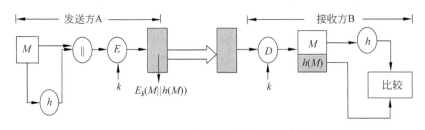

图 5.4　用散列函数实现消息认证（方式 1）

(2) 用对称密码体制只对消息的散列值进行加密，并将散列值附在明文后，即 $A \rightarrow B$：$M \parallel E_k(h(M))$，如图 5.5 所示。这种方法中消息以明文形式传递，因此不能提供保密性，但接收方可以计算 M 的散列值与 $h(M)$ 比较，如果相同就可以确定消息一定来自 A，

并且消息 M 没有被篡改。该方法适合于对消息提供完整性保护,而不要求机密性的场合,有助于减少处理代价。

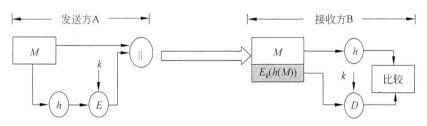

图 5.5 用散列函数实现消息认证(方式 2)

(3) 用公钥密码体制的私钥对散列值进行加密运算,即 $A \rightarrow B: M \parallel E_{KR_A}(h(M))$,如图 5.6 所示,这种方法由于使用了发送方的私钥对 $h(M)$ 进行加密运算(实现数字签名),因此可提供消息认证和数字签名。

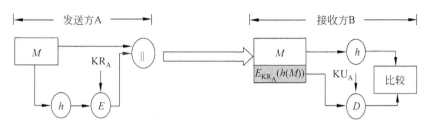

图 5.6 用散列函数实现消息认证(方式 3)

(4) 公钥密码体制和对称密码体制结合,这种方法用发送方的私钥对散列值进行数字签名,然后用对称密钥加密消息 M 和签名的混合体,即 $A \rightarrow B: E_k(M \parallel E_{KR_A}(h(M)))$,如图 5.7 所示。因此这种方法既提供认证和数字签名,又提供保密性,在实际应用中较为常见。

图 5.7 用散列函数实现消息认证(方式 4)

(5) 使用散列函数,但未使用加密算法。为了实现鉴别,要求发送方 A 和接收方 B 共享一个秘密信息 S,发送方生成消息 M 和秘密信息 S 的散列值,然后与消息 M 一起发送给对方,即 $A \rightarrow B: M \parallel h(M \parallel S)$,如图 5.8 所示。接收方 B 按照发送方相同的处理方式生成消息 M 和秘密信息 S 的散列值,对两者进行比较,从而实现鉴别。这种方法的特点是,秘密信息 S 并不参与传递,因此可保证攻击者无法伪造。该方法又看成是基于消息认证码的认证,因为 $h(M \parallel S)$ 可看作是 M 的 MAC。

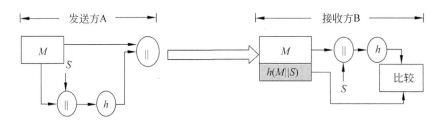

图 5.8　用散列函数实现消息认证(方式 5)

(6) 在方法(5)的基础上,使用对称密码体制对消息 M 和生成的散列值进行保护,即 $A \rightarrow B: E_k(M \parallel h(M \parallel S))$,如图 5.9 所示。这样除了提供消息认证外,还能提供机密性保护。

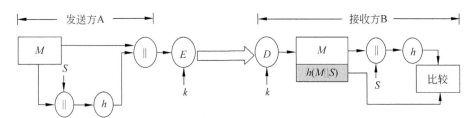

图 5.9　用散列函数实现消息认证(方式 6)

5.1.4　基于消息认证码的消息认证

消息认证码(MAC)是用于提供数据原发认证和数据完整性保证的密码校验值。MAC 是消息被一个密钥控制的公开散列函数作用后产生的、用作认证符的固定长度的数值,此时需要通信双方 A 和 B 共享一个密钥 k,它由如下形式的函数产生:

$$\text{MAC} = H_k(M)$$

其中,M 是一个变长的消息,k 是收发双方共享的密钥,$H_k(\cdot)$ 是密钥 k 控制下的公开散列函数。MAC 需要使用密钥 k,这类似于加密,但其区别是 MAC 函数是不可逆的,因为它使用的是带密钥的散列函数作为 $H_k(\cdot)$ 来实现 MAC。另外,由于收发双方使用的是相同的密钥,因此单纯使用 MAC 是无法提供数字签名的。

对称加密和公钥加密都可以提供认证,为什么还要使用单独的 MAC 认证呢?

这是因为机密性和真实性是不同的概念,从根本上讲,信息加密提供的是机密性而非真实性,而且加密运算的代价很大,公钥算法的代价更大;其次,认证函数与加密函数的分离有利于提供功能上的灵活性,可以把加密和认证功能独立地实现在通信的不同传输层次;再次,某些信息只需要真实性,不需要机密性。比如,广播的信息,信息量大,难以实现加密;政府的公告等信息只需要保证真实性。因此,在大多数场合 MAC 更适合用来专门提供认证功能。

MAC 的基本用法有 3 种:设 A 欲发送给 B 的消息是 M,A 首先计算 $\text{MAC} = H_k(M)$,然后向 B 发送 $M' = M \parallel \text{MAC}$,B 收到后做与 A 相同的计算,求得一新 MAC',并

与收到的 MAC 做比较,如图 5.10 所示。如果二者相等,由于只有 A 和 B 知道密钥 k,故可以判断:

(1) 接收者 B 收到的消息 M 未被篡改过。

(2) 消息 M' 确实来自发送者 A。

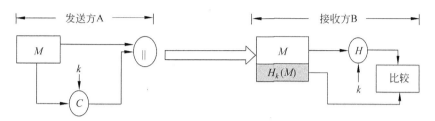

图 5.10 用 MAC 实现消息认证

图 5.10 中的方法只能提供消息鉴别,不能提供机密性。为了提供机密性,可以在生成 MAC 之前(图 5.11)或之后(图 5.12)使用加密机制,则可以获得机密性。这两种方法生成的 MAC 或者基于明文,或者基于密文,因此相应的鉴别或者与明文有关,或者与密文有关。一般来说,基于明文生成 MAC 的方法在实际应用中会更方便一些。

图 5.11 提供消息鉴别与机密性(与明文相关)

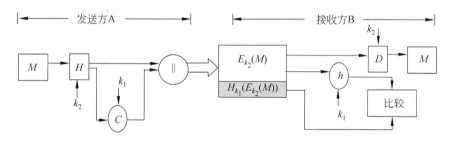

图 5.12 提供消息鉴别与机密性(与密文相关)

在实际中,对于电子商务安全等基于 Internet 的应用来说,一般采用公钥密码体制或散列函数进行认证。而对于物联网安全或移动支付等方面,则更多地采用对称密码体制结合散列函数进行认证,这是由终端的计算和存储能力及网络带宽所决定的。

5.1.5 数字签密

在信息安全服务中,为了能够同时保证消息的机密性、完整性、真实性和不可否认性等安全要素,传统的方法是对消息进行先签名后加密,这种方法的计算量和通信成本是加密和签名的代价之和,因此效率低下。为此,近年来人们开始研究数字签密(digital signcryption)体制,即对消息同时进行签名和加密。

数字签密是 1997 年在美洲密码学会上由 Y. Zheng 提出的,它把传统的数字签名和公钥加密两个功能合并到一个步骤中完成。数字签密具有以下优点:

(1) 签密在计算量和通信成本上都要低于传统的"先签名后加密"方法。例如,Y. Zheng 提出的签密方案比基于离散对数问题的"先签名后加密"方法可节省 58% 的计算量和 70% 的通信成本。

(2) 签密允许并行计算一些昂贵的密码操作。

(3) 合理设计的签密方案较传统方案可以取得更高的安全水平。

(4) 签密可以简化同时需要保密和认证的密码协议的设计。

根据公钥认证方法的不同,数字签密体制可分为基于 PKI 的签密体制、基于身份的签密体制和无证书签密体制。

一个基于 PKI 的签密方案一般由 3 个算法组成:密钥生成(KeyGen)、签密(Signcrypt)和解签密(Unsigncrypt)。这些算法必须满足签密体制的一致性约束。即如果密文 $\sigma = \mathrm{Signcrypt}(m, \mathrm{sk}_s, \mathrm{pk}_v)$,那么明文 $m = \mathrm{Unsigncrypt}(\sigma, \mathrm{pk}_s, \mathrm{sk}_r)$。

5.2 身份认证

身份认证是指证实用户的真实身份与其所声称的身份是否相符的过程。身份认证是任何安全通信的第一步,因为只有确信对方是谁,通信才有意义。身份认证的方式之一是基于秘密。通常,被认证者和认证者之间共享同一个秘密(如 ATM 中的 PIN),或者被认证者知道一个值,而认证者知道从这个值推出的值。

正确识别用户、客户机或服务器的身份是信息安全的重要保障之一。典型的例子是银行系统的自动取款机,用户可以从取款机中提取现款,但前提是银行首先要认证用户身份,否则恶意的假冒者会使银行或用户遭受损失。同样,对计算机系统的访问也必须进行身份认证,这不仅是计算机网络的需要,也是社会管理的需要。

5.2.1 身份认证的依据

身份认证的依据可分为 3 类:

(1) 用户所知道的某种信息(something the user knows),如口令或某个秘密。

(2) 用户拥有的某种物品(something the user possesses),如身份证、银行卡、密钥盘、令牌、IP 地址等。

(3) 用户具有的某种特征(something the user is or how he/she behaves),如指纹、虹膜、DNA、脸型等。

这 3 类认证方式各有利弊。第一类方法最简单,系统开销最小,但是安全性较低,这种方式在目前很多对安全性要求不高的网站上仍然是最常用的。第二类泄露秘密的可能性较小,安全性比第一类高,但是相对复杂。第三类的安全性最高,比如想假冒一个人的指纹就相当难,但第三类方法需要购买较昂贵的鉴别设备,并且该方法只能对人进行认证,而 Internet 上更多的是需要对主机进行认证。

有时候也可以把几类认证方式综合起来使用,比如用户从银行取款机取款,必须拥有银行卡,还必须知道银行卡的口令,才能通过取款机的身份认证,这种使用两种依据的认证叫作双因素(two-factor)认证方式。

提示:在 5.1 节中介绍的很多消息认证的方法也能用来实现身份认证,因为如果消息中包含某些特殊的特征,就能判断该消息一定是由某人发出的,因此可以证实消息发送方的身份。但这些方法安全性不高,因为攻击者截获消息后再转发给接收方就能进行冒充了。

5.2.2　身份认证系统的组成

身份认证系统一般由以下几部分组成,如图 5.13 所示。

图 5.13　身份认证系统的组成

(1) 出示证件的人,称为示证者 P(Prover),又称声称者(Claimant)。声称者提交一个主体的身份并声称他是那个主体。

(2) 验证者 V(Verifier),检验声称者提出的身份的正确性和合法性,决定是否满足其要求。

(3) 可信 TP(Trusted Third Party,可信第三方),参与调解纠纷,在安全相关活动中,它被双方实体信任。当然,有些简单的身份认证系统也可不需要可信 TP 这一方。

(4) 攻击者,他可以窃听或伪装申请者骗取验证者的信任。

5.2.3　身份认证的分类

身份认证可分为单向认证和双向认证。单向身份认证是指通信双方中只有一方向另一方进行认证,而双向身份认证是指通信双方相互进行认证。

在单向认证中,一个实体充当申请者,另一个实体充当验证者,例如一般的社区网站,就是单向认证,只有网站能验证用户的身份,而用户无法验证网站的真伪。

对应双向认证,每个实体同时充当申请者和验证者,互相进行验证,在电子商务活动中,双向认证能提供更高的安全性。双向认证可以在两个方向上使用相同或不同的认证机制。

身份认证还可分为非密码的认证机制和基于密码算法的认证机制。非密码的认证机制包括口令机制、一次性口令机制、挑战-应答机制、基于生物特征的机制等;基于密码算法的认证机制主要是双方共享一个验证密钥等方式,与消息认证采用的方法类似。

5.3　口令机制

口令是目前使用最广泛的身份认证机制。从形式上看,口令是字母、数字或特殊字符构成的字符串,只有被认证者知道。

提示:在日常生活中,人们所说的银行卡密码、邮箱登录密码、保险柜密码等,准确地说应该叫口令,因为密码(密钥)是用来加密信息的,而口令是用来作为某种鉴别的秘密。

5.3.1　口令的基本工作原理

最简单的口令工作原理是,用户通过注册,自己选择一个用户名和口令,或者系统为每个用户指定一个用户名和初始口令,用户可以定期改变口令,以保证安全性。口令以明文形式和用户名一起存放在服务器的用户数据库中。这种口令鉴别机制的工作过程如下:

第一步:系统提示用户输入用户名和口令。

认证时,应用程序向用户发送一个登录窗口,提示用户输入用户名和口令,如图 5.14 所示。

图 5.14　提示用户输入用户名和口令

第二步:用户输入用户名和口令,并单击"确定"之类的按钮,使用户名和口令以明文形式传递到服务器上,如图 5.15 所示。

图 5.15　提示用户输入用户名和口令

第三步:服务器验证用户名和口令。

服务器中存储了用户数据库,通过该数据库检查这个用户名和口令是否存在并且匹配,如图 5.16 所示。通常,这是由用户鉴别程序完成的,该程序首先获取用户名和口令,在用户数据库中检查,然后返回鉴别结果(成功或失败)给服务器。

图 5.16 用户鉴别程序通过用户数据库检查用户名和口令的组合

第四步：服务器通知用户。

根据检查结果是否成功，服务器向用户返回相应屏幕。例如，如果用户鉴别成功，则服务器发给用户一个选项菜单，列出用户可以进行的操作，如果用户鉴别不成功，服务器向用户发送一个错误屏幕，这里假设用户鉴别成功，如图 5.17 所示。

图 5.17 服务器向用户返回鉴别结果

5.3.2 对口令机制的改进

5.3.1 节的口令方案可抽象成一个身份认证模型，如图 5.18 所示。该口令认证模型包括声称者和验证者，图 5.15 中的客户机是声称者，而保存有用户数据库的服务器是验证者。

图 5.18 基本的口令认证机制

但是图 5.18 中的口令机制是很脆弱的，最严重的脆弱点是口令可能遭受到线路窃听、危及验证者的攻击和重放攻击等。

1. 对付线路窃听的措施

如果攻击者对传输口令的通信线路进行窃听，就可能获得用户 ID 和口令的明文，冒充合法用户进行登录。在目前的广播式网络中，通过抓包软件截获用户传输的认证信息数据包来获取用户的口令是很容易的。

为了对付这种攻击,必须在客户端对口令进行加密,可以使用单向散列函数在客户端对口令进行加密,而服务器端也只保存口令的散列值,如图 5.19 所示。设 f 为单向散列函数,用户的标识是 ID,他的正确口令是 p,用户在客户端输入用户 ID 和口令 p,客户端程序计算 $p' = f(p)$,而在验证系统中保存的是用户的标识 ID 和口令的单向散列函数值 $p' = f(p)$,验证者比较标识为 ID 的用户发过来的 p' 和验证者保存的 p',如果两者一致,则认为输入口令正确。整个过程如图 5.20 所示。

图 5.19　服务器端只保存口令的散列值

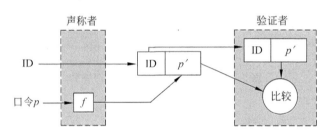

图 5.20　对付线路窃听的口令认证机制

这样即使攻击者窃听通信线路获得 p',但因为函数 f 的单向性,他也难以推导出相应的口令 p。

提示:从图 5.19 可以看出,服务器根本没有必要知道用户的口令,它只要能区分有效口令和无效口令就可以了,因此可以利用单向散列函数来解决口令在系统中存放的安全性问题。

该方案存在的缺陷是:由于散列函数的算法是公开的,攻击者可以设计一张 p 和 p' 的对应表(称为口令字典),其中 p 是攻击者猜测的所有可能的口令(可能有上千万个口令),然后计算每个 p 的散列值 p'。接下来,攻击者通过截获鉴别信息 p',在口令字典中查找 p' 对应的口令 p,就能以很高的概率获得声称者的口令,这种方式称为字典攻击。

对付这种攻击的方法可以采用加盐机制,即验证端在保存的用户口令表中增加一个字段,该字段中保存的是一个随机数(称为盐或 Salt),这样口令表的结构变为 User(UserID,pwd,Salt),其中 pwd 字段保存的值是 $p' = h(p, \text{Salt})$,即对口令和 Salt 的连接串求散列值。

对加盐机制的一种简化方案是:将单向散列函数对 ID 和口令 p 的连接串求散列值(也就是将用户 ID 当成盐用),即 $p' = f(p, \text{id})$,该方案如图 5.21 所示。这样攻击者截获鉴别信息 p' 后,必须针对每个 ID 单独设计一张 (p, id) 和 p' 的对应表,大大增加了攻击的难度。

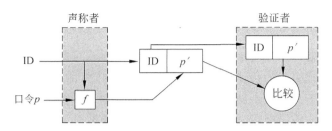

图 5.21 对付线路窃听和字典攻击的口令认证机制

2. 对付危及验证者的措施

对口令系统的另一个潜在威胁是,通过内部攻击危及验证者的口令文件或数据库,如不怀好意的系统管理员可能会窃取用户数据库中的口令从事非法操作。这种攻击会危及系统中所有用户的口令。

为了对付这种攻击,首先应保证用户 ID 和口令不能以明文形式存放在验证端数据库中。前面介绍的对付线路窃听的措施为对抗这种攻击提供了好处,因为存储在验证端的口令是口令的散列值,没有暴露口令,这样即使是系统管理员也不知道用户的口令。然而,如果攻击者能从验证端获取 ID 和 p',那么他可以在线路上向验证者发送一个包含 ID 和 p' 的信息,验证者看到 ID 和 p' 就会认为是合法用户。为了对付这种脆弱性,可将单向散列函数应用于验证系统而不是声称系统,如图 5.22 所示。

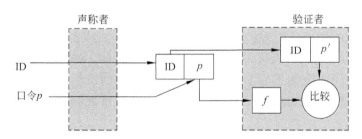

图 5.22 对付危及验证者攻击的口令认证机制

为了使口令认证系统能同时对抗线路攻击和危及验证者的攻击,可以将图 5.21 中的方案和图 5.22 中的方案进行组合。如图 5.23 所示。此时,验证者中存储 $q = h(p',$ ID),其中 $p' = f(p, \text{ID})$,单向散列函数 f 和 h 可以相同,也可以不同。

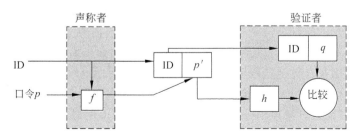

图 5.23 对付窃听及危及验证者攻击的口令认证机制

5.3.3　对付重放攻击的措施

把口令加密传输可以让攻击者无法知道真实的口令,可是,这对聪明的攻击者并不造成麻烦。他只需把窃听的认证信息(含有用户 ID 和口令的散列值 p')记录下来,再用其他的软件把认证信息原封不动地重放给验证者进行认证,而验证者看到正确的口令散列值就会认为是合法的用户,这样攻击者就可以冒名顶替受害者,从验证者处获取服务了。这种形式的攻击称为重放攻击(replay attacks),其原理如图 5.24 所示。

图 5.24　重放攻击的示意图

重放攻击是消息注入的一种特殊形式,其特点是在不破坏消息帧完整性的基础上实施的一种非实时攻击。攻击者首先通过消息窃听或会话劫持捕获消息帧,此后重放该消息帧,或者使用多个会话消息帧合成一个重放会话消息帧。设想一下,如果系统不能防范重放攻击,则攻击者可以截获一个用户要求银行转账的请求(虽然该请求已加密),然后不断重放该转账请求给银行,如果银行分辨不出这是重放的消息,岂不是要多转账很多次?

1. 重放攻击举例

例如,如果一个合法用户可以通过说出口令"芝麻开门"打开一道石门,而窃听者在石门盘边窃听合法用户的开门口令,然后自己说出该口令打开石门,这就是窃听攻击。

设想如果合法用户不是直接对着石门说出口令,而是对着一种喇叭(散列算法)说口令,这种喇叭可以把开门的口令(明文)变成一段无法听懂的咒语(密文),石门只有听到这段咒语才会打开。此时攻击者在石门盘只能听到咒语而听不到口令。即使攻击者也有这种变声喇叭,但他不知道口令还是打不开石门,然而攻击者是没有必要知道口令的,他只需在石门旁用录音机把这段咒语录下来,然后等合法用户走后用录音机将录制的咒语重放出去就能打开石门了,这就是重放攻击。

又如,用户只能通过某电信公司提供的"新空极速"上网软件登录宽带网,而不能使用 Windows 自带的拨号软件登录。这是因为"新空极速"把用户的账号和密码在客户端进行了加密,再发送给服务器端认证;而 Windows 拨号软件则是直接发送用户账号和密

码。要破解"新空极速",可以先在该软件中输入账号和密码,如图 5.25 所示。然后用
Sniffer 等抓包软件窃听该软件发送给服务器认证的数据包,从数据包中分析出加密后的
用户名和密码,用 Windows 自带的拨号软件将加密的数据重放给验证者,从而通过
验证。

通过对截获的数据包进行分析,"新空极速"仅仅对用户账号作了简单变换,在用户
账号前加了个@,而对用户密码进行了复杂的加密变换,如将密码 734 加密成了字符串
E591D7AB9AA4B188。为此,可以使用 Windows 自带的拨号软件,在用户名和密码输入
框中输入加密变换后的用户名和口令,如图 5.26 所示,发送给认证服务器。这样认证服
务器也会收到相同的加密过的用户名和口令,从而登录成功。这是利用重放攻击的方法
破解了"新空极速"。

图 5.25 在"新空极速"中输入账号和密码

图 5.26 发送加密后的账号和密码通过认证

从这里可以看出,实施重放攻击分为两个步骤:
(1) 在线路上窃听得到加密后的认证信息。
(2) 利用其他软件将认证信息不做任何修改重放给验证端。

2. 一种对付重放攻击的方案

重放攻击是认证协议中最难对付的一种攻击形式。为了对付重放攻击,必须使每次
发往验证者的认证信息都不相同,这样验证者就能识别出每个认证信息是否是重放的。

一种对付重放攻击的方案是:声称者每次随机产生一个不重复的随机数 n,将其加
入到认证信息(包含用户 ID 和口令散列值)中,验证者收到后,除了检测口令散列值是否
匹配外,还将检查随机值 n 是否以前被使用过,如果验证者确信 n 已被使用过,则认证请
求将被认为是重放而被拒绝。该方案如图 5.27 所示。

说明:上述方案首先将用户 ID 和口令 p 用单向函数 f 求散列值得到 p',然后再将
p' 和随机数 n 用单向函数 g 求散列值得到 q',将 $\{ID, q', n\}$ 发给验证端。而验证端保存的
仍然是 ID 和口令 p 用函数 f 求得的散列值 q(如果用户口令输入正确,则 $p' = q$),将 q 和
n 用函数 g 求散列值,如果结果等于 q',并且经过检查 n 没有被使用过,则认证通过。

如果攻击者截获认证信息 $\{ID, q', n\}$ 后,将 n 改为另外一个值 n',再将认证信息 $\{ID,$
$q', n'\}$ 发送给验证端,他也不会认证成功,因为 q' 是由 n 和 p' 散列得到的,验证端如果用

图 5.27　一种对付重放攻击的口令认证方案

n' 和 q 去求散列值,得到的结果肯定和 q' 不同,可见 n 可以用明文形式传输。

实际上,对付重放攻击中的随机数 n 可以用下列方法之一产生:

(1) 加随机数。该方法的优点是认证双方不需要时间同步,双方记住使用过的随机数,如发现报文中有以前使用过的随机数,就认为是重放攻击。缺点是需要额外保存使用过的随机数,若记录的时间段较长,则保存和查询的开销较大。

(2) 加时间戳。该方法的优点是不用额外保存其他信息。缺点是认证双方需要准确的时间同步,同步越好,受攻击的可能性就越小。但当系统很庞大,跨越的区域较广时,要做到精确的时间同步并不是很容易。

(3) 加流水号。就是双方在报文中添加一个逐步递增的整数,只要接收到一个不连续的流水号报文(太大或太小),就认定有重放威胁。该方法的优点是不需要时间同步,保存的信息量比随机数方式小。缺点是一旦攻击者对报文解密成功,就可以获得流水号,从而每次将流水号递增以欺骗认证端。

在实际中,常将方法(1)和(2)组合使用,这样就只需保存某个很短时间段内的所有随机数,而且时间戳的同步也不需要太精确。

对付重放攻击除了使用本节介绍的方法外,还可以使用挑战-应答机制和一次性口令机制,而且似乎后面两种方法在实际中使用得更广泛。

3. 重放攻击的类型

实际上,根据重放消息的接收方与消息的原定接收方的关系,重放攻击可分为 3 种:第一种是直接重放,即重放给原来的验证端,直接重放的发送方和接收方均不变,前面讨论的重放攻击就属于这一种;第二种是反向重放,将原本发给接收方的消息反向重放给发送方;第三种是第三方重放,将消息重放给域内的其他验证端。

1) 直接重放

直接重放的避免方法是确保消息的新鲜性,通过加时间戳和加随机数来实现。

2) 反向重放

反向重放(图 5.28)是由于消息格式相同导致的。如果协议中两条消息的格式完全相同,特别是在协议中总共只有两条消息的情况下,就容易发生反向重放,因为消息格式完全相同,攻击者可以将消息反向重放给发送者,使发送者以为是新一轮会话的开始,混淆了主体在协议中的通信角色。防止反向重放的方法是,确保两条消息的格式不相同,例如,将应答消息中的数据做一些数学变换后再发送给对方。在 4.2.1 节的 Needham-Schroeder 协议(图 4.2)中,第⑤条消息将第④条消息中收到的随机数作一个 f 变换再发送给 B 就是为了防止攻击者反向重放第④条消息。

图 5.28 反向重放攻击的示意图

3) 第三方重放

第三方重放即重放给第三方(图 5.29)。这通常是因为缺乏主体标识引起的,例如,假设用户在两台服务器上设置的登录 ID 和口令是相同的,用户将申请信息 ID ∥ h(ID,p,n) ∥ n 发送给服务器 A(ID 是用户 ID,p 是用户口令,n 是一个随机数,$h()$ 是一个单向散列函数),攻击者截获该申请信息后,重放给服务器 A 肯定是无法登录成功的,但攻击者可以将该申请信息重放给服务器 B,由于随机数 n 没有在服务器 B 上记录,因此,服务器 B 会认为用户登录成功。防止第三方重放的方法是:在认证消息中添加主体的身份 ID。

图 5.29 重放给第三方的示意图

为此,可采用加服务器端 ID 的方法,用户的申请信息改为 ID ∥ h(ID,ID_A,p,n) ∥ n,

这样服务器 B 收到认证信息后，就能察觉该消息原本是发送给服务器 A 的。

安全协议设计的一条原则是：如果主体的身份对消息的意义有举足轻重的作用，消息中必须明确包含对应的主体名称。因此，加主体的 ID 能避免这种攻击。

4. 对口令攻击机制的分析

对于一个口令系统来说，本质上是利用申请信息和验证信息的匹配来进行身份认证的，如图 5.30 所示。因此关键是让合法用户的申请信息能够和验证信息匹配，而使攻击者提交的申请信息和验证信息无法匹配。攻击者一般通过从通信线路或服务器端窃取申请信息，还可以重放通信线路上的申请信息，前面几种对抗口令攻击的措施是使客户端的、线路上传输的和服务器端的申请信息均不相同，而且线路上每次传输的申请信息也都不相同，这样使只有知道原始口令的合法用户才能登录成功，而攻击者通过窃取图 5.30 中②、③处的非原始口令信息是无法和①处的口令通过正常变换途径得到的最终口令密文匹配的。

图 5.30　口令认证机制的匹配过程

需要说明的是，对于在客户端加密口令，如果是客户机/服务器应用程序，可以将口令加密的程序模块设计到客户端程序中，口令在客户端加密是容易实现的。但如果是浏览器/服务器应用程序，客户端是 Web 浏览器，浏览器没有任何特殊编程功能，如果采用浏览器的脚本语言（如 JavaScript）编程实现口令加密，那么加密的程序可以在浏览器中通过查看源代码查看到，这是不合适的。因此对于在浏览器端加密口令，一般必须在浏览器上安装相应的 ActiveX 插件，利用插件中的加密程序进行客户端的口令加密。很多电子支付网站（如支付宝）采用的就是这种方式，必须安装插件才能输入登录密码。另外一种方式是使用安全套接层（SSL）之类的技术，这样浏览器与服务器之间传输的所有数据都是加密的形式，因此口令不需要任何应用层保护机制，SSL 会进行必要的加密操作。

5.3.4　基于挑战-应答的口令机制

挑战-应答机制（challenge-response）的设计思想来源于军事系统，哨兵随机提问可能的入侵者，根据对方的应答（是否知道接头暗号）来判断是否是自己人。

在挑战-应答协议的认证系统中，验证者提出"问题"（通常是随机生成的随机数），由申请者应答，然后由验证者验证其正确性。这种方案使验证者与申请者之间每次交换的认证信息都不同，使重放攻击无法成功，该方案的过程如图 5.31 所示，基本步骤如下：

第一步：用户发送登录请求，与口令登录的过程不同，用户发送的登录请求只有用户

图 5.31 挑战-应答机制的认证步骤

名(或者还有 IP 地址),而没有口令或其消息摘要。

第二步:服务器生成随机挑战,服务器收到只有用户名的登录请求后,首先检查用户名是否有效,如果有效,则服务器生成一个随机数,将其发送给用户。随机数(随机挑战)可以以明文的形式传递到用户计算机;如果用户名无效,则向用户返回相应的错误信息。

第三步:用户用其口令的散列值 $H(P)$ 加密随机挑战。具体是:服务器向用户发出要求输入口令的界面,用户在界面上输入口令,客户端应用程序计算该口令的散列值,并用这个口令的散列值加密上一步收到的随机数。当然,这里使用的是对称密钥加密。

第四步:服务器验证从用户收到的加密随机挑战。

由于服务器中保存有用户口令的散列值,服务器要验证从用户收到的加密随机挑战,可以有两种方法:

① 服务器用用户口令的散列值解密从用户收到的加密随机挑战(随机数),如果解密后的随机数与服务器上原先的随机数匹配,则服务器可以肯定随机数是用用户口令散列值加密的。

② 服务器也可以用用户口令的散列值加密自己的随机数(即前面发给用户的版本),如果这个加密得到的加密随机数与从用户收到的加密随机数相同,则同样表明用户能通过认证。

可见在第三步,之所以用口令散列值加密随机数,而不是用口令加密随机数,是为了让服务器可以只保存口令的散列值。

第五步:服务器向用户返回相应的信息,通知用户是否登录成功。

提示:在实际应用中,挑战-应答机制也可以省略第一步,即先由服务器发送一个随机数给客户端,客户端用口令的散列值加密它后,连同用户的 ID 一起发送给服务器,服务器根据该 ID 找到用户口令的散列值,再对应答 $E_{H(P)}(R)$ 进行验证。

传统的口令机制由于申请者每次都要提交口令,因此存在口令被窃取、被重放等诸多难题。而采用挑战-应答机制后,申请者不需要向验证者出示口令,避免了口令传输被窃取的问题,而且申请者每次发送的应答都与随机挑战值有关,避免了重放攻击。但挑战-应答机制的缺点是增加了申请者和验证者之间的通信次数(需要验证方先发一个挑战消息过来)。

挑战-应答机制与图 5.27 中对抗重放攻击的机制相比,最明显的区别是图 5.27 中的随机数由客户端产生,而挑战-应答机制中的随机数 n 由验证端产生,如图 5.32 所示,这样产生随机数的能力完全掌握在验证者手中,比在客户端产生随机数更加安全可靠。也不存在图 5.27 中为了两端都知道 n 的值需要维持同步的问题,图 5.27 中的另一个缺点是验证者要判断 n 值是否被重复使用过,如果 n 值很多,则存在较大困难。

图 5.32　挑战-应答身份认证技术示意图

在很多网站或应用程序的登录界面中,服务器都会发送一个随机生成的验证码到客户端,要求用户输入该验证码,如图 5.33 所示,这就是一种挑战-应答机制,当用户输入登录密码后,客户端应用程序会用登录密码的散列值加密验证码,这样每次在线路上传输的认证信息都不相同,避免了重放攻击。

图 5.33　带有验证码的用户登录界面(中国工商银行网上银行登录界面)

对于各种口令机制,总的来说,只要认证双方共享了一个秘密(如口令或对称密钥),就可以利用它来进行认证,认证的方法又可分为 3 种:

(1) 出示口令方式。申请者直接将口令提交给验证者,验证者检查口令是否正确。该方式的缺点是口令存在被线路窃听、被重放且不能双向认证(申请者无法判断验证者是否确实知道口令)的缺点。

(2) 不出示口令方式。申请者用口令加密一个消息,将加密的消息发给验证者,验证者用口令解密,如果得到消息明文则验证通过。该方式因为没有把口令发送出去,所以解决了口令被窃听和不能双向认证的问题,但仍存在被重放的缺点。

(3) 挑战-应答方式。验证者发一个随机数给申请者,申请者用口令的散列值加密该随机数给验证者。该方式解决了以上所有 3 个问题,但增加了一次通信。

5.3.5　口令的维护和管理措施

对于口令认证机制来说,除了使用上面的技术措施保证口令系统不被攻破之外,对口令有一套好的管理措施也是必要的,这些措施主要是避免口令在外部泄露或口令被猜测到。

1. 对付口令外部泄露的措施

口令的外部泄露是指由于用户或管理员的疏忽或其他原因导致未授权者得到口令。例如,用户为了防止忘记口令而将口令记录在一个不安全的地方,如把计算机的登录口令写在纸条上,把纸条贴在显示器上,把银行卡的口令写在卡的背面,或者把许多口令存储在一个未受保护的文本文件中。下列措施可以有助于防止口令的外部泄露:

(1) 对用户或者系统管理员进行教育、培训,增强他们的安全意识。

(2) 建立严格的组织管理和执行手续。

(3) 确保每个口令只与一个人有关。

(4) 确保输入的口令不显示在屏幕上。

(5) 使用易记的口令,不要写在纸上。

(6) 定期改变口令,不要让所有系统都使用相同的口令。

2. 对付口令猜测的措施

口令猜测也是一个严重的脆弱性,下列措施有助于防止口令被猜测出来:

(1) 严格限制非法登录的次数。

(2) 口令验证中插入实时延时,该措施常和第(1)条措施配合使用,比如 3 次输错口令,就延时一分钟才允许用户再次输入,这可以有效地限制穷举攻击的测试频率。

(3) 规定口令的最小长度,如至少 6～8 位。

(4) 防止使用与用户特征相关的口令,因为攻击者很容易想到从用户相关的一些信息来猜测口令,比如生日、身份证号、英文名等。

(5) 确保口令定期改变。

(6) 更改或取消系统安装时的默认口令。

(7) 使用随机数产生器产生的口令会比用户自己选择的口令更难猜测,但这会带来记忆问题,迫使用户把口令写在纸上,造成口令泄露,因此不建议使用。

避免外部泄露所采取的措施与避免口令猜测所采取的措施之间有一定的冲突。避免口令猜测所采取的方法往往导致用户拥有较少的口令选择机会。如果口令很难记忆,用户就倾向于把它记录下来。可见,口令系统的设计者和管理者要折中考虑这些措施。

虽然口令的安全级别不是很高,但由于其相对简单、代价低,对于许多安全要求不是很高的系统来说,口令机制仍然是使用最广泛的一种身份认证机制。对于很多安全措施要求很高的系统(如网上银行转账),通常采用口令结合其他鉴别机制(如 U 盾、电子口令卡等)来认证。

5.4　常用的身份认证协议

安全协议(又称密码协议)是指通过密码学技术来达到某些特殊安全需求的通信协议。安全协议根据目的不同可分为身份认证协议和密钥交换协议等。在 5.3 节中介绍的口令机制和挑战-应答机制实际上都可看作是身份认证协议,本节将介绍其他一些常用的身份认证协议,并简要分析认证协议的设计原则。

5.4.1　一次性口令

一次性口令(One Time Password,OTP)又称为动态口令,是指用户每次登录时都使用一个不同的口令。这样通过在登录过程中加入不确定因素,使每次登录过程中传送的认证信息都不相同,以对抗重放攻击。OTP 口令变动的来源在于产出口令的运算因子是变化的。

从理论上看,要实现一次性口令,服务器可为每个用户分配很多个(比如 1000 个)毫无关联的随机数作为口令,用户携带一个保存所有口令的密码表,每次登录时按顺序输入一个口令供服务器验证。但这样带来的问题是,服务器为了能够验证用户每次输入的口令,不得不保存用户所有的口令到服务器端中,如果有 1000 个用户,为每个用户都要保存 1000 个一次性口令,则服务器需要保存 1 百万个口令,这样服务器的存储和查询开销都相当大。

而在实际应用的一次性口令方案中,服务器都只为每个用户保存一个初始口令即可,而不必保存每次登录的口令。这是通过以下 3 种方式实现的。

1. 口令序列认证方式

口令为一个单向的前后相关的序列,系统只需保存第 N 个口令,用户用第 $N-1$ 个口令登录系统时,系统用单向算法算出第 N 个口令与系统保存的口令进行匹配,从而对用户的合法性进行判断。

1981 年,由 Lamport 提出的基于散列链的一次性口令机制就属于这种方式。其具体过程如下。

用户 A 在自己的电脑上生成随机数 R,然后选择散列函数 $h(\cdot)$,如 MD5 或 SHA-1。随后对 R 进行 n 次散列运算,生成散列链 $h^0(R)$、$h^1(R)$、$h^2(R)$、$h^3(R)$、$\cdots$、$h^i(R)$、$\cdots$、$h^{n-1}(R)$、$h^n(R)$,其中 $h^0(R)=R$,$h^i(R)=h(h^{i-1}(R))$,$1\leqslant i\leqslant n$。用户 A 将 $h^n(R)$ 提交给服务器,服务器认证系统将 $h^n(R)$ 与用户 A 的 ID 关联起来,存入数据库中。当用户 A 第一次登录时,用户 A 将 $h^{n-1}(R)$ 与自己的身份 ID,即 ID $\parallel$ $h^{n-1}(R)$ 发送给服务器,服务器根据用户 A 的 ID 从数据库中取出 $h^n(R)$,并且比较 $h^n(R)$ 与 $h(h^{n-1}(R))$ 是否相等。如果相等则说明用户登录成功,服务器然后用 $h^{n-1}(R)$ 替换数据库中保存的 $h^n(R)$。如果不相等则拒绝为用户 A 提供服务。

当用户第 i 次登录时,用户 A 将 $h^{n-i}(R)$ 与自己的身份 ID,即 ID $\parallel$ $h^{n-i}(R)$ 发送给服务

器,服务器根据用户的 ID 从数据库中取出 $h^{n-i+1}(R)$,并且比较 $h^{n-i+1}(R)$ 与 $h(h^{n-i}(R))$ 是否相等。如果相等则说明用户登录成功,服务器然后用 $h^{n-i}(R)$ 替换数据库中保存的 $h^{n-i+1}(R)$。

在这个认证系统中,用户每次登录系统时,都使用散列链中不同的值,这样即使攻击者可以截获用户 A 与服务器之间传输的口令,他也无法假冒用户 A 登录服务器成功。因为攻击者截获了 $h^i(R)$ 后,由于 $h^i(R)$ 已经被用户使用过,攻击者无法再次发送 $h^i(R)$ 去登录,他必须使用下一次的口令去登录,但是根据散列函数的性质,攻击者无法根据截获的 $h^i(R)$ 计算出下一次的口令 $h^{i-1}(R)$,因此能有效地对付线路窃听攻击和重放攻击。

而且,每次登录后,服务器中只保存了上次登录时的口令 $h^i(R)$,系统管理员无法根据 $h^i(R)$ 计算出下次登录的口令 $h^{i-1}(R)$,因此该方案能抵抗危及验证者的攻击。

可见,利用散列链进行身份认证,能有效抵抗口令机制中存在的 3 种主要威胁,因此是一种非常好的认证方法,后来,Haller 于 1994 年提出的一次性口令系统 S/KEY 就是基于这种机制并结合了挑战-应答机制。中国建设银行的动态口令卡也是基于散列链机制的,这种口令卡上记录了 24 个口令,后面一个口令的散列值就是前面一个口令,第 24 个口令作为散列链的根,不能用来认证。而是当卡上的口令用完时用来更新卡(即更新散列链)。

但散列链机制无法抵抗中间人攻击,假设攻击者截获了某次用户发送给服务器的口令,并且使服务器无法收到该次认证口令,则攻击者能够立刻将该口令重放给服务器以获取认证。

2. 时间同步认证方式

这种方式将时间戳作为不确定因子,用户与系统约定相同的口令生成算法,服务器保存用户的一个秘密口令明文。用户需要访问系统时,将客户端当前时间连同用户的秘密口令生成的动态口令传送到认证服务器,例如,登录口令=MD5(用户名+口令+登录时间)。服务器通过当前时间计算出所期望的输出值,对用户发送的口令进行匹配,如果匹配,则登录成功。由于认证服务器和客户端的时钟保持同步,因此在同一时刻两者可以计算出相同的动态口令。这种方式的优点是操作简单,单向数据传输,只需用户向服务器发送口令数据,而服务器无需向用户回传数据。缺点是客户端需要严格的时间同步机制,如果数据传输的时间延迟超过允许值时,合法用户在登录时也会造成身份认证失败。而且服务器保存口令的明文也会带来安全隐患。

3. 挑战-应答认证方式

服务器在收到用户的登录请求后,向用户发送一组随机挑战数作为不确定因子,客户端通过特定的算法计算出相应的应答数并作为口令发送给服务器,服务器经过相同的算法计算出应答数与用户回传的应答数进行比较,决定接受与否。这种方式实际上就是 5.3.4 节介绍的挑战-应答方式。其优点是客户端设备简单,不需时间同步,各个口令间的不相关性好,安全性高;缺点是须具备数据回传条件,且通常没有实现用户和服务器间的相互认证,不能抵抗来自服务器端的假冒攻击。FreeBSD 操作系统采用的就是类似的登录方法。

4. 一次性口令的优点

通过以上介绍和分析,可见一次性口令认证技术具有多种优点,主要表现在以下几点:

(1) 动态性。每次使用不同的口令登录,每个动态口令使用过一次后,不能再重复使用。有效地防止了重放攻击和线路窃听攻击。

(2) 抗危及验证者攻击性。第 1 种方式验证端没有保存并且无法计算出下一次登录使用的口令,因此能抵抗危及验证者的攻击,但第 2、3 种方式不具有这种特性。

(3) 随机性。动态口令每次都是随机产生的,不可预测。

(4) 抗穷举攻击性。由于动态性的特点,如果一次或一分钟内穷举不到,那么下一分钟就需要重新穷举,而新的动态口令可能就在已经穷举过的口令中。

5.4.2 零知识证明

零知识证明(zero knowledge proof)技术可使信息的拥有者无须泄露任何信息就能向验证者或者任何第三方证明它拥有该信息。即当示证者 P 掌握某些秘密信息,P 以某种有效的数学方法使验证者 V 确信 P 知道该秘密,但 P 又不需要泄露该秘密给 V,这就是所谓的零知识证明。

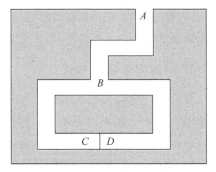

零知识证明最通俗的例子就是图 5.34 所示的山洞问题。图中的山洞里 C、D 两点之间有一扇上锁的门,P 知道打开门的咒语,按照下面的协议 P 就可以向 V 证明他知道咒语,但不需告诉 V 咒语的内容:

(1) 让 V 站在 A 点。

(2) P 进入山洞,走到 C 点或 D 点(山洞入口

图 5.34　零知识证明洞穴

有个拐弯,V 看不到 P 在到达 B 点后是向左走还是向右走)。

(3) 当 P 消失后,V 进入 B 点。

(4) V 要求 P 从左边或右边出来。

(5) P 按照要求出洞(如果需要通过门,则使用咒语)。

(6) P 和 V 重复步骤(1)～(5) n 次。

如果 P 知道咒语,他一定可以按照 V 的要求正确走出山洞 n 次;如果 P 不知道咒语,他需要预测 V 的要求,每次预测对的概率是 0.5, n 次预测都对的概率是 0.5^n,当 n 足够大时,这个概率趋向于零。

此洞穴问题可转换成数学问题,实体 A 声称知道解决某个难题的秘密信息,但又不能将秘密信息泄露给实体 B,那么实体 B 可通过与实体 A 的交互验证其真伪,下面给出一个零知识证明协议的具体示例。

设 p 和 q 是两个大素数, $n=p\times q$。假设用户 A 知道 n 的因子,如果用户 A 想向用户 B 证明他知道 n 的因子,但却不想向 B 泄露 n 的因子,则用户 A 和用户 B 可以执行下面的零知识证明协议。

(1) 用户 B 随机选取一个大整数 x,计算 $y \equiv x^4 \pmod{n}$。用户 B 将计算结果 y 告诉用户 A。

(2) 用户 A 计算 $z \equiv y^{1/2} \pmod{n}$,并将结果 z 告诉用户 B。

(3) 用户 B 验证 $z \equiv x^2 \pmod{n}$ 是否成立。

(4) 上述协议重复多次,若用户 A 每次都能正确地计算 $y^{1/2} \bmod n$,则用户 B 就可以相信用户 A 知道 n 的因子 p 和 q。这是因为在数论中可以证明,要计算 $y^{1/2} \bmod n$ 等价于对 n 进行因式分解,若用户 A 不知道 n 的因子 p 和 q,则 $y^{1/2} \bmod n$ 是计算不出的。因此,当在重复执行该协议 n 次的情况下,用户 A 都能正确地给出,则用户 B 可以以非常大的概率认为用户 A 知道 n 的因子 p 和 q,而且用户 A 并没有将 n 的因子泄露给 B。

在身份认证协议中,Fiege-Fiat-Shamir 方案是最著名的零知识证明方案。验证者通过发布大量的质询给声称者,声称者对每个质询计算一个响应,在计算中使用了秘密信息。通过检查这些应答是否正确(可能需要使用公钥),验证者相信声称者的确拥有秘密信息,但在应答过程中无任何秘密泄露。

5.4.3　认证协议设计的基本要求

通过对口令机制的研究,可以发现这种身份认证协议面临非常多的威胁,需要考虑很多方面的安全因素。这表明,认证协议的设计是一项非常复杂和困难的工作,许多在设计时被认为是安全的协议,后来都被发现存在安全漏洞。但一般来说,认证协议只要考虑以下几点,就可以保证协议不会出现一些非常明显的安全漏洞。如果希望进一步提高协议的安全性,可以采用安全协议的形式化分析方法(如 BAN 逻辑等)对协议进行分析。

认证协议在设计时主要应考虑以下原则:①认证的不可传递性;②抗重放攻击性;③安全性与具体密码算法无关性。

1. 认证的不可传递性

认证的不可传递性是指认证消息不能传递给验证者。因为,在认证完成之前,不能确定验证者是否是真实的验证者,如果验证者是假冒的,则认证消息传递给假冒的验证者后,认证消息就泄露给第三方了,而我们知道,基于共享秘密进行认证的前提是只有申请者和验证者双方知道该秘密,其他任何人都不能知道。

例如在生活中,如果某人捡到钱包,而失主前来认领,则拾到者通常会询问认领者钱包里有多少钱物,以鉴别认领者是否是真正的失主。这是因为拾到者和失主共享了一个秘密,因此可以相互进行单向认证。但如果拾到者是假冒的,而失主将钱物信息(秘密)告诉他之后,这个双方共享的秘密就扩散出去了。这时假冒者可以找到真正的拾到者,说出知道的秘密并声称钱包是他的,可见这种认证方法不具有不可传递性。对于这种情况,声称者可以不泄露秘密,比如只说出钱的各位数的和是多少。

假设 P 是声称者,V 是验证者,P 向 V 出示明文形式的鉴别信息(如明文口令)。如果 V 是真实的验证者,则 V 能验证 P,而且认证信息也不会泄露给第三方。但如果 V′ 是假冒的验证者,则 P 向 V′ 出示鉴别信息后,V′ 就掌握了 P 的鉴别信息,以后 V′ 就可以冒充 P 在真实的 V 处获得认证通过。产生这个问题的根源是 P 将认证信息传递给了 V′,因此,认证协议在设计时必须具有不可传递性,实现的方法可以是 P 不将认证信息的明文形式发送给 V(例如用认证信息加密一个随机值),或者使用挑战-应答方式进行认证,使假冒者不能获得原始的鉴别信息,这样就保证了鉴别信息只有声称者和验证者知道。

2. 抗重放攻击性

认证协议应具有抵抗常见攻击,特别是抵抗重放攻击的能力。因为重放攻击是认证协议中最难抵抗的一类攻击,常用的抵抗重放攻击的方法有:①保证临时值和会话密钥等重要消息的新鲜性。②在认证信息中加入身份 ID 信息。例如,在基于公钥密码体制的认证协议中,若存在先签名后加密的消息,应该在签名的消息中加入接收方的名字,以防止攻击者将消息重放给第三方;若存在先加密后签名的消息,则应该在加密的消息中加入发送方的名字。

3. 安全性与具体的密码算法无关

认证协议的设计必须独立于具体的密码算法,这样才便于将认证和加密放在不同的层次上实现。

认证协议在设计时还需考虑如下几个因素:①可识别率最大化;②可欺骗率最小化;③双向认证;④第三方可信任;⑤成本最小化,尽可能减少密码运算次数,降低计算成本,扩大应用范围。

认证协议的设计原则还有以下几点:

(1) 设计目标明确,无二义性。

(2) 最好应用描述协议的形式语言,对认证协议本身进行形式化描述。

(3) 通过形式化分析方法证明认证协议实现了设计目标。

(4) 尽量采用异步认证方式,特别是防止重放攻击的能力。

(5) 进行运行环境的风险分析,做尽可能少的初始安全假设。

(6) 实用性强,可用于各种网络的不同协议层。

5.4.4　其他身份认证的机制

1. 基于人的生理特征的身份认证

基于人的生理特征的认证用于支持"某人具有某种特征",它依据人类自身固有的生理或行为特征进行识别。比较常见的生理特征识别技术包括虹膜扫描、指纹、脸形、声音、掌纹、视网膜等,行为特征识别包括笔迹识别、击键时间、步态识别等。生物特征一般通过光学扫描设备输入计算机,然后与事先保存在计算机中的图像数据进行匹配和识别,这些技术已经在金融等行业得到了应用。但是它们需要精密的扫描设备和大型模式匹配软件,系统整体造价较高。

总的来看,可以用于身份认证的生物特征一般具有以下几个特点:

(1) 普遍性,即任何人都应具备这种特征。

(2) 唯一性,即任意两个人的同一特征是不一样的。

(3) 可测量性,即特征可以被测量。

(4) 稳定性,即特征在一段时间内不容易改变。

基于生物特征的身份认证系统主要工作流程如图 5.35 所示。图中有两个逻辑模块:注册模块和认证模块。在注册模块中,首先登记用户的姓名和其他个人信息,通过生物特征识别传感器获取用户的生物特征信息,并利用特征提取单元提取特征模式(样本),形成用户模板,并存储在系统数据库中。进行认证时,首先在认证模块中获取特征信息,并提取特征模式,再与系统数据库中的模板进行模式匹配判决,即如果两个样本的相似度大于给定的阈值(表明足够匹配),则身份认证成功。

图 5.35 基于生物特征识别的身份认证流程

目前,采用生物特征的认证技术还具有一定的局限性。表现在以下几点:

(1) 生物特征识别的准确性和稳定性还有待提高,特别是如果用户身体受到伤病的破坏可能导致无法正常识别,造成合法用户无法登录。

(2) 由于研发投入较大和产量较小等原因,生物特征认证的应用成本相对较高,目前只适合于一些安全性要求非常高的场合,如银行、部队等使用。

(3) 由于生物特征只有人才有,因此,它只能用于解决人的身份认证,而网络环境下更多的时候是应用程序之间、主机之间需要进行身份认证,这是生物特征认证所无法解决的。

2. 基于地址的机制

基于地址的认证机制是以认证声称者的呼叫源地址为基础的,在网络环境中,获取声称者的 IP 地址是可行的。只要能确保获取的地址可靠,基于地址的机制可以作为其他身份认证机制的一种有用补充。

3. 基于令牌的机制

令牌即个人持有物,令牌的物理特性用于支持认证的"某人拥有某东西",但令牌通常要与一个口令或 PIN 结合使用。

目前在计算机应用系统中应用较广泛的令牌设备是智能卡。智能卡内部包含 CPU 和存储器,能够进行特定运算并且存储数据。智能卡是一种接触型的认证设备,需要与读卡设备进行对话,而不是由读卡设备直接将存储的数据读出。智能卡自身安全一般受PIN码保护,PIN码是由数字组成的口令,只有读卡机将PIN码输入智能卡后才能读出卡中保存的数据。通常它有防止在线攻击的措施,有些系统在用户连续出现若干次PIN码输入错误后自动锁定该卡,不再提供任何信息。

智能卡比磁卡安全,可以存放更多的秘密信息。如果智能卡被盗取或者丢失,由于攻击者不知道PIN码也无法使用智能卡。挑战-应答卡是常用的一种智能卡技术,它基于加密算法,通常采用公钥密码算法,卡中存储着用户私钥用来进行加/解密运算,该密钥很难被读出。使用该卡可以在离线状态下进行认证,在认证阶段首先递交代表自己身份的公钥证书,系统在验证过证书的签发者后就获得用户公钥,随后系统用公钥将一串数据加密后输入卡中并发出解密请求,智能卡进行解密运算后将结果传送给系统,系统验证结果后就可以确定该卡是否知道用户私钥,最终验证用户身份。

还有一种智能卡被称作挑战-应答计算器,卡中保存一个加密密钥并且能够进行加/解密运算。这种卡不需要与计算机进行直接通信,因为它有一个数字键盘和液晶屏幕与用户直接进行交互,一般通过PIN来保护卡本身的输入。使用时计算机向用户发出一个随机挑战数据,用户将它输入加密计算器中进行运算,再将液晶屏显示的结果手工输入到计算机中进行响应。这样用户不需要投资购买读卡设备就可以使用智能卡提供的身份认证保护。

*5.5　单点登录技术

单点登录(Single Sign On,SSO)是指用户只需向网络进行一次身份认证,以后无须再另外验证身份,便可访问所有被授权的网络资源。

5.5.1　单点登录的好处

由于目前各个网站、应用系统都设置了独立的用户身份认证系统,用户每访问一个网站或应用系统(如邮件系统、即时通信系统、办公系统)就需要输入一次用户名和口令进行登录,每天有大量的时间浪费在重复登录的过程中。因此,单点登录技术成为当前身份认证领域研究的一个热点问题。单点登录实际上是一种统一身份认证的模式,通过这种身份认证,用户只需要认证一次,就可以通行于所有的应用系统中。这样可带来以下几点好处:

(1) 方便用户的使用,这是单点登录系统最突出的优点。使用传统认证授权机制的用户,为了得到服务的认证,需要记忆每个服务的用户名和口令,并且在使用每个不同服务时都需要进行认证和授权。而使用了单点登录系统后,上面的问题都不存在了,用户只需要在使用第一个服务时进行一次身份认证,接下来使用其他任何服务的过程中都不需要再次进行认证和授权了。

(2) 更合理、有效地管理用户。随着用户数量的迅速增长,每个Web服务需要管理和维护的用户信息数据量也在迅速增多,如果每个服务单位都自带认证系统软件和保存用户信息的数据库,而且每个用户数据库中都保存了所有用户的信息,则造成了重复建设,加大了投资成本。同时很多系统都要维护一个用户的认证信息是很麻烦的。例如,如果一个企业员工离职,则管理员需要把他在各个系统中的身份信息一一删除。

(3) 提高了系统的整体安全性。单点登录技术由于减少了认证的次数,使用户名和口令的传输次数减少,因此受到攻击的可能性也相应减小,从而提高了系统的整体安全性。

由此可见,建立一套单点登录系统的解决方案,无论是对现有服务系统的整合,还是要兼容后续开发的服务系统,都显得尤为重要。目前单点登录系统采用的最流行的技术有 Microsoft 的.NET PassPort、Oracle 的 Oracle 9iAS SSO、MIT 的 Kerberos 认证协议和 OASIS 的 SAML 标准。

单点登录技术对于电子商务的发展具有很好的促进作用。设想一下,如果只要在某一家购物网站登录一次,再访问其他的购物网站就不需要登录了,对消费者来说无疑是一种更好的用户体验。又比如,电子商务网站的管理者可能每天都要登录许多系统(如商品发布系统、物流系统、客户管理系统),如果能一次性登录这些系统,将给工作带来极大的方便。对于基于账户的微支付来说,如果用户登录一次他的账户就能在任何网站中进行支付,将给购物消费带来方便。

但要实现单点登录,必须解决一些难题。单点登录技术所面临的挑战包括几个方面:

(1) 多种应用平台,SSO 应具有跨平台运行的能力。

(2) 不同的安全机制。

(3) 不同的账户服务系统。

5.5.2 单点登录系统的分类

实现单点登录系统有不同的方法和模型结构,目前常用的有基于经纪人的单点登录模型、基于代码的单点登录模型、基于网关的单点登录模型和基于令牌的单点登录模型。

1. 经纪人模型(broker-based SSO)

在基于经纪人的单点登录模型中,有一个中央服务器,集中认证和管理用户账号,并向用户发放用于向应用系统请求访问的电子身份标识。模型中最关键的是认证服务器,它处在客户机和应用服务器之间,用来全权打理认证事务,扮演一个经纪人的角色。Kerberos 认证系统就是基于经纪人模型的。

该模型主要有 3 个部分:客户端、认证服务器、应用服务器,其工作流程如下:

(1) 客户端访问应用系统时会自动重定向到认证服务器,并且与认证服务器进行双向身份认证,认证通过则获得电子身份标识。

(2) 客户端利用已获得的电子身份标识访问各种应用系统,从而实现单点登录。

(3) 应用系统负责检查电子身份标志,如果电子身份标识是伪造的或者是过期的,则拒绝用户访问。

基于经纪人的 SSO 解决方案的最大优点是实现了用户认证数据的集中管理。但

是,它也有一些不足之处:

(1) 基于经纪人的 SSO 模型必须对应用系统进行修改,使其支持电子身份认证。

(2) 基于经纪人的 SSO 模型,特别是 Kerberos 身份验证仅基于密码,从而使系统容易受到密码猜测攻击,如果攻击者的密码猜测正确,就会获得会话密钥,并继续得到最终认证和访问权限。

2. 代理模型(agent-based SSO)

在基于代理的单点登录模型中,启动一个自动的代理程序为不同的应用程序认证用户身份,这种模型不需要增加单独的认证服务器,因此带来了很好的可移植性,但是实现它需要使代理程序与原系统的协议进行交互,比较复杂。代理模型可以使用强密码技术,具有安全保证,不过这种模型并不能减轻用户管理的负担,往往还会需要管理和控制代理软件的权限,SSH(Secure Shell)是基于代理的单点登录模型的典型应用。通过使用SSH,可以把所有传输的数据进行加密,这样就能防止 DNS 和 IP 欺骗。这是一个为在网上进行安全连接的 C/S 类型的加密软件,它实现了一个密钥交换协议以及主机和客户端认证协议。

基于代理的 SSO 解决方案由 3 个部分组成:客户端、应用系统服务器以及代理软件。代理模型有两种工作方式:当代理软件工作在客户端时,会在本地存储用户的登录凭证列表,并自动提交用户登录凭证到相应的应用系统,代替用户参与系统认证。当代理软件工作在应用系统端时,它会在应用系统端的身份认证机制和客户端的认证方式之间充当一个"解释器"的作用。

基于代理的单点登录模型保证了通道的安全性和单点登录的实现,具有比较好的可实施性和灵活性;但是它也有一个很大的缺陷,就是用户的登录凭证需要在本地进行存储,这样就增加了口令泄露的危险;另外,在实现单点登录时,每个运行 SSH 的主机(不管是服务器还是客户端)必须有一个安全代理程序在运行,这增加了兼容现有系统时的开发量。

因此,综合经纪人模型认证管理集中的优点和代理模型减少对应用程序改造的优点,提出了经纪人-代理模型概念,是优势比较突出也是目前用得较多的模型。

3. 网关模型(gateway-based SSO)

基于网关的单点登录模型在网络入口处设置防火墙或专用加密通信设备作为网关,而所有请求的服务都放在被网关隔离的受信任网络内。客户端通过网关认证后获得授权,就可以访问应用系统服务。网关的验证规则可以有多种方式,可以基于用户名密码,可以基于 IP 地址,也可以基于 MAC 物理地址等。网关负责监视和验证所有通过网关的数据流。

而资源被隔离在内部受信网段中。当用户需要访问网关后面的应用服务器时,首先需要通过与网关连接的用户数据库进行认证,认证通过后网关自动将用户身份传递到要访问的目标应用服务器进行认证,经应用服务器认证通过后,用户通过网关对应用系统进行后续的访问。

在这种方案中,所有的应用服务器都需要放在被网关隔离的受信网段里。客户端通过网关进行认证后获得接受服务的授权。如果在网关后的服务器能够通过 IP 地址进行识别,并在网关上建立一个基于 IP 的规则,而这个规则如果与在网关上的用户数据库相结合,网关就可以实现单点登录。网关将记录用户的身份而不再需要冗余的认证请求,便可授权所要求的任何服务。

这种方案只能对内部网络中的服务实现单点登录,而且对现有网络环境要求比较严格,因此该方案应用范围并不广泛。

4. 各模型的优缺点

基于经纪人的模型提供了集中式的身份认证和用户管理,其优点是:不但实现单点登录,而且也方便了用户信息的集中管理。与基于网关的模型相比,通过身份认证的客户端,直接凭认证服务器颁发的电子身份凭证去访问应用系统,不再需要与认证服务器交互,这就降低了认证服务器的工作压力。其缺点是:应用系统需要解析用户的电子身份凭证,这需要对现有的每一个应用系统做改造,工作量比较大。

基于网关的模型中,所有客户端通过网关来访问应用系统,网关连接的用户信息数据库保存了用户的身份和权限信息,方便了对用户的认证和授权。网关是系统最核心的组件,容易被攻击,需要防火墙的保护,它的性能制约着整个单点登录系统的效率。如果网关没有足够强大的处理能力,容易成为整个系统性能的瓶颈。

基于代理的模型中,代理软件只是单纯地代替用户完成身份认证,缺乏统一的用户管理。并且该模型可能需要在本地存储用户的登录凭证,这就无形中增加了用户口令泄露的概率。其优点是,只要设计和实现好代理软件与应用系统的通信协议,则该模型易于移植,具有较好的灵活性和可实施性。

5.5.3 单点登录的实现方式

1. 利用凭证实现单点登录

单点登录的技术实现机制:当用户第一次访问应用系统的时候,因为还没有登录,会被引导到认证系统中进行登录;根据用户提供的登录信息,认证系统进行身份认证,如果通过认证,应该返回给用户一个认证的凭证——票据(Ticket);用户再访问别的应用的时候,就会将这个票据带上,作为自己认证的凭据,应用系统接收到请求之后会把票据送到认证系统进行认证,检查票据的合法性。如果通过认证,用户就可以在不用再次登录的情况下访问其他的应用系统了。

可以看出,要实现 SSO,需要以下主要的功能:

(1) 所有应用系统共享一个身份认证系统。

(2) 所有应用系统能够识别和提取 ticket 信息。

(3) 应用系统能够识别已经登录过的用户,能自动判断当前用户是否登录过,从而完成单点登录的功能。

其中统一的身份认证系统是 SSO 的核心,认证系统的主要作用是将用户的登录信息和用户信息库相比较,对用户进行登录认证。认证成功后,认证系统应该生成统一的票据返还给用户,认证系统还应该能对票据进行认证,判断其有效性。

需要说明的是,对于一个统一的认证系统,它可以存在于一台认证服务器中,也可以存在于多台认证服务器中,这些认证服务器之间只要通过标准的通信协议,就可以互相交换认证信息。对基于 Web 的单点登录系统来说,由于不可能将所有的用户信息保存在一台认证服务器上,因此更多地采用的是多台认证服务器的方式,这些认证服务器组成一个信任联盟,通过一台认证服务器的认证就相当于通过了整个信任联盟的认证了。

2. 利用 PKI/CA 实现

PKI/CA 可用来实现身份认证,利用 PKI/CA 实现单点登录也是很常见的。

首先,采用 PKI/CA 技术来建立单点登录各相关实体的信任关系,CA 为用户、各应用系统和单点登录服务器颁发数字证书。利用数字证书来实现各方的身份认证,使用加密和数字签名技术处理系统中的关键认证消息,保证各种关键消息在传递过程中的机密性、完整性和真实性。

其次,在单点登录模型方面,结合经纪人模型和代理模型的优点,通常使用一种基于经纪人-代理的混合模型。一方面,采用经纪人模型的集中式身份认证;另一方面,可以在 Web 应用系统中加入认证代理,代理用户完成在应用系统内的身份认证,增强单点登录服务的可实施性。

第三,在单点登录流程的设计方面,通常借鉴 Kerberos 协议的基于票据访问的设计思想,为用户生成各种相关票据,票据中含有用户的身份认证信息或访问某个 Web 应用的认证信息。登录流程中各相关实体之间的跳转和参数的传递可以由 URL 重定向来完成。单点登录服务器可向通过身份认证的用户浏览器发送会话 Cookie 形式的认证令牌,当用户再次访问认证服务器会自动携带此 Cookie,可免除对用户的认证。Cookie 的传输要通过安全 SSL 通道来完成。

3. 利用 Session 或 Cookie 机制实现单点登录

Session 和 Cookie 能够在同一网站内记录用户的登录信息。当用户在网站登录后,网站就可以将他的登录信息记录在 Session 或 Cookie 中,用户再浏览网站中其他网页时都不会要求他再登录,如果能在不同网站之间传递 Session 或 Cookie 信息,则理论上它们也能够应用于单点登录方案中,微软公司的 PassPort 的单点登录系统就采用了 Cookie 机制。

5.5.4 Kerberos 认证协议

Kerberos 认证协议是由美国麻省理工学院(MIT)开发的网络认证协议,其名称是根据希腊神话中一只守卫冥王大门的三头看门狗而命名的。而现在"三头"意指 Kerberos 是有 3 个组成部分的"网络之门守护者",即认证、统计和审计。

Kerberos 协议采用基于对称密码算法的认证机制来实现通过可信第三方提供的认证服务,它可以实现通信双方的双向身份认证。

基于对称密码体制鉴别的思想是：声称者和验证者共享一个验证密钥，声称者使用该密钥加密某一消息，如果验证者能成功解密消息，则验证者相信消息来自声称者。这时加密的消息中必须包含一个非重复值，以对抗重放攻击。或者采用挑战-应答机制，验证者首先给声称者发送一非重复值的消息，要求声称者用密钥加密。

1. Kerberos 协议的主要特点

（1）采用对称密码体制，而未采用公钥密码体制，Kerberos 与网络上的每个实体（用户和应用服务器）共享一个不同的对称密钥，是否知道该密钥便是身份的证明。

（2）为客户机/服务器应用程序提供身份认证服务，而不能被浏览器/服务器程序采用。

（3）具有可伸缩性，能够支持大数量的用户和服务器进行双向认证。

2. Kerberos 协议的设计思路

假设在一个开放网络环境中有很多台服务器，它们提供各种各样的服务（如 Web 服务、FTP 服务、E-mail 服务等），用户要访问这些服务器，则要记住所有服务器的用户名和口令。如果服务器非常多（比如说 100 台），那么如此多的口令是很难记住的（而且也不推荐用户对所有服务器设置同一口令，那样安全性非常低），并且每访问一台服务器，用户要输入一次 ID 和口令，非常麻烦。

为了解决这个问题，可设置一台认证服务器（Authentication Server，AS），将所有用户口令存储在 AS 的数据库中。这样，每个用户 C 与 AS 共享了一个用户口令 K_C，作为 AS 验证用户身份用。只要用户通过了 AS 的认证，AS 就可以让用户访问任何一台应用服务器 V 了。同时 AS 还与每台应用服务器 V 也共享一个对称密钥 K_V，如图 5.36 所示。那么用户通过 AS 认证后，AS 可以把用户要访问的 V 的密钥 K_V 告诉用户，用户发送这个密钥 K_V 给 V，V 验证密钥 K_V 通过后，就能相信用户是合法用户，允许访问。

图 5.36 Kerberos 共享密钥初步方案

但是 AS 不能直接把它与 V 共享的密钥 K_V 发送给用户，否则用户知道 K_V 后，下次就可以用该密钥直接去访问应用服务器 V，而绕过认证服务器 AS 的认证。

为此，AS 不是把密钥 K_V 发给用户，而是用密钥 K_V 加密用户 C 的身份标识 ID_C 等信息形成一张票据发送给用户，票据的内容是：Ticket $= E_{K_V}(ID_C, AD_C, ID_V)$（其中，$ID_C$ 为用户 C 的标识，ID_V 为应用服务器标识，AD_C 为用户 C 的网络地址）。将 ID_C 包含在票据中可以说明该票据是从用户 C 来的，将 ID_V 包含在票据中，使得服务器 V 能验证它是否正确解密了该票据。

为了防止票据被攻击者截获后转发给 V，AS 必须将该票据加密后再发送给用户。由于 AS 与用户共享了口令 K_C，用 K_C 加密票据就可以了。即 AS→C：$E_{K_C}(E_{K_V}(ID_C,$

AD_C，ID_V））。这样用户必须知道口令 K_C 才能解开得到票据，这样做的另一个作用是，用户无须将口令 K_C 发送给 AS，AS 就能验证用户，因为用户能解开 K_C 加密的票据就表明用户知道口令 K_C。

用户用 E_{K_C} 解密得到票据后，向应用服务器 V 提出服务请求。用户 C 向 V 发出包含 C 的 ID_C 和票据的消息，由 V 解密票据，并验证票据里的 ID_C 是否与消息中未加密的 ID_C 一致。如果验证通过，则服务器认为该用户真实，并为其提供服务。整个过程如图 5.37 所示。用户不知道 K_V，因此不能解密票据，也就无法伪造票据。

整个步骤如下：

(1) C → AS：ID_C，ID_V。

(2) AS → C：E_{K_C}（Ticket）。

(3) C → V：ID_C，Ticket。

其中，Ticket＝$E_{K_V}[ID_C,AD_C,ID_V]$。

该方案存在的一个问题是攻击者可以伪造一台认证服务器 AS′，捕获用户发往 AS 的消息①并将其重定向到 AS′。可见 AS 必须向用户证明自己的身份。为此，将第(2)步修改为：

$$(2)\ AS → C：E_{K_C}(ID_{AS}, Ticket)$$

这样就完全解决了应用服务器 V 认证用户的问题，但不能实现单点登录。用户每访问一次服务器就要先向 AS 申请一张票据，然后用该票据去访问服务器。如果用户每天要访问多次邮件服务器去查看邮件，则每一次都需要重新输入口令，如果用户要访问其他服务器同样也要多次输入口令。

为了解决这个问题，引入票据许可服务器（Ticket-Granting Server，TGS），让认证服务器 AS 并不直接向用户发放访问应用服务器的票据（服务许可票据），而是由 TGS 向用户发放。用户在 AS 处认证成功后，AS 发放一张票据许可票据 $Ticket_{TGS}$ 给用户，票据许可票据相当于购票许可证。用户获得票据许可票据后，就可以作为凭证从 TGS 处获得任意多张服务许可票据 $Ticket_V$，再用服务许可票据访问 V。实现了用户在 AS 处登录一次，便可访问信任域内任意多台应用服务器的目的。引入 TGS 后各方共享密钥的关系如图 5.38 所示。

图 5.37　Kerberos 认证初步方案

图 5.38　引入 TGS 后 Kerberos 共享密钥方案

　　用户访问 V 的过程变为：用户首先向 AS 提交 $\text{ID}_\text{C} \parallel \text{ID}_\text{TGS}$，AS 发送给用户 $E_{K_\text{C}}(\text{ID}_\text{TGS}, \text{Ticket}_\text{TGS})$，其中 $\text{Ticket}_\text{TGS} = E_{K_\text{TGS}}[\text{ID}_\text{C}, \text{AD}_\text{C}, \text{ID}_\text{TGS}]$，用户解密后向 TGS 提交 $\text{ID}_\text{C} \parallel \text{ID}_\text{V} \parallel \text{Ticket}_\text{TGS}$，TGS 解开票据验证用户身份成功后，生成 Ticket_V 发给用户，用户将 $\text{ID}_\text{C} \parallel \text{Ticket}_\text{V}$ 提交给 V 就完成了认证的过程，如图 5.39 所示。

　　提示：*用户如果下次需要访问其他的应用服务器 V$'$，就可以直接向 TGS 提交 $\text{ID}_\text{C} \parallel \text{ID}_{\text{V}'} \parallel \text{Ticket}_\text{TGS}$，TGS 返回 $\text{Ticket}_{\text{V}'}$ 给用户，使用户不需要再次到 AS 处去认证了。*

图 5.39　引入 TGS 后 Kerberos 的认证方案

　　但图 5.39 中 TGS 与用户之间没有共享任何密钥，因此 TGS 无法对发送给用户的 Ticket_V 加密，这导致攻击者可以截获票据，然后将票据转发给 V 以冒充用户骗取服务。

　　为此，Kerberos 引入了会话密钥，由 AS 为用户 C 与 TGS 之间生成一个会话密钥 $K_\text{C,TGS}$，将这个密钥与 Ticket_TGS 一起用 K_C 加密后分发给用户，同时将这个密钥放在 $\text{Ticket}'_\text{TGS}$ 里分发给 TGS（$\text{Ticket}'_\text{TGS}$ 就是包含 $K_\text{C,TGS}$ 的 Ticket_TGS，$\text{Ticket}'_\text{TGS} = E_{K_\text{TGS}}(K_\text{C,TGS}, \text{ID}_\text{C}, \text{AD}_\text{C}, \text{ID}_\text{TGS})$）。这里，AS 起到了为用户和 TGS 分发对称密钥的作用。接下来，TGS 就可以用 $K_\text{C,TGS}$ 加密 Ticket_V 发送给用户 C 了，用户用 $K_\text{C,TGS}$ 解密得到 Ticket_V，该过程如图 5.40 所示。

图 5.40　引入会话密钥 $K_\text{C,TGS}$ 后 Kerberos 认证方案

　　同样，用户将 Ticket_V 发送给 V 的过程中也可能被截获进行重放攻击（或者用户多次重复使用 Ticket_V），因此要将一个 C 和 V 共享的会话密钥 $K_\text{C,V}$ 放在该票据里，使每次传递的票据都不同（因为每访问一次 V 都需要一张不同的 Ticket_V），该会话密钥是由

TGS 来分发给 C 和 V 的。改进后的过程如图 5.41 所示。

图 5.41　Kerberos 认证模型的最终方案

这样,用户就能使用可重用的票据许可票据,换取任意多张服务许可票据从应用服务器中获得服务了。但还只有服务器能认证用户,无法实现双向认证。注意到,现在用户 C 与 V 之间已共享了一个对称密钥 $K_{C,V}$,用户可以用 $K_{C,V}$ 加密一个消息($E_{K_{C,V}}[ID_C \parallel AD_C \parallel TS_5]$)发送给 V,V 如果能解密该消息,并发送一个应答给用户,用户就实现对 V 的认证(因为该密钥只有 C 和 V 知道)。图 5.42 是完整的 Kerberos 认证模型。

图 5.42　Kerberos 认证模型

3. Kerberos 认证过程的简单描述

(1) 用户向 AS 发送用户 ID、TGS 的 ID,请求一张给该用户使用的票据许可票据。

(2) AS 发回一张加密过的票据,加密密钥是由用户口令导出的,因此用户如果知道口令就可以解密得到该票据。当响应抵达客户端时,要求客户端用户输入口令,并由此产生解密密钥,并用该密钥对加密过的票据解密(若口令正确,票据就能正确恢复)。由于只有合法的用户才能恢复该票据,因此使用口令获得 Kerberos 的信任无须传递明文口令。另外,票据含有时间戳和生存期(有了时间戳和生存期,就能说明票据的有效时间长度),主要是为了防止攻击者的重放攻击:对手截获该票据,并等待用户退出在工作站的登录(对手既可以访问那个工作站,也可以将他的工作站的网络地址设为被攻击者的网络地址),这样,对手就能重用截获的票据向 TGS 证明。

（3）用户向 TGS 请求一张服务许可票据。

（4）TGS 对收到的票据进行解密,通过检查 TGS 的 ID 是否存在来验证解密是否成功;然后检查生存期,确保票据没有过期;接着比较用户的 ID 和地址与收到鉴别用户的信息是否一致。如果允许用户访问 V,TGS 就返回一张访问请求服务的服务许可票据。

（5）用户向应用服务器 V 请求获得某项服务。用户向服务器传输一个包含用户 ID 和服务许可票据的报文,V 通过票据的内容进行鉴别。

4. Kerberos 认证过程总结

Kerberos 是采用共享对称密钥的方式实现各方之间认证的。总结如下:

（1）在认证过程中总共使用了 5 个对称密钥,分别是 K_C、K_{TGS}、K_V、$K_{C,TGS}$、$K_{C,V}$,其中两个会话密钥每次都是由 AS 或 TGS 临时生成的,这样每次使用的密钥都不同,防止了对票据的重放。

（2）实际上,Kerberos 为防止票据重放,还在传输的消息中和票据中每次都加入了时间戳。

（3）用户登录后的整个过程仅使用一张票据许可票据,而每请求一次服务需使用一张服务许可票据。

5.5.5　SAML 标准

SAML 即安全断言标记语言,英文全称是 Security Assertion Markup Language。它是一种基于 XML 语言的,用于在不同的安全域(security domain)之间传输认证和授权信息的框架。它的出现大大简化了 SSO,并被 OASIS(Organization for the Advancement of Structured Information Standards,结构化信息标准推进组织)批准为 SSO 的执行标准。

1. SAML 解决的问题

传统的 Web 单点登录系统主要存在着不具备标准性、安全性不高、不能跨域(例如跨网站)实施以及实现流程复杂等问题。因此,如果没有一个能跨域传递符合通用标准的安全令牌的单点登录机制,就很难让所有的安全组件在分布式异构环境中联合工作。SAML 标准是业界长期以来努力建立的联合身份认证的基础。

SAML 主要是为了解决跨域的单点登录问题,因为在自由的互联网环境中,每个网站都维护着一套自己的用户口令信息,这些网站不会愿意把自己的用户信息告诉其他机构,而且如果让一个机构维护所有网站的用户口令信息也是不现实和不安全的。为此可以让这些网站分别维护它们各自的用户数据库,而通过交换它们之间的认证信息来实现联合认证,也就是说用户在一家网站通过认证后,该网站可以把它对用户的认证信息传送到其他网站,用户以后登录其他网站就不必验证身份了。

例如,用户 A 通过了网站 A 的身份认证,网站 A 就发一张票据给用户 A,该票据里有用户 A 的身份 ID_A 等信息。当下次用户 A 要访问其他网站(如网站 B)时,他可以把票据提交给网站 B,网站 B 将票据发给网站 A 验证,并询问用户 A 是否已通过认证,网站 A 验证票据后就向网站 B 发送以下信息作为应答:"用户 A 已经在我这通过了认证,你不必再进行认证了,它是用户 A",网站 B 如果选择信任网站 A,用户 A 就实现了登录网站 B 成功。

为了在这些不同类的网站之间交换认证信息,就必须使认证信息有一套标准的格式,这样不同的网站才都能识别,而且这些认证信息的传输和交换必须考虑安全性。上例中网站 A 发给网站 B 的认证信息必须是符合某一标准的,这样网站 B 才能看得懂该信息,而 SAML 就是为这些不同网站之间交换认证信息制订的一套统一的标准和方案。

提示:SAML 只是一个在服务器之间使用的认证协议,它所能做的只是在服务器之间传递诸如"某个用户已经登录了"这样的信息(断言),因此 SAML 并不是一个完整的身份认证方案(这有别于 Kerberos),SAML 也不是一个认证权威机构,它根本不能对用户进行认证,只是能传输认证信息。

2. SAML 中的基本概念

SAML 认为认证信息是关于主体(subject)的一组断言(assertions)。其中的主体是在某一认证域中有唯一标识的实体,如用户。例如,主体可以是在某一特定时间被某一特定方法授权的个人,也可以是在某一环境下被批准访问某类资源的应用程序。断言是一个载体,主要用来携带有关主体的认证信息、属性信息和授权决议信息。一个断言可以由若干声明(statements)组成,声明可以是关于主体的认证、授权和属性等。

1) 断言

断言由 SAML 权威(SAML authority)针对主体发出,其中 SAML 权威按其功能又可分为认证权威、属性权威、策略执行点和策略决策点。

(1) 认证权威(authentication authority):根据用户提供的信息,结合凭证收集器提供的凭证对用户进行认证的实体。

(2) 属性权威(attribute authority):负责管理和维护用户属性的实体,同时向策略决策点提供服务。

(3) 策略执行点(Policy Enforcement Point,PEP):充当用户尝试访问资源或服务的安全控制器,它用来检测用户是否获得了授权。

(4) 策略决策点(Policy Decision Point,PDP):它向策略执行点提供授权服务,作为策略执行点是否向用户提供服务的依据。

SAML 框架的核心是断言,断言是由 SAML 权威发出的一组数据,该数据可以看作 SAML 权威对某个主体进行认证的动作,或者是关于某个主体的属性信息,还可以是主体为了访问某个服务而向权威发出申请后得到的授权决定。

在 SAML 规范中定义了 3 种断言,分别是:

(1) 属性断言(attribute assertions):负责装载主体属性信息的断言,如主体的 ID、地址等信息。

(2) 认证断言(authentication assertions):负责装载主体被成功认证信息的断言,如用户 A 已通过认证。

（3）授权决定断言（authorization decision assertions）：用来装载访问权限决定信息的断言，如授权用户 A 访问除邮件服务以外的所有资源。

2）请求/响应协议

请求/响应协议（request/response protocols）规定了两点间共享 SAML 数据（断言）所需交换的消息种类和格式，而两点间的消息传输通过与具体传输协议（如 HTTP、WAP）的绑定来实现，由于可以与多种标准的传输协议或 XML 消息交互框架相绑定，SAML 具有良好的开放性。

SAML 给出两种消息格式：请求消息和响应消息。请求消息中可包含 4 种类型的查询，分别是主体查询、认证查询、属性查询和授权决策查询，分别对应于不同的声明。

3）绑定

绑定（bindings）详细描述了 SAML 的协议到底层通信协议之间的映射，如 HTTP 上的 SOAP 消息交换之类的传输协议，使 SAML 标准能够通过具体的软件技术实现。

4）配置

配置（profiles）描述了控制在底层通信协议中嵌入、提取和集成 SAML 信息的一组规则。SAML 定义了两个支持单点登录的基于 Web 浏览器方式，即 Browser/Artifact 方式和 Browser/POST 方式。

SAML 的各部分组成及其关系如图 5.43 所示。

图 5.43　SAML 的各部分及其关系

3. 使用 SAML 进行单点登录的过程

用户在一个 Web 站点（通常称为源站点）进行认证并获得认证通过，则该站点为用户生成相应的 SAML 声明，用以证明该用户已经通过了认证，并将一个与此声明相关联的凭证发送给用户，当用户从该站点访问其伙伴站点（称为目标站点）的受保护资源时，该目标站点根据用户提供的凭证，与源站点进行通信，即可确定用户的身份，不需要再次对用户进行认证，这个过程如图 5.44 所示。这里，源站点担当了用户信任证书收集和认证授权的角色，而目标站点相当于策略执行点（PEP）和策略决策点（PDP）。

图 5.44　SAML 的 SP 拉模式获取断言的流程图

根据服务提供方 SP(目标站点)与认证提供方 IDP(源站点)之间的交互方式,SAML 认证过程可分为 SP 拉模式和 IDP 推模式。

1) SP 拉模式

在 SP 拉模式中是 SP(Service Provider)主动到 IDP(Identity Provider)去了解主体 (Subject)的身份断言。SP 拉模式的工作流程如下:

(1) 主体向 IDP 请求凭证(方式可以是提交用户名/口令)。

(2) IDP(认证提供方)通过验证主体提供的信息来确定是否提供凭证给主体。

(3) 假如主体的验证信息正确,他将获得由 IDP 提供的凭证,主体然后将凭证和服务请求一起提交给服务提供方 SP,以请求访问受安全保护的资源。

(4) SP 接收到主体的凭证,它在提供服务之前必须验证此凭证。为此,SP 产生了一个 SAML 请求,要求 IDP 对凭证断言,以鉴别凭证是否是真实的。

(5) 凭证是 IDP 产生的,它当然知道凭证的内容,于是 IDP 回应一个 SAML 断言给 SP。

(6) SP 信任 IDP 的 SAML 断言,它会根据断言结果确定是否为主体提供服务。如果 SAML 断言和凭证的内容一致,就表明凭证是真实的。

在 SP 拉模式中,身份验证凭证由 SP 产生和维护,仅在主体被重定向到新的目标站点时,目标站点才获取该令牌。

2) IDP 推模式

在 IDP 推模式中,是 SP 把授权凭证推给 IDP,如图 5.45 所示,该模型的登录流程如下:

(1) 主体登录到源站点(IDP)进行身份认证。

(2) 若主体通过了认证,则源站点向目标站点(SP)请求 SAML 授权令牌。

（3）目标站点根据源站点提供的用户信息为该用户提供 SAML 授权令牌。

（4）源站点接收到目标站点生成的 SAML 授权令牌后将其转发给主体。

（5）主体使用授权令牌向目标站点请求受安全保护的资源。

（6）目标站点收到主体发送过来的 SAML 授权令牌后为主体提供资源。

在推模式中，SP 生成并维护授权令牌，而 IDP 则将使用该令牌将主体重定向到 SP。

图 5.45　SAML 的 IDP 推模式获取断言的流程图

可见 IDP 推模式是 IDP 主动把用户的身份断言告诉 SP。

两种方式各有优点，IDP 推模式可减少 SP 与 IDP 的交互，节省带宽；而 SP 拉方式安全性更高。SP 实时查询 IDP，可确保断言的时效性。另外 SP 查询过用户凭证后，IDP 即删除用户凭证与断言的对应关系，可防止重放攻击。对于安全性要求较高的系统而言，SP 拉方式更为合适。

4. SAML 的安全机制

SAML 定义了一个 XML 签名（XML signature）元素以标识认证中心。该元素可以包含一个带有公钥、到期日和使用策略的 X.509 证书。XML 签名还包含签名值本身，签名值是由认证中心为元素内容生成的。可以使用 X.509 证书中权威机构的公钥信息来验证签名，这样能够保证信息的安全性、有效性和完整性。

重放攻击可用于造成数据完整性问题以及拒绝服务攻击。SAML 提供了避免重放攻击的保护。SAML 要求在传输断言和消息时使用 SSL 加密，以专门防止断言被拦截。此外，SAML 提供了数字签名机制，该机制使断言具有有效时间范围，以防止断言以后被重播。

SAML 使用 IP 地址以避免 DNS 欺骗，使用安全超文本传输协议（HTTPS）和 SSL/TLS 以消除 HTTP 链接攻击。

习　题

1. 确定用户的身份称为(　　)。
   A. 身份认证　　　　B. 访问控制　　　C. 授权　　　　　D. 审计

2. 下列技术中(　　)不能对付重放攻击。
   A. 线路加密　　　　　　　　　　　B. 一次性口令机制
   C. 挑战-应答机制　　　　　　　　　D. 往认证消息中添加随机数

3. 有些网站的用户登录界面要求用户输入用户名、密码的同时,还要输入系统随机产生的验证码,这是为了对付(　　)。
   A. 窃听攻击　　　　　　　　　　　B. 危及验证者的攻击
   C. 选择明文攻击　　　　　　　　　D. 重放攻击

4. 关于 SAML 协议,以下说法错误的是(　　)。
   A. SAML 不是一个完整的身份认证协议
   B. SAML 协议主要用来传递用户的认证信息
   C. SAML 是一个认证权威机构
   D. SAML 协议定义了一套交换认证信息的标准

5. Kerberos 实现单点登录的关键是引入了_____,实现双向认证的关键是引入了_____。

6. 认证主要包括_____和_____两种。

7. 口令机制面临的威胁包括线路窃听、_____和重放攻击。

8. _____把传统的数字签名和公钥加密两个功能合并到一个步骤中完成。

9. Kerberos 认证系统中,客户要使用其提供的任何一项服务,必须依次获取_____票据和_____票据。

10. 对于机密性、完整性、真实性、抗抵赖性和可用性 5 种安全需求,通过密码技术不能提供的安全需求是_____。

11. 如果认证双方共享一个口令(验证密钥),声称者有哪几种方法可以让验证者相信他确实知道该口令?

12. 身份认证的依据一般有哪些?

13. 在使用口令机制时,如何对付外部泄露和口令猜测?

14. 采用挑战-应答机制对付重放攻击,与一般的对付重放攻击的方法相比,优点和缺点是什么?

第6章
chapter 6

数字证书和 PKI

网络时代初期流传着这样一句话：你根本不知道在网络另一端跟你对话的是不是一只狗。这很好地反映了许多网络用户面临的问题：如何确认对方身份？而数字证书正好是在 Internet 上标志网络用户身份的绝佳工具。

在现实世界中存在着这样一类信息，它们虽然不需要保密，但需要保证其真实性。例如，银行的客服电话号码（如建行的 95533），虽然它是不需要保密的，但必须保证它的真实性，如果犯罪分子在 ATM 机上贴一张小纸条宣称一个虚假的号码是银行客服的号码就会破坏这种信息的真实性，带来危险的后果，因此必须采取措施防止这种情况的发生。

公钥也是如此，公钥的分发虽然不需要保密，但需要采用一种手段来保证它的真实性。例如，Alice 以前和 Bob 没有任何意义上的接触，虽然 Alice 能在一个公开的地方查到 Bob 的公钥，但她如何确信她找到的公钥的确是 Bob 的呢？如果攻击者 Eve 将自己的公钥公开，并谎称是 Bob 的，那么之后 Eve 就能以 Bob 的名义执行签名或解密等各种操作了，可见确保能够正确获得 Bob 的公钥是何等重要！本章介绍的数字证书和公钥基础设施就是为了在公钥的分发过程中保证公钥真实性的手段。

6.1 数 字 证 书

数字证书的概念是 Kohnfelder 于 1978 年提出的。所谓数字证书，就是公钥证书，是一个包含有用户身份信息、用户公钥以及一个可信第三方认证机构 CA 的数字签名的数据文件，其中 CA 的数字签名可以确保用户公钥的真实性。

提示：从形式上看，数字证书就是一个小的计算机文件。例如，tang.cer 是一个数字证书文件的文件名（其中".cer"是证书文件常用的扩展名，它是 certificate 的缩写）。

6.1.1 数字证书的概念

在概念上，数字证书和身份证、护照或驾驶证之类的证件是很相似的。身份证可以用来证明身份，每个人的身份证至少可以证明他的这样一些信息：姓名、性别、出生日期、居住地、照片和身份证号码等。

同样,数字证书也可以证明一些关键信息,它主要可以证明用户与其持有的公钥之间的关联性,图 6.1 显示了数字证书的这个概念。这样,通过证书就能确信某个公钥的确是某个用户的。

那么用户与公钥之间的关联是由谁批准的呢? 显然,要有一个机构是各方都信任的。假设身份证不是由公安局签发的,而是由某个小店发的,别人还会相信它吗? 同样,数字证书也要由某个可信任的实体签发,否则很难让人相信。签发数字证书的这个可信任实体叫作 CA 认证中心。图 6.2 显示了某用户的一个数字证书。

图 6.1　数字证书的直观概念　　　　　　**图 6.2　数字证书的示例**

在这个示例中,用户的姓名显示为主体名(subject name),这是因为数字证书不仅可以颁发给个人,还可以颁发给组织或网站等一切实体。每个数字证书中都有一个序列号(serial number),这可以给 CA 在必要时检索或撤销该证书提供方便。证书中还有一些其他信息,如证书的有效期和签发者名(issuer name)。可以把这些信息和身份证中的项目做一个比较,如表 6.1 所示。

表 6.1　数字证书和身份证的比较

数字证书项目	身份证项目	数字证书项目	身份证项目
主体名	姓名	签发机构	发证机构
序列号	身份证号	公钥	照片
相同	起始日期	数字签名	签章
相同	终止日期		

可以看出,数字证书和身份证很相似,每个身份证都有一个身份证号,而数字证书则有一个唯一的序列号,对于同一个签发者签发的数字证书是不会有重号的。唯一不同的是,对数字证书真伪的验证完全依赖于 CA 的数字签名信息,而对身份证真伪的验证除了依赖签章外还依赖其他的防伪措施。

6.1.2　数字证书的原理

数字证书的作用是建立主体与其公钥之间的关联,即证明某个特定公钥属于某个主体。那么它是如何建立主体与其公钥之间的这种关联性的呢？只要理解了数字证书的生成过程就能回答该问题。

1. 数字证书的生成过程

数字证书是一个由使用数字证书的用户群所公认和信任的权威机构（CA）签署了其数字签名的信息集合。主体将其身份信息和公钥以安全的方式提交给 CA 认证中心，CA 用自己的私钥对主体的公钥和身份信息等的混合体进行签名，将签名信息附在公钥和主体名等信息后，这样就生成了一张证书，它主要由公钥、主体名和 CA 的签名 3 部分组成，如图 6.3 所示。最后 CA 负责将证书发布到相应的目录服务器上，供其他用户查询和获取。

图 6.3 证书的生成原理

由于主体的身份信息和主体的公钥被捆绑在一起，被 CA 用其私钥计算数字签名，CA 的私钥除了 CA 外其他人都不知道，因此任何人（CA 除外）都无法修改主体的身份信息和公钥值的捆绑体，否则验证者用 CA 的公钥验证 CA 对证书的签名后会发现其中的散列值和证书的散列值不一致。这样，数字证书就建立了主体与公钥之间的关联。

提示：数字证书除了可以将公钥与主体绑定在一起外，还可以将主体的某些属性（如职业、访问权限）与主体绑定在一起，只要将证书中主体的公钥值替换成主体的这些属性值就可以了，这时的数字证书就称为属性证书，它是 X.509 v4 中新增的概念。属性证书一般用于保存用户具有的访问权限，这样就将用户的身份与他的访问权限绑定在一起。

2. 数字证书的特点

由此可见，通过数字证书，用户只要知道一个通信方（即 CA 认证中心）的公钥，就可以有保证地获得其他很多通信方真实的公钥，而且不需要用户之前和这些通信方有过任何意义上的接触。而 CA 的公钥用户可以在公开目录中查到。

数字证书可以通过不需要提供安全性保护的文件服务器、目录服务系统及其他的通信协议来分发。这是因为：

（1）公钥没有保密的需要，因此数字证书中的公钥也不需要保密。

（2）数字证书具有自我保护的功能，即数字证书所包含的 CA 的数字签名能提供鉴别和完整性保护。如果数字证书的内容在传送给用户的过程中被攻击者篡改了，持有

CA 公钥(证书)的用户能够检测到这种更改,因为其中的数字签名将被验证出来是不正确的。

　　提示:用户证书除了能放在目录中以供他人访问外,还可以由用户直接发给其他用户,用户 B 得到用户 A 的证书并验证后,可相信证书中 A 的公钥确实是 A 的。

3. 数字证书的有效期

　　为了安全起见,密钥是有生命期的,这意味着用户的某个公钥/私钥对也是不可以永远用下去的。对于一个好的密码系统来说,其设计原则就是要求密钥对的生命期是有限的,以此来减少密码被破译的机会,并抑制发生泄漏的可能性。而数字证书中存放有公钥,因此数字证书也是有生命期的,需要对它进行有效期的检验。

　　实际上,数字证书在生成时就有一个预定的有效期,包括起始和终止的日期和时间。

6.1.3　数字证书的生成步骤

　　生成数字证书需要以下几个步骤:生成密钥对,提交用户信息和公钥进行注册,RA 验证用户信息和私钥,生成证书。整个过程如图 6.4 所示。

图 6.4　证书的生成步骤

1. 密钥对的生成

　　用户可以使用某种软件随机生成一对公钥/私钥对,这个软件通常是 Web 浏览器或 Web 服务器的一部分,也可以使用特殊的软件程序,也就是说像 Web 浏览器这些软件内置了生成密钥对的功能。

　　提示:注册机构 RA 也可以为用户生成密钥对,这种方法对一些像智能卡那样的密钥对持有系统是很有必要的,因为这类系统处理能力有限,无法安装密钥对生成软件生成密钥对。但这种方法的缺点是注册机构知道用户的私钥,而且注册机构将私钥发给用户的途中可能会被攻击者窃取。

2. 提交用户信息和公钥

　　用户将生成的私钥保密,然后把身份证明、公钥和其他信息(如 E-mail 等)发送给证书注册机构 RA。为了防止信息在发送的途中被截获并篡改,通常使用 CA 的公钥将这些信息加密再发送。

3. RA 验证用户信息和私钥

注册机构要对用户提交的信息进行验证。

首先,RA 要验证用户的身份信息是否合法并有资格申请证书,如果用户已经在该 CA 申请过证书了,则不允许重复申请。

其次,必须检查用户持有证书请求中公钥所对应的私钥,这样可表明该公钥确实是用户的。RA 可以使用下列方法之一进行这个检查:

(1) RA 要求用户用私钥对其提交的信息进行数字签名,如果 RA 能用这个用户的公钥验证签名,则可以相信这个用户拥有该私钥。

(2) RA 也可以生成随机数挑战,用用户的公钥加密,将加密挑战发给用户,如果用户能用私钥解密,则可以相信这个用户拥有该私钥。

(3) RA 可以对用户生成一个哑证书,把证书用这个用户的公钥加密,将其发给用户,用户要想取得明文证书必须用其私钥解密。

4. CA 生成证书

如果证书的申请请求被批准,CA 就把证书请求转化为证书,主要工作是用 CA 的私钥对证书进行签名。CA 生成证书后,可以将证书的一个副本传送给用户,同时把证书存储到目录服务器(证书库)中,以便公布证书,公众通过访问目录服务器就能查询和获取 CA 颁发的证书。另外,CA 还会将数字证书生成及发放过程的细节记录在审计日志中。

6.1.4　数字证书的验证过程

1. 为何信任数字证书

我们信任数字证书并不是因为它包含用户的某些信息(特别是公钥),因为数字证书只不过是一个计算机文件,任何人都可以用任何公钥生成一个数字证书文件,并在业务中使用这个证书。

想象一下,在生活中,我们信任某个证书(如身份证),无非是因为它满足两个条件:

(1) 证书必须是真实的,而没有被篡改或伪造。如果一个证书经验证发现是伪造的,我们肯定不会信任它了。

(2) 颁发证书的机构必须是某个可以信任的权威机构,如果一家小店颁发身份证,即使这个证书是真实的(确实是该小店颁发的),我们也不会信任它。

同样,如果数字证书满足上述两个条件,即证书是真实的,而且颁发证书的机构是可以信任的,我们就信任它。验证数字证书是否可信就是验证它是否满足这两个条件。其中,验证证书的真伪可以通过验证证书中 CA 的数字签名来进行,而验证颁发该证书的机构 CA 是否可信需要检查 CA 的信任链来实现。

这样,一个可信任的 CA 用它的私钥签名了某个数字证书,就表示"我已经对这个证书进行了签名,保证这个公钥是指定用户的,请相信我"。

2. 数字证书的验证过程

数字证书的验证和普通证书类似,验证数字证书的过程也分两步:

(1) 验证该数字证书是否是真实有效的。

由于 CA 用其私钥对证书进行了签名,因此,可以用 CA 的公钥解密证书的签名,看能否设计证书,如果设计工作成功,就认为证书是真实的;接下来检查证书是否在有效期内,是否已经被撤销,如果没有被撤销并在有效期内,则认为证书是有效的。

(2) 检查颁发该证书的 CA 是否可以信任。

这一步首先要假定验证者信任给自己颁发证书的 CA(因为验证者主动在 CA 申请了数字证书,就表明该 CA 肯定是他所信任的。例如,某人申请了支付宝的证书,就可以假定他肯定是信任支付宝网站的),然后将自己的 CA 作为信任锚点(信任起始点)。

如果验证者收到李四的数字证书,发现李四的证书和他的证书是同一 CA 颁发的,则验证者可以信任李四的证书,因为验证者信任自己的 CA,而且已经知道自己 CA 的公钥,可以用该公钥去验证李四的证书。

但是如果李四的数字证书是另一个 CA 颁发的,验证者怎么验证颁发李四证书的CA 是否可信呢? 这就要通过验证该证书的证书链来解决。证书链也称认证链,它由最终实体证书到根证书的一系列证书组成,所谓证书链的验证,是通过证书链追溯到可信赖的 CA 的根。因为在同一个 PKI 体系(信任域)中的 CA 与 CA 之间是互相关联的,所有 CA 组成一个层次结构,如图 6.5 所示。

图 6.5　证书机构的层次结构

从图 6.5 可以看出,证书机构层次从根 CA 开始,根 CA 下面有一个或多个二级 CA,每个二级 CA 下面又有一个或多个三级 CA,等等。上级 CA 颁发证书对它的直接下级CA 进行认证。例如,我们信任给自己颁发证书的三级 CA,就意味着我们信任该三级CA 的所有上级 CA 和根 CA。就像我们信任某个区公安分局(三级 CA)颁发的身份证,本质上意味着我们信任公安部(根 CA)。因此,只要被验证的证书和验证者自己的证书有着共同的根 CA 或父级 CA,那么验证者就可以信任被验证者的 CA。

具体来说,验证者可以从李四的证书开始,逐级验证颁发该证书的 CA 和上级 CA,

一旦发现有上级 CA 和自己的上级 CA 相同,就可以信任李四的 CA。逐级验证证书的 CA 及其上级 CA 的过程是:首先从被验证的证书中找到颁发该证书的上级 CA 名,通过该 CA 名查找到该 CA 的证书(因为 CA 的证书是公开的,可以在网上获取),如图 6.6 所示。

图 6.6　证书的路径

例如,张三(验证者)的 CA 在图 6.5 中为 B1,李四的 CA 为 B9。显然,张三不能直接知道 B9 的公钥。为此,除了自己的证书外,李四还要向张三发出其 CA(B9)的证书,即告诉张三 B9 的公钥。这样,张三就可以用 B9 的公钥验证李四的证书了。

这样又引出了另一个问题,张三怎么相信 B9 这个 CA 的证书是可以信任的呢?如果李四发一个假证书,而不是 B9 的证书呢?因此,张三还要验证 B9 的证书,而 B9 的证书是由 A3 签发和签名的,张三必须用 A3 的公钥验证 B9 的证书,为此,张三还需要 A3 的证书。同样,张三为了信任 A3,还要对 A3 进行验证,为此张三需要根 CA 的证书,如果得到根 CA 的证书,则可以成功地验证 A3 的证书。

如果所有级别的证书验证都通过,就可以断定李四的证书确实是从根 CA 一级一级认证下来的,从而是可信的。这是因为:

(1) 用户的证书验证通过就表明该证书是真实可信的,前提是颁发该证书的 CA 可信。

(2) 一个 CA 的证书验证通过就表明该 CA 是合法可信的,前提是它的上级 CA 可信。

因此,在根 CA 可信的前提下,所有 CA 的证书和用户的证书验证通过就意味着所有 CA 是合法可信的,并且用户的证书也是真实可信的。但是怎么验证根 CA 是否可信呢?由于根 CA 是验证链中的最后一环,怎么验证它的证书(即验证它是否可信)?谁给根 CA 颁发证书呢?

好在这个问题容易解决,根 CA(有时候甚至是二级或三级 CA)能够自动作为可信任 CA。例如,当用户下载自己的证书时,该 PKI 机构或网站的根 CA 证书在一开始就下载并安装到用户的浏览器中,而且用户浏览器中还可能有预编程、硬编码的根 CA 证书,表示用户无条件地信任这些根 CA。根 CA 证书是一种自签名(self-signed certificate)证书,即根 CA 对自己的证书签名,因此这个证书的颁发者名和主体名都指向根 CA,如图 6.7 所示。

图 6.7　自签名证书

用根 CA 证书中的公钥即可验证根 CA 的证书。

因此,证书 CA 验证的目的是在一个实体 A 的公钥证书(信任锚)与一个给定的实体 B 的公钥证书(即目标证书)之间找到一条完整的证书路径,并检查这个路径中的每个证书的合法性和有效性。证书路径验证即验证证书路径中每个证书的主体名称与证书公钥之间的安全捆绑。这个捆绑是由证书中具体指定的约束所限制的,即通过证书签发者 CA 对证书签名来实现捆绑的。

提示:经过上述两个步骤验证证书通过,仅仅表明证书是真实有效的(即确定了证书中的用户和公钥之间的关联性),但并不能保证证书是属于某人的。

3. 证书的交叉认证

如果 A 和 B 在两个不同的 PKI 信任域中(例如 A 和 B 在两个不同的国家),他们的证书连根 CA 都不相同,那他们怎样验证对方的证书是否可信呢?这时就要用到交叉认证(cross-certification)和交叉证书的概念了。

为了在以前没有联系的两个公钥架构之间建立信任关系,可以使用交叉认证,交叉认证是一种把以前无关的认证机构联系在一起的机制,它使得在多个认证机构的各自域之间进行安全通信成为可能。常见的交叉认证是域间交叉认证,即不同域中的两个 CA 之间进行的交叉认证。

例如,A 和 B 的根 CA 不同(设分别为 CA1 和 CA2),但是这两个根 CA 进行了交叉认证,即 A 的根 CA(CA1)颁发了一个证书给 B 的根 CA(CA2),证明 B 的根 CA 可以信任;同样 B 的根 CA 也颁发了证书给 A 的根 CA,证明 A 的根 CA 可信。那么 A 和 B 就可以相互信任对方的证书了。这时用户 A 能够使用 CA1 的公钥来验证 CA1 颁发给 CA2 的证书,然后他用现在已经信任的 CA2 的公钥来验证用户 B 的证书。这样,用户 A 和 B 的信任域都能够扩展到 CA1 和 CA2 的主体群。

交叉认证既可以是单向的,也可以是双向的。CA1 交叉认证了 CA2,而 CA2 没有交叉认证 CA1,就是单向认证。如果 CA1 认证了 CA2,而且 CA2 也认证了 CA1,就是双向交叉认证。它将产出两个不同的交叉证书,如图 6.8 所示,可见交叉证书是由不在同一个信任域中的一个 CA 颁发给另一个 CA 的证书,由颁发证书的一方 CA 用其私钥签名。双向交叉认证更为常见,例如,在想使安全通信成为可能的企业之间就采用双向交叉认证。

图 6.8 CA1 和 CA2 之间交叉证书的实例

提示:如果两个证书的根 CA 不相同,并且它们的根 CA 之间也没有进行任何形式的交叉认证,即这两个根 CA 之间没有任何联系,在这种情况下双方是无法认证对方证书的有效性的,这时只能由用户主观选择是否信任对方的证书。在我国,由于 PKI 体系建设不完善,目前还没有一家权威的全国性的认证机构(CA),各个企业通常自己建设根 CA 来为自己的产品和用户服务,这些企业的 CA 与 CA 之间是无法相互认证的。在 PKI 体系建设完善的发达国家,则通常存在一家全国性的根 CA。

6.1.5　数字证书的内容和格式

为了保证各个 CA 所签发的证书具有通用性,证书必须要具有标准的内容和格式。目前数字证书的格式一般遵循 ITU 的 X.509 v3 标准。

基本的数字证书格式如图 6.9 所示,它包含如下内容。

图 6.9　基本数字证书的格式(v1 版)

(1) 版本号:代表数字证书的版本格式是 X.509 标准的哪个版本,目前一般是 v3。

(2) 证书序列号:由认证机构发放的代表该数字证书的唯一标识号。

(3) 签名算法:认证机构对数字证书进行签名所使用的数字签名算法,例如 sha1RSA,表示使用 SHA-1 散列算法求得证书的消息摘要,再使用 RSA 算法对摘要签名。

(4) 证书颁发者:颁发该数字证书的 CA 的区别名(distinguished name),即不同的 CA 该名称是不同的。

(5) 有效期:数字证书的有效起始和终止的日期和时间。

(6) 主体:与相应的被验证公钥所对应的私钥持有者的 X.500 名称,即该数字证书的持有者名。

(7) 主体的公钥信息:主体的公钥值以及该公钥被使用时所用的算法标识符。

(8) 证书发放者唯一标识符:如果有两个或多个 CA 使用相同的发放者名称标识 CA 时,该标识符使 CA 的 X.500 名称不具有二义性。这是一个可选项,v1 版本没有。

(9) 主体的唯一标识符:当不同实体具有同样的名称时,利用该标识符可使主体的

X.500 名称不具有二义性。这是一个可选项,v1 版本没有。

如果电脑中安装有数字证书,则在 IE 浏览器中可以查看证书,选择菜单项"工具"→"Internet 选项",在"内容"选项卡中单击"证书"就可以查看当前证书列表,双击其中的某个证书,在"详细信息"选项卡中可以查看证书的格式,如图 6.10 所示(其中,"微缩图"就是颁发者对证书的签名信息)。

图 6.10　证书的详细信息

6.1.6　数字证书的类型

各种数字证书的状态和成本是不同的,根据要求而变。例如,用户的数字证书可能只用于加密消息,而不用于签名消息。相反,商家建立联机购物网站时则可能用高价数字证书,涉及许多功能。根据证书的用途分类,数字证书包括以下几种类型。

1. 客户端(个人)数字证书

个人数字证书是用户使用此证书来向对方表明个人身份的证明,同时应用系统也可以通过证书获得用户的其他信息。目前主流的浏览器和电子邮件客户端软件(如 Outlook、Foxmail 等)都支持个人数字证书。浏览器使用数字证书主要是让服务器能够对浏览器(客户端)进行认证。

2. 服务器证书(站点证书)

服务器证书主要颁发给 Web 站点或其他需要安全鉴别的服务器,用于证明服务器的身份信息。服务器数字证书支持目前主流的 Web 服务器,例如 IIS、Apache 等,可存放于服务器硬盘或加密硬件设备上,服务器证书主要是让客户端可以鉴别服务器的真实性。由于滥用服务器证书可能造成严重损失(比如假网站冒充合法网站),因此签发这类证书要认真调查商家的身份。

3. 安全邮件证书

安全邮件证书结合使用数字证书和 S/MIME 技术,对普通电子邮件做加密和数字签名处理,确保电子邮件内容的安全性、机密性、发件人身份的真实性和不可抵赖性。

4. 代码签名证书

代码签名证书为软件开发商提供对软件代码做数字签名的技术,可以有效防止软件代码被篡改,使用后免遭病毒和黑客程序的侵扰,同时可以保护软件开发商的版权利益,又称为开发者证书。

当然,有时一张数字证书是可以同时应用于以上几种用途的,也可以自己设置某张数字证书的用途,选择某张证书,单击"高级"按钮就可打开如图 6.11 所示的"高级选项"对话框。

图 6.11 "高级选项"对话框

6.2　数字证书的功能

数字证书的功能可分为两大类,其一是起到安全分发公钥的作用,其二是作为主体的身份证明。

6.2.1 数字证书用于加密和签名

由于数字证书可以用来分发公钥,因此可以利用证书中的公钥和其对应的私钥进行加密和签名。其主要步骤和公钥密码体制中的加密和签名方法类似。

1. 使用证书进行加密

如果甲方要向乙方传送加密的信息,并且甲乙双方都有自己的数字证书,则传送过程如下:

(1) 甲方准备好要传送给乙方的信息(明文)。

(2) 甲获取乙的数字证书,并验证该证书有效后,用乙方证书中的公钥加密信息(密文)。

(3) 乙方收到加密的信息后,用自己证书对应的私钥解密密文,得到明文信息。

当然,如果明文数据量很大,可以结合数字信封的方式来加密,即甲方只用公钥来加密一个对称密钥,再用对称密钥加密明文信息。

2. 使用证书进行签名

(1) 甲方准备好要传送给乙方的信息(明文)。

(2) 甲对该信息进行散列运算,得到一个消息摘要。

(3) 甲用自己证书对应的私钥对消息摘要进行加密得到甲的数字签名,并将其附在信息后。

(4) 甲方将附带有数字签名的信息传送给乙方(同时也可以把自己的数字证书一起发给乙方)。

(5) 乙方收到后,对甲方的数字证书进行验证,如果有效,就用甲方证书中的公钥解密数字签名,得到一个消息摘要,再对明文信息求消息摘要。将这两个消息摘要进行对比,如果相同,就确信甲方的数字签名有效。

3. 使用证书同时进行签名和加密

(1) 甲方准备好要传送给乙方的信息(明文)。

(2) 甲对该信息进行散列运算,得到一个消息摘要。

(3) 甲用自己证书对应的私钥对消息摘要进行加密得到甲的数字签名,并将其附在信息后。

(4) 甲获取乙的数字证书,并验证该证书有效后,用乙方证书中的公钥加密信息和签名的混合体。

(5) 乙方收到加密的数据后,用自己的证书对应的私钥解密密文,得到信息和数字签名的混合体。

(6) 乙方获取甲方的数字证书,并验证该证书有效后,就用甲方证书中的公钥解密数字签名,得到一个消息摘要,再对明文信息求消息摘要,将这两个消息摘要进行对比,如果相同,就确信甲方的数字签名有效。

注意：

（1）从这里可以看出，虽然数字证书里只包含了公钥，但数字证书必须有与其对应的私钥配合，才能实现证书的各种功能。因此，证书所有者的电脑里必定同时保存了数字证书和该证书对应的私钥。数字证书和私钥的关系有点像锁和钥匙的关系，如图 6.12 所示。虽然锁里面没有包含钥匙，但是锁肯定是配有钥匙的，锁必须和钥匙配合使用，一把没有了钥匙的锁是没有任何用处的。

（2）如果锁是某个用户的，那么他必定拥有该锁对应的钥匙。同样，如果某个数字证书是某用户的，那么他一定拥有该证书对应的私钥。

图 6.12　证书和私钥都保存在证书所有者的电脑里

6.2.2　利用数字证书进行身份认证

在学校里，监考老师验证考生身份的过程通常分为两步进行：

第一步，验证考生的证件是否是真实的。

第二步，如果证件是真实的，再验证该证件是否是考生本人的（如通过比对容貌），防止假人用真证。

利用数字证书进行身份认证的思路和监考老师验证考生身份的过程很相似。即首先验证申请者的证书是否真实有效，然后再验证申请者是否是该证书的拥有者（这可以通过验证申请者是否拥有该证书对应的私钥实现）。

1. 数字证书进行身份认证的基本步骤

如果申请者（甲方）要向验证者（乙方）表明自己的身份，并且甲方有一个数字证书，则验证过程如下：

（1）甲方产生一条数据消息 M（该消息有固定的格式），并用自己的证书对应的私钥加密该消息，得到密文 $E_{SK_A}(M)$，即签名数据（signData）。

（2）甲方将自己的证书和密文 $E_{SK_A}(M)$ 发送给乙方。

（3）乙方收到后，首先验证证书的真伪及有效性，验证过程包括用颁发该证书的 CA 的公钥验证证书的签名，再验证证书链、有效期等，如前所述。

（4）证书验证通过后，乙方用甲方证书中的公钥解密密文 $E_{SK_A}(M)$，如果解密成功，则表明甲方拥有该证书对应的私钥，是该证书的拥有者，身份验证通过。另外，还表明这条密文没有被篡改过，实现了完整性保护。

提示： 数字证书不仅实现了用户身份和用户的公钥的绑定，实际上还将用户身份和数字证书绑定在了一起（这是为什么能用数字证书进行身份认证的原因）。因为数字证书中的主体身份信息被 CA 用私钥签名，任何人都不能更改证书中的主体身份信息，因此如果某人能证明这张证书是他的，就能将证书作为其身份证明。

2. X.509 单向身份认证协议

上述验证过程实现了用数字证书进行身份认证,但不能抵抗重放攻击,攻击者可以截获消息 $E_{SK_A}(M)$,过一会再重放给验证者。为了对抗重放攻击,甲方产生的一条数据消息中应该有一个时间戳 t_A、一个随机数 r_A 以及乙方的身份标识 B,如图 6.9 所示。时间戳保护报文生成的时间和过期时间,主要用于防止报文的延迟。随机数 r_A 用于保证报文的时效性和检测重放攻击,它在报文有效期内必须是唯一的,如果验证者收到的报文中的随机数与以前收到的随机数是相同的,就认为该报文是重放消息,乙方的身份标识 B 用于防止攻击者截获甲方发送给其他方的认证消息,再转发给乙,即防止第三方重放。(另外,图 6.13 中的 $E_{KU_B}(K_{AB})$ 用于向乙方传递一个会话密钥 K_{AB},这是可选的)。这种方式就称为 X.509 单向认证。

图 6.13　X.509 的单向认证的过程

3. 双向身份认证

双向身份认证需要甲乙双方相互鉴别对方的身份。除了完成单向验证的步骤外,双向验证还包括以下步骤:

(1)乙产生另一个随机数 r_B。

(2)乙构造一条消息,并用自己的证书对应的私钥加密该消息,得到密文 $D_B(M_B)$;乙方将自己的证书和该密文发送给甲方。

(3)甲方收到后,首先验证证书的真伪及有效性。

(4)证书验证通过后,甲方用乙方中的公钥解密密文 $D_B(M_B)$,如果解密成功,则表明乙方拥有该证书对应的私钥,是该证书的拥有者,身份验证通过。

4. 三向认证

三向认证主要用于 A、B 之间没有时间同步的场合,如图 6.14 所示。三向认证中需要一个最后从 A 发送到 B 的报文,其中包含 A 对随机数 r_B 的签名。其目的是在不用检查时间戳的情况下也能检测重放攻击。两个随机数 r_A 和 r_B 均被返回给生成者,每一端都用它来检查重放攻击。

图 6.14　X.509 的三向认证的过程

5. 利用数字证书进行身份认证的特点

既然身份认证可以通过口令(共享秘密)等方式实现。那为什么还需要利用数字证书来进行身份认证呢? 这是因为通过共享秘密的方式只能在小范围内实现认证,因为你不可能同时和很多人共享秘密,而且与你共享秘密的人必须在以前与你有过某种意义上的接触,否则你们怎么能够共享秘密呢?

而通过数字证书则能够实现大范围的身份认证,而且不要求曾经和认证方有过接触,只要某人持有数字证书,就能够让所有以前与他从未有过接触的实体认证他,这就像我们持有身份证可以在全国范围内得到身份认证一样。从根本上说,数字证书是一种基于用户拥有某种物品的身份认证方式,但这种物品是一种虚拟的物品(数字证书)。表 6.2 对两种身份认证机制的特点进行了比较。

表 6.2 口令机制(或共享密钥)和数字证书两种身份认证机制的比较

身份认证机制	口令机制(或共享密钥)	数字证书
认证的依据	用户所知道的某种信息	用户所拥有的某种物品
实施认证的条件	认证双方之前必须有过接触	不需要任何意义上的接触
所能获得认证的范围	小范围	大范围

6.3 公钥基础设施

公钥基础设施(Public Key Infrastructure)简称 PKI。所谓 PKI 就是一个以公钥技术为基础提供和实施安全服务的具有普适性的安全基础设施。

什么是基础设施呢? 基础设施就是在某个大环境下提供普遍适用的系统和准则。例如电力系统,它是一个提供电力服务的基础设施,它能提供电灯、电视机、电冰箱等电器都普遍适用的电能,因此可以把某个电器看成是这个基础设施的一个具体应用。又如交通基础设施,它提供了各种交通工具都普遍适用的交通环境。基础设施应具有以下特性:

(1) 具有易于使用、众所周知的接口或界面,如电力设施的接口就是电源插座。

(2) 基础设施提供的服务可以预测并且有效。

(3) 应用设备无须了解基础设施的工作原理,如电器无须考虑电力是如何产生的。

PKI 是一种提供信息安全服务的基础设施,旨在从技术上解决网上身份认证、信息的完整性和不可抵赖性等安全问题,为诸如电子商务、电子政务、网上银行和网上证券等各种具体应用提供可靠的安全服务的基础设施。

从实现上来看,PKI 是以公钥密码体制为理论基础,以 CA 认证机构为核心,以数字证书为媒介来提供安全服务功能的。其主要目的是通过自动管理证书和密钥,为用户建立一个安全、可信的网络运行环境,使用户可以在多种应用环境下方便地使用加密和数字签名技术,在 Internet 上验证用户的身份,从而提供机密性、完整性和不可否认性服务。并且这些安全服务对用户是完全透明的。

6.3.1　PKI的组成和部署

　　PKI在实际应用中是一套软硬件系统和安全策略的集合,它提供了一套安全机制。使用户在不知道对方身份或分布地很广的情况下,以数字证书为基础,通过一系列的信任关系来实现信息的保密性、完整性和不可否认性。

　　一个典型的PKI系统包括PKI策略、软硬件系统、认证机构CA、证书/CRL库、证书撤销处理系统、密钥备份及恢复系统和应用程序接口等几个部分组成,如图6.15所示。

图 6.15　PKI 的基本组成

1. PKI 策略

　　建立和运行一个PKI体系是需要一套PKI策略的。如CA可以为哪些人颁发证书,颁发证书的流程是怎样的,这都需要一套策略来指导。PKI策略是一个包含如何在实践中增强和支持安全策略的一些操作过程的详细文档,它建立和定义了一个组织信息安全方面的指导方针,同时也定义了密码系统使用的处理方法和原则。一般情况下,在PKI中有两种类型的策略:一是证书策略(Certificate Policy,CP),用来说明证书的适用范围或应用分类,例如证书策略可以限定证书的用户群、用户使用证书的目的等;另一种是认证惯例声明(Certificate Practice Statement,CPS),CPS是一份详细的文档,它包括如何建立和执行CA,如何发行、接受和废除证书,如何生成、注册和鉴定密钥,以及如何确立证书的存放位置和如何让用户使用。

2. 软硬件系统

　　软硬件系统是PKI系统运行所需硬件和软件的集合,主要包括认证服务器、目录服务器、PKI平台、应用程序接口、数据库等。图6.16是PKI软硬件系统组成的基础框架。其中,数据库用于认证机构数据(如密钥和用户信息等)、日志和统计信息的存储和管理。

图 6.16 PKI 的基础框架

3. 密钥备份与恢复系统

在一个 PKI 系统中,维护密钥的备份至关重要,如果没有这种措施,当密钥丢失后,将意味着加密数据也完全丢失。因此,企业级的 PKI 产品至少应支持密钥的安全存储、备份和恢复。其功能包括:

(1) 当用户证书生成时,用户公钥即被 PKI 备份存储。

(2) 当需要恢复密钥时,用户只需向 CA 提出申请,PKI 就会为用户自动进行恢复。但须注意,密钥备份与恢复系统只能备份用户的公钥,不能备份私钥,以保证私钥只有用户知道。

(3) 归档密钥,如当一个公司的员工辞职时,PKI 系统管理员一方面要使该证书作废,使证书中的公钥无效,另一方面为了访问以前被该公钥加密的文件等信息,需要保留备份该公钥。

4. PKI 应用程序接口系统

PKI 的价值在于使用户能够方便地使用加密、数字签名、身份认证等服务,因此一个完整的 PKI 必须提供良好的应用程序接口,使得各种各样的应用程序能够以安全、一致、可信的方式与 PKI 系统进行交互,同时降低管理和维护的成本。

为了向应用系统屏蔽密钥和证书管理的细节,PKI 应用程序接口应该是跨平台的,并具有以下功能:

(1) 完成证书的验证工作,为所有应用以一致、可信的方式使用公钥证书提供支持。

(2) 以安全、一致的方式与 PKI 的密钥备份与恢复系统交互,为应用程序提供统一的密钥备份与恢复支持,向应用提供历史密钥的安全管理服务。

(3) 在所有应用系统中,确保用户的私钥始终只在用户本人的控制之下,阻止备份私钥的行为。

(4) 根据安全策略自动为用户更新密钥,实现密钥更新的自动、透明与一致。

（5）为所有用户访问统一的公用证书库提供支持。

（6）能够理解证书策略，知道何时和怎样去执行证书撤销操作。以可信、一致的方式与证书撤销处理系统进行交互，向所有应用提供统一的证书撤销处理服务。

（7）完成交叉证书的验证工作，为所有应用程序提供统一模式的交叉验证支持。

（8）接口系统支持多种密钥存放介质，包括 IC 卡、安全文件等，并有相应的防复制技术。

5. PKI 的部署

部署 PKI 时，推荐将 PKI 的主要功能部件放在各自分开的系统中，即 CA 放在一台主机中，RA 放在另一台主机中，而目录服务器又放在其他系统中。因为包含敏感数据，所以这些系统都应被放置在企业的 Internet 防火墙之后。CA 系统尤为重要，因为 CA 出现一点问题就可能使整个 PKI 瘫痪，从而不得不重新签发所有的证书。因此建议将 CA 放在专设的防火墙之后，这样一来，它就可以得到 Internet 防火墙和企业内的防火墙的双重保护。当然，企业内的防火墙应允许 CA 与 RA 及其他系统之间进行通信。

如果不同 PKI 之间想互相访问对方的证书，它们的目录对对方必须是可用的，但与此同时，目录服务器可能包含对于组织来说比较敏感的数据，因为太过敏感而不适合公用。为了解决这个问题，一般的方法是创建一个只包含公开密钥或证书的目录，并把这个目录放在组织边界上，这个目录被称为边界目录（border directory）。该目录既可以放置在企业防火墙之外，也可以放置在企业内部网的 DMZ 区中，这样它既可以公用，又可以被较好地保护起来而不受攻击。图 6.17 是 PKI 的物理拓扑图。

图 6.17　PKI 的物理拓扑图

企业内部网内的主目录服务器将会定期以新证书刷新边界目录或更新现有证书。企业内的用户可以使用主目录，而其他系统或组织的用户只能使用边界目录。例如，当组织 A 中的用户想向组织 B 中的用户发送加密电子邮件时，用户 A 将从组织 B 的边界目录中寻找用户 B 的证书，然后用该证书中的公钥将电子邮件加密。

6.3.2　PKI 管理机构——CA

CA 就是一个负责发放和管理数字证书的权威机构。CA 是 PKI 的核心执行机构，是 PKI 的主要组成实体。

数字证书为网上各实体提供身份证明,还能实现通信各方信息的加密和签名传输。数字证书具有唯一性,它将实体的公开密钥同实体本身联系起来。为此,数字证书的来源必须是可靠的,这就意味着要有一个网上各方都信任的机构专门负责数字证书的发放和管理,这个机构就是认证机构 CA。正是各级认证机构的存在组成了整个电子商务的信任链,如果认证机构不安全或认证机构发放的数字证书不具有权威性、公正性和可信赖性,那么电子商务的安全就无从谈起。

认证机构 CA(Certificate Authority),又叫作认证中心,是电子商务安全中的关键环节,也是电子交易中信赖的基础。认证机构通过自身的注册审核体系,检查核实进行证书申请的用户身份和各项相关信息,使参与网上活动的用户属性的客观真实性与证书的真实性一致。认证机构作为权威的、可信赖的、公正的第三方机构,类似于现实生活中公证人的角色,专门负责数字证书的整个生命周期的管理,承担 PKI 公钥体系中公钥合法性检验的责任。其作用包括发放证书,规定证书的有效期,通过发放证书撤销列表(CRL)确保必要时可以撤销证书,以及证书管理。

1. 发放证书

CA 为每个合法的申请者发放一张数字证书,数字证书的作用就是证明证书中的用户是证书中公钥的合法拥有者。CA 的数字签名使得攻击者不能伪造和篡改证书,当通信双方都信任同一个 CA 时,双方就可以安全地得到对方的公开密钥,从而能进行加/解密通信或签名/验证签名。

2. 查询证书

证书的查询可分为两类:一是证书申请的查询,CA 根据用户的查询请求返回当前用户证书申请的处理过程;二是用户证书的查询,这类查询由目录服务器来完成,目录服务器根据用户的请求返回适当的证书。

3. 更新证书

CA 颁发的每一个证书都会有有效期,证书的有效期实际上就是密钥对的生存期。密钥对生命周期的长短由签发证书的 CA 来确定,各 CA 系统的证书有效期可有所不同,一般为 2~3 年。当用户的私钥被泄露或证书的有效期快到时,用户向 CA 提出申请,就可以产生新密钥对,更新证书。

4. 撤销证书

在数字证书过期以前,由于某些原因可能需要撤销数字证书,以停止该证书的使用,常见的撤销证书的原因如下:

(1) 证书持有者报告说该证书对应的私钥被破解了(如被盗了或泄漏了)。

(2) CA 发现签发数字证书时有错误(如用户提交的资料错误或 CA 本身出错)。

(3) 证书持有者辞职了,而证书是其在职期间签发的。

这时,CA 就要启动证书撤销程序。首先,CA 要知道这个证书撤销请求,其次,要鉴别证书撤销请求的合法性再判断是否接受证书撤销请求,否则别人可以滥用证书撤销请求撤销属于别人的证书。

1)证书撤销列表

撤销证书的原理很简单。CA 将已经撤销的证书记录在一张表里,这张表称为证书撤销列表(Certificate Revocation List,CRL),CRL 又被称为"证书黑名单",由认证中心周期性地发布,简单地说,CRL 由经过认证中心 CA 签名的所有被撤销证书的序号组成,CRL 的完整性和真实性由 CA 的数字签名保证。CA 将 CRL 存入证书库。证书验证者定期查询和下载 CRL,根据 CRL 是否包含被查询证书的序号来判断该证书是否有效。如果 CRL 中包含该证书的序号,则说明该证书已经被撤销,被撤销的证书将不再值得信任。

CRL 的发布格式遵循 CRL v2 标准,CRL 里记录着所有被撤销证书的序号、撤销时间和撤销的原因(可选),CRL 的格式如图 6.18 所示。

图 6.18　证书撤销列表 CRL 的格式

每个 CA 都可发布自己的 CRL,并对该 CRL 进行签名,因此,CRL 很容易验证真伪,CRL 就是一个顺序文件,随着时间的推移,它包括了有效期内因故被撤销的所有证书。

但是,CRL 机制存在两个问题:第一是 CRL 的规模性。在实际网络环境中,CRL 的大小正比于该 CA 所在域的终端实体数、证书有效期以及证书的撤销概率。而撤销信息必须在已颁发证书的整个有效期内都存在。这就有可能导致某个 CA 的 CRL 变得异常庞大。第二是 CRL 的及时性。CRL 是周期性发布的,如每个星期更新一次,而证书撤销请求的到达却是随机的,那么在这个星期中某天被撤销的证书到被公布到 CRL 中可能存在几天的延迟。导致该证书的状态出现不一致,这显然是很危险的,例如一个泄密了私钥的证书可能在一天内就会造成巨大的破坏。这严重影响到证书的服务质量。

2)在线证书状态协议

为了弥补 CRL 及时性差的缺陷,人们设计了在线证书状态协议(Online Certificate

Status Protocol,OCSP),它可以在线及时查询证书的状态,包括证书是否被撤销,这在一定程度上弥补了 CRL 的不足(CRL 是离线的和定期更新的),但它的成本也较高。

　　OCSP 实际上是一个简单的请求/响应协议,它提供了一种从可信赖的第三方(OCSP响应器)那里获取在线证书撤销信息的手段。具体过程是:客户端发送一个证书状态查询请求给 OCSP 响应器,并且等待 OCSP 响应器返回一个响应。返回的响应包含 OCSP的数字签名,以保证是来自 OCSP 响应器并且在传输过程中没有被篡改过。签名密钥可以属于颁发证书的认证机构、可信赖的第三方或者经过认证机构授权的实体。在任何情况下,用户必须信任响应,这就意味着响应的签名者被用户信任。因此,用户必须得到由可信方签发的 OCSP 响应器的公钥证书。另外,OCSP 请求也可以被签名,但这在协议中属于可选项。

　　图 6.19 是 OCSP 响应器与客户端交互的方式。OCSP 客户端向 OCSP 响应器发送一个证书状态查询请求(一个 OCSP 请求由协议版本号、服务请求类型及一个或多个证书标识符组成。证书标识符的组成包括证书颁发者的可识别散列值、证书颁发者公钥的散列值以及证书的序号等)。响应器返回签名后的证书状态信息,"正常"表示该证书仍然有效;"撤销"表示该证书已经被撤销;"未知"表示该响应器无法判断证书当前状态。如果一个证书的状态是撤销,就需要标明证书撤销的具体时间,还可能包括被撤销的原因(可选项)。

图 6.19　OCSP 协议中响应者与用户的交互过程

　　与 CRL 机制相比,OCSP 能够及时地反映证书状态,但是它仍然存在一些缺陷:

　　(1) OSCP 没有规定收集证书撤销的方法,因此,在实现时仍需借助 CRL 来收集证书撤销的信息。

　　(2) 由于 OCSP 响应器必须对每个正确响应进行数字签名,因此,当大量查询请求同时到达时,会严重降低系统的性能。

5. 证书归档

　　证书具有一定的有效期,证书过了有效期后将作废。但是不能将作废的证书简单地删除丢弃,因为有时可能还要验证以前的某个交易过程中产生的数字签名,这时就需要查询作废的证书。基于这个考虑,CA 还应具有管理作废证书和作废私钥的功能。

6.3.3　注册机构——RA

　　由于认证机构 CA 的任务很多,如签发新证书、维护旧证书、撤销因故无效的证书等,因此可以将受理证书申请的工作转交给第三方——注册机构（Registration Authority，RA）。作为 CA 发放、管理证书的延伸，RA 负责证书申请者的信息录入、审核以及证书发放等工作。从技术上看，RA 是用户与 CA 之间的中间实体，帮助证书机构完成某些日常工作，如图 6.20 所示。RA 就好比是公司的前台接待员，由她负责客户的业务申请，再将这些业务申请转交给 CA 处理完成。RA 只对唯一的 CA 负责，但一个 CA 可以拥有多个 RA。

图 6.20　注册机构的作用

RA 通常提供下列服务：
- 接收与验证最终用户的注册信息。
- 为最终用户生成密钥（可选）。
- 接收与授权密钥备份与恢复请求。
- 接收与授权证书撤销请求。

在 CA 与最终用户之间加上 RA 的另一重要原因是使 CA 成为隔离实体，这样攻击者不能直接访问到 CA，因此 CA 更不容易受到安全攻击。由于最终用户只能通过 RA 与证书机构通信，因此可以将 RA 与 CA 之间的通信线路高度保护起来，例如将 CA 放置在企业内部网中，将使对这部分连接很难攻击。需要说明的是，RA 是一个可选的机构。

6.3.4　证书/CRL 存储库

证书/CRL 存储库用于存储证书和证书撤销列表（CRL），发布证书和 CRL 给终端实体，是网上的一种公共信息库，供广大公众进行开放式查询。证书库通过证书目录（certificate directory）来提供证书的存储管理和分发，它对应的服务称为目录服务（directory services，DS）。

1. 证书目录的特点

目录本质上来说就是数据库，但它与一般的数据库相比又有区别。主要区别如下：

（1）数据库中的信息经常会发生变化；相反，阅读目录信息的需求远远超过更改目录信息的需要，所以目录的变化较少。

（2）由于目录本身包含有数据，故目录环境与数据库一样需要保证绝对的数据完整性，但目录可以容忍数据一致性的轻微滞后。

（3）数据库通常存储在单一的服务器上，数据库的副本一般用于备份。而目录支持分布式存储，目录通常被复制并可在许多服务器上获得，目录是分散维护的，每个服务器只负责本地目录部分，可以立即进行更新和维护操作。这意味着每个目录复制品可以接受微小的不同时间段的更新,即目录能容忍数据一致性的轻微滞后。

2. 证书库的功能

常用的目录技术有轻型目录访问协议(Lightweight Directory Access Protocol, LDAP)。LDAP 是在 X.500 基础上开发的目录存取协议,LDAP 在目录模型上与 X.500 相兼容,但比 X.500 更简单,实施起来更友好。LDAP 是一种用于存取存储在目录中的信息(如数字证书信息)的有效的标准协议。支持 LDAP 协议的目录系统能够支持大量的用户同时访问,对检索请求有较好的响应能力,能满足大规模和分布式组织请求的要求。证书库提供的功能如下:

(1) 存储证书和 CRL。证书库存储证书并形成目录系统以供查询。

(2) 提供证书和 CRL。根据证书信任方的请求,证书库提供所需证书的副本。目前,很多厂商都支持 LDAP 协议,提供证书查询。

(3) 确认证书状态。若证书信任方已经获得某人的证书,仅需要查询证书的合法性时,证书库能提供简单的状态标记信息来验证合法性,而不是提供整个证书的副本,目的是为了提高查询效率。

3. 证书目录项的格式

证书目录通常采用 X.500 目录格式。尽管 X.509 数字证书标准并没有限定只能和 X.500 目录系统一起使用,但在其第一版和第二版的基本数字证书格式中却只能使用 X.500 名称来确定主体和证书发放者的名称。下面对 X.500 目录作一个简要介绍。

一个 X.500 目录由一系列目录项组成。每个目录项对应现实世界中的一个对象,如某个人、组织或某个设备。X.500 每个对象都有一个无二义性的名称,称为区别名(distinguished name,DN)。对象的目录项中包含了有关该对象的一系列属性值。例如,关于某人的目录项可能包含了其名称、电话号码及 E-mail 等属性。

为支持无二义性命名的需要,所有的 X.500 目录项在逻辑上被组织成一种树形结构,称为目录信息树(Directory Information Tree,DIT)。目录信息树有一个概念上的根节点和数目不限的非根节点。除了根节点,所有节点都属于其他节点。除根节点外,每个节点都对应于一个目录项,并有一个区别名。根节点的区别名为空。

一个目录项的区别名是由该目录项在目录信息树上的直接上级项的区别名和其自身的相对区别名(Relative Distinguished Name,RDN)联合构成的,RDN 用于区分在同一目录项下的各个直接下级目录项。

目录项的相对区别名是关于该目录项的一个或多个属性值的陈述。更确切地说,它是一系列属性值的申明,是关于目录项的可辨别值(具有唯一性的属性值)的申明,每一个申明都必须是真实的。在实际中,相对区别名是一个属性值的等式说明,如某人的相对区别名可能是 CN=tangsix(CN 代表 Common Name)。

6.3.5　PKI 的信任模型

PKI 用户之间通过 CA 和证书建立起相互信任的关系。然而,在实际的网络环境中,一般不可能只有一个 CA。不同用户的证书可能来自不同的 CA,而用户并不是都信任同一个 CA,这就要求在 CA 之间以及 CA 和用户之间建立信任关系,信任模型建立的目的就是确保一个 CA 签发的证书能被另一个 CA 的用户所信任。

要实现 CA 之间互相信任,最可行的办法就是在多个独立运行的 CA 之间实行交叉认证。交叉认证是建立在信任模型基础上的。信任模型主要阐述以下几个问题:一个 PKI 用户能够信任的证书是怎样被确定的? 这种信任是怎样建立的? 在一定的环境下,这种信任如何被控制?

1. 信任模型的相关概念

1) 信任

如果一个实体假定另一个实体会严格并准确地按照它所期望的那样行动,那么它就信任该实体。从这个定义可以看出,信任涉及假设、期望和行为,信任包含了双方的一种关系以及对该关系的期望,而期望是一个主观概念,因此信任是主观的,而且是与风险相联系的。在 PKI 中,可以把信任的定义具体化为:如果一个用户假定 CA 可以把任一公钥确切地绑定到某个实体上,则他信任该 CA。或者说,如果一个用户相信与某一公钥对应的私钥不仅正确,而且有效地被某一特定的实体所拥有,则用户就可以说该公钥是可信任的。

2) 信任锚(trust anchor)

信任锚就是 PKI 体系中的信任起点。在信任模型中,当可以确定一个实体身份或者有一个足够可信的身份签发者证明该实体的身份时,才能做出信任该实体身份的决定,这个可信的身份签发者就是信任锚。信任锚通常是实体自身所在的 CA。

3) 信任域(trust domain)

人所处的环境会影响他对其他人的信任程度。例如,一个人通常会对组织内的人员比对组织外的人员有着更高的信任水平。在一个组织中,人们对已有的人事关系和运作模式会给予较高程度的信任。如果集体中的所有个体都遵循同样的规则,那么称集体在单信任域中运作。信任域是指在公共控制下或服从一组公共策略的系统集。策略既可以明确地规定,也可以在操作过程中指定。

识别信任域及其边界对于构建公钥架构十分重要,因为使用其他信任域中的认证机构签发的证书,通常比使用同一个信任域中的认证机构签发的证书要复杂得多。

信任域简单来说就是信任的范围。识别信任域及其边界对构建 PKI 来说很重要。信任域可以按照行业和地理界限来分。例如,我国构建的 CFCA(国家金融认证中心)、CTCA(中国电信认证中心)、海关 CA 等都是行业型 CA,它们的信任域可以包括整个行业。

4) 信任关系

在 PKI 中,当两个认证机构中的一方给另一方或双方相互给对方颁发证书时,两者之间就建立了信任关系。信任关系可以是双向的也可以是单向的,多数情况下采取双向的形式,即某实体信任另一实体时,另一实体也信任它。

5) 信任路径(trust path)

在一个实体需要确认另一实体身份时,它先需要确定信任锚,再由信任锚找出一条到达待确认实体的各个证书组成的路径,该路径称为信任路径。信任通过信任路径进行传递。证书用户要找到一条从证书颁发者到信任锚的路径可能需要建立一系列的信任关系。

2. PKI 的信任模型

由于不可能在世界上建立一个所有潜在用户都共同信任的 CA,因此,在电子商务活动中必然存在很多个 CA。CA 之间的结构关系(即信任关系)称为信任模型。目前常见的信任模型有以下几种。

1) 层次型信任模型

这是最常用的一种信任模型,在图 6.5 中所描述的信任模型就是层次型信任模型。该模型是一棵翻转的树,其中树根代表根 CA,它被该 PKI 体系中的所有实体所信任。根 CA 下存在多级的子 CA,根 CA 为自己和直接下级子 CA 颁发证书,无下级的 CA 称为叶 CA,叶 CA 为用户颁发证书。除根 CA 外的其他 CA 都由父 CA 颁发证书。

这种模型中的证书链始于根 CA,并且从根 CA 到需要认证的终端用户之间只存在一条路径,在这条路径上的所有证书就构成了一个证书链。这种模型结构清晰,便于全局管理,但对于大范围内的商务活动,难以建立一个所有用户都信任的根 CA,而且整个 PKI 的安全性都依赖于根 CA,一旦根 CA 的私钥泄露或被破解,整个 PKI 体系将崩溃。

因此,根 CA 的私钥必须得到特殊的保护,通常是让根 CA 始终保持离线状态(根 CA 对其他 CA 签发完证书让 PKI 生效后)。这是可行的,因为根 CA 只向其他上级 CA 签发数字证书,其签发频率很低。相对而言,其他大多数 CA 都是在为最终实体签发证书,所以签发的频率较高,因而它们必须保持在线状态。

2) 网状信任模型

这种模型中没有实体都信任的根 CA,终端用户通常选择给自己颁发证书的 CA 作为根 CA,各根 CA 之间通过交叉认证的方式相互颁发证书,如图 6.21 所示。网状信任模型比较灵活,便于建立特定的信任关系,在有直接信任关系存在时,验证速度快。但信任路径复杂,而且如果存在多条证书验证路径,就要考虑如何有效选择最短信任路径的问题。

3) 桥信任模型

在交叉验证中,网状信任模型的每一个 CA 需要向它信任的所有 CA 逐一颁发证书,如果 CA 比较多,则要颁发很多证书。桥信任模型也是用来连接不同的 PKI 体系,但可克服上述网状模型的缺点。当根 CA 很多时,可以指定一个 CA 为不同的根 CA 颁发证书,这个被指定的 CA 称为桥 CA,如图 6.22 所示。当增加一个根 CA 时,只需要与桥 CA 进行交叉认证,其他信任域不需要改变。建立桥 CA 后,其他根 CA 仍然都是信任锚,这样允许用户保留它们自己的原始信任锚,桥 CA 为不同的信任域之间建立对等的信任关系。

图 6.21　网状信任模型　　　　图 6.22　桥信任模型

4）Web 信任模型

Web 信任模型是在浏览器产品中内置了多个根 CA 证书,用户同时信任这些根 CA,并把它们作为信任锚。从本质上看,Web 信任模型属于树形层次模型,浏览器厂商起到了根 CA 的作用。Web 信任模型虽然简单,方便操作,但因为其多个根 CA 是预先安装在浏览器中的,用户一般不知道这些根 CA 证书的来源,无法判断是否都是可信任的,而且没有办法废除嵌入到浏览器中的根证书,一旦发现某个根密钥是"坏的"或者与根证书对应的私钥泄露了,让全世界所有浏览器用户都有效地废除那个密钥的使用是不太可能的。此外,该模型还缺少有效方法在 CA 和用户之间建立合法协议。如果出现问题,所有责任都只能由用户承担。

*6.3.6　PKI 的技术标准

PKI 发展的一个重要方面就是标准化问题,它是建立互操作性的基础。为了保证 PKI 产品之间的兼容性,人们开展了 PKI 的标准化工作。PKI 标准一方面用于定义 PKI,另一方面用于 PKI 的应用。

目前,PKI 的标准经历了两代发展。第一代标准有两种:一是 RSA 公司的公钥加密标准(Public Key Cryptography Standards,PKCS),其中包括证书申请、证书更新、证书作废列表发布、扩展证书内容以及数字签名、数字信封的格式等方面的一系列相关协议。1999 年底,PKCS 公布,如表 6.3 所示。

其二是由 Internet 工程任务组(Internet Engineering Task Force,IETF)和 PKIX 工作组(Public Key Infrastructure X.509 Working Group)所定义的一组具有互操作性的公钥基础设施协议。大部分 PKI 产品为保持兼容性,同时对这两种标准提供支持。这是第一代 PKI 标准,它们的特点是实现比较困难,但目前的 PKI 产品都以此为主。

表 6.3 公钥加密标准 PKCS(部分)

标　准	内　容
PKCS♯1	定义 RSA 公钥算法的加密和签名机制,主要用于组织 PKCS♯7 中描述的数字签名和数字信封
PKCS♯3	定义 Diffie-Hellman 密钥加密算法
PKCS♯5	描述一种利用从口令派生出安全密钥加密字符串的方法。这主要用于加密从网络上传输的私钥,不能用于加密信息
PKCS♯6	描述公钥证书的标准语法
PKCS♯7	定义一种通用的消息语法,包括数字签名和加密等用于增强的加密机制
PKCS♯10	描述证书请求语法
PKCS♯12	描述个人信息交换语法标准,用于将用户公钥、私钥、证书等相关信息打包

第二代的 PKI 标准是由微软、Versign 和 WebMethods 三家公司联合发布的 XML 密钥管理规范(XML Key Management Specification,XKMS)。它由两部分组成:XML 密钥信息服务规范和 XML 密钥注册服务规范。前者定义了用于验证公钥信息合法性的信任服务规范,使用该规范,XML 应用程序可以通过网络委托可信的第三方 CA 处理有关认证签名、查询、验证等服务。后者定义了一种可通过网络接收公钥注册、撤销、恢复的服务规范,XML 应用程序建立的密钥对,可通过该规范将公钥及其他有关身份信息发给可信的 CA 注册。

6.4 个人数字证书的使用

在很多电子商务活动中,都要求用户使用数字证书。例如,淘宝的支付宝网站、中国建设银行或中国农业银行的网银系统都会要求用户安装个人数字证书,从而网站可以根据证书识别用户的身份,提高交易或支付活动的安全性。

6.4.1 申请数字证书

下面以淘宝旗下网站支付宝为例,介绍支付宝个人数字证书的申请过程。支付宝要求首先申请一个支付宝账号,并对该账号进行实名认证后,就能申请数字证书服务了。单击图 6.23 中的“立即申请”按钮,就可以进行数字证书申请了。

接下来支付宝网站会要求用户安装名为“天威诚信证书助手”的浏览器插件,该插件可以方便地管理数字证书。安装完成后,网站就会向浏览器发送证书,此时浏览器会弹出询问框,询问是否信任该网站的 CA,选择“是”,就会弹出即将下载证书的提示框,如图 6.24 所示。

通常,会要求安装两个证书。一个是支付宝网站的根 CA 证书,如图 6.25 所示。它是自签名的,只有安装了根 CA 的证书才能验证其他 CA 是否合法。另一个是用户自己

图 6.23　支付宝网站数字证书申请页面

图 6.24　证书下载提示

图 6.25　安装证书的提示

的证书,该证书的公钥及对应的私钥是用户的 Web 浏览器生成的,其中私钥保存在用户电脑中。

　　数字证书安装成功后,会给出提示。可以在浏览器中查看已安装的数字证书,具体方法在 6.4.2 节中介绍。

6.4.2　查看个人数字证书

在 IE 浏览器中,可以查看已经安装的数字证书。单击"工具"菜单项中的"Internet 选项",将弹出如图 6.26 所示的对话框。

图 6.26　"Internet 选项"对话框中的"内容"选项卡

选择"内容"选项卡,然后单击"证书"按钮就可以查看当前证书列表,如图 6.27 所示。

图 6.27　个人数字证书列表

提示：在 Windows 开始菜单的"运行"对话框中输入 certmgr. msc 也可以查看证书。

在图 6.27 中选定要查看的个人数字证书，双击该证书或单击"查看"按钮，可查看该证书的信息，如图 6.28 所示。在"详细信息"选项卡中可查看 X.509 证书各个字段的值；在"证书路径"选项卡中可查看颁发该证书的上级 CA 和根 CA，如图 6.29 所示。

图 6.28　证书的常规信息

图 6.29　证书的路径

提示：由于该证书是用户本人的，因此在图 6.28 中可看到用户有一个与该证书对应的私钥。如果是用户在和 CA 通信过程中获取的 CA 的证书，则用户计算机中没有该 CA 证书对应的私钥。在图 6.27 中的"中级证书颁发机构"或"受信任的根证书颁发机构"选项卡中可以查看所有与用户有过通信的 CA 的证书。

6.4.3　证书的导入和导出

证书安装以后，就可以在本机上使用数字证书提供的各种功能了。但有时可能需要在其他计算机上使用这个数字证书,这时就需要将证书从本机中导出成一个文件,再在其他计算机上导入该证书文件。另外,重新安装操作系统之前也需要将证书导出作为备份,避免证书丢失。

1. 证书的导出

(1) 在图 6.27 的"列表"窗口单击"导出"按钮,这时将弹出"证书导出向导"对话框,单击"下一步"按钮,将弹出如图 6.30 所示的对话框。

图 6.30　导出私钥

如果希望将导出的证书作为备份,在需要时再导入,在这里请务必选择将私钥和证书一起导出,因为自己的证书没有私钥的配合就是不完整和无效的,以后也没有办法再导入和使用了。

提示:导出某些证书时可能出现"导出私钥"选项是灰色的,也就是无法导出私钥,这通常是因为安装证书时选择了"私钥不可导出",这将导致该证书只能在本机上使用。

(2) 单击"下一步"按钮,将弹出如图 6.31 所示的导出文件格式对话框。

图 6.31　选择证书导出文件格式

在导出文件格式中,保持默认的选项设置即可,这样将导出一个扩展名为 PFX 的文件。

提示:PFX(Personal Information Exchange,个人信息交换)文件包含一个证书和与之对应的私钥,它是 PKCS♯12 号标准定义的为存储和传输用户或服务器私钥、公钥和证书指定的一种可移植的格式,简单地说就是将证书和私钥一起打包存储的文件。

(3) 接下来将弹出如图 6.32 所示的保护私钥对话框,在这里必须输入口令(密码)以保护私钥,系统将用输入的口令作为密钥加密该私钥,以保证私钥不以明文形式保存,防止私钥被未经授权者访问。系统用口令加密私钥后,会立即将该口令丢弃。因此用户必须牢记该口令,如果忘记口令,则很难再还原出私钥。

图 6.32 用密码保护私钥

提示:利用口令保护私钥是 PKCS♯5 定义的一套标准。通常,证书对应的私钥有 3 种保存方法:其一是用口令加密保存;其二是将口令保存到单独的存储设备(如智能卡)中;其三是将私钥存储到数字证书的服务器上。其中第二种方法的安全性最高,像网上银行使用的 U 盾实际上就是一种保存证书及其对应私钥的设备。

(4) 单击"下一步"按钮将弹出指定要导出文件的文件名对话框,在这里可选择导出文件的存放路径和文件名,给证书命名时可取一个有意义的文件名(如支付宝),以方便辨别该证书是哪个机构颁发的。导出之后就可以看到文件夹里多了一个"支付宝.pfx"文件。这样就完成了对证书及其私钥的打包备份。

2. 证书的导入

可以将刚才导出的证书文件导入到另一台计算机中,实现证书的迁移。为了实验,也可以在图 6.27 的数字证书列表中先将某个证书删除,再按下面的步骤将证书导入。

(1) 双击刚才保存的证书文件"支付宝.pfx",或者在图 6.27 的数字证书列表中单击"导入"按钮,选择要导入的文件,都将弹出"证书导入向导"对话框。

在证书导入向导的步骤中,会要求用户输入保护私钥的密码,如图 6.33 所示,这个密码就是导出证书时输入的保护私钥的密码。接下来还必须把"标志此密钥为可导出的。这将允许您在稍后备份或传输密钥"的复选框勾选上,这样以后还可以将私钥连同证书再次导出。

图 6.33　提示输入保护证书私钥的密码

(2)单击"下一步"按钮,将提示选择证书存储的位置,保持默认选项"根据证书类型,自动选择证书存储区"即可。

这样就完成了证书的导入,可以在个人证书列表中看到证书已经被导入进来了。

6.4.4　USB Key 的原理

将数字证书存储在自己的电脑中也不是绝对安全的。假设攻击者能访问用户的电脑(通过网络或直接访问),并且知道(通过猜测或其他手段)了用户用于保护私钥的口令,那么他就可以按照 6.4.3 节中的步骤将证书连同其私钥一起导出,从而窃取了用户的证书和私钥。

为了方便用户备份证书和私钥,又不能禁止用户导出私钥。为此,人们想出了将数字证书和私钥不存放在电脑上,而是存放在一种单独的存储介质中,这种存储介质就称为 U 盾(USB key)。图 6.34 是建设银行的网银盾,其实质是一种 U 盾。

图 6.34　中国建设银行的网银盾

预先制作好的数字证书在银行内部环节就直接存入到 U 盾中,即领即用,用户无法将网银盾中的数字证书和私钥复制出来,只能安装银行专用的网银盾管理软件才能读取数字证书,如图 6.35 所示。网银盾中还保存了证书对应的私钥,并且私钥也采用口令进行加密。因此,用户在使用网银盾时,除了将网银盾插入电脑以外,还要输入正确的口令以访问私钥,只有同时拥有网银盾和知道网银盾口令的用户才能通过认证,这就实现了双因素认证。

网银盾用户在第一次使用网上银行时不必下载和安装个人数字证书(但必须先安装网银盾管理工具),这在一定程度上提高了安全性和方便性。

图 6.35　网银盾中显示的数字证书

6.4.5　利用数字证书实现安全电子邮件

电子邮件是人们常用的一种 Internet 服务,但电子邮件的安全性实际上是很低的。这表现在两个方面:其一是通过电子邮件传输协议 SMTP 传输的邮件内容是未加密的,攻击者可以通过线路窃听窃取邮件的内容;其二,电子邮件的地址是可以伪造的,例如你知道杰克的 E-mail 地址是 Jack@tom.com,但是当你收到一封地址 Jack@tom.com 的邮件时,你并不能保证它一定是杰克发过来的,因为攻击者可以伪造任何一个 E-mail 地址,他只需用邮件服务器软件(如 WebEasyMail)建立一台域名为 tom.com 的邮件服务器,再在上面新建一个 Jack 的账号就能用该账号发送地址是 Jack@tom.com 的 E-mail 了。

解决第一个问题的方法很简单,可以对电子邮件进行加密以防范窃听攻击;解决第二个问题可以采用数字签名的方法,发送方将自己的电子邮件进行签名后再发送给接收方,接收方就能验证发送方对邮件的签名来确定邮件的来源,而不是仅仅验证对方的 E-mail 地址。

目前对电子邮件进行加密和签名一般采用安全电子邮件协议 S/MIME(Secure Multipurpose Internet Mail Extension)或 PGP(Pretty Good Privacy)软件来实现。Outlook 提供了对 S/MIME 协议的支持,下面以 Outlook 为例介绍对电子邮件进行加密和签名的方法。

1. 利用数字证书对电子邮件加密

如果发送方要发送一封加密的 E-mail 给接收方,发送方必须使用接收方证书中的公钥加密该邮件,因此他必须先到对方申请证书的网站(CA)下载对方的证书。

发送方然后可使用 Outlook Express 6 给对方发邮件,单击"创建邮件"按钮创建一封新邮件,将弹出创建新邮件的窗口,在"工具"菜单中选择"选择收件人",单击"新建联系人"按钮,在电子邮件地址中输入对方的地址,然后单击"添加"按钮。在如图 6.36 所示的"数字标识"选项卡中,单击"导入"按钮,将对方的证书导入,对方的证书通常是一个后缀名为".cer"的文件。这样发送方就可以用对方数字证书里的公钥加密邮件了。需要注意的是,Outlook 要求数字证书中的 E-mail 地址字段和联系人的 E-mail 地址必须相同,以保证证书确实是该 E-mail 持有者的。

图 6.36　导入收件人的数字证书

接下来在新邮件的"收件人"一栏中输入刚才创建的联系人地址,单击工具栏中的"加密"按钮,会发现收件人右侧多了一个加密标记,如图 6.37 所示,这样就创建了一封加密的邮件,单击"发送"就会将这封加密的邮件发送给对方。

图 6.37　创建加密邮件

接收方收到后,用 Outlook 打开,就会出现如图 6.38 所示的界面,表明该邮件已经加密,如果接收方计算机中没有安装加密该邮件用的数字证书,接收方将不能阅读该邮件。

如果要查看邮件的原始信息,可选中邮件后,选择"文件菜单"中的"属性"命令,在"详细信息"选项卡中单击"安全邮件来源",就可以看到完整的 S/MIME 格式的邮件内容

图 6.38　邮件已经加密的提示

了,S/MIME 在消息报头中新增了两个内容类型：multipart 和 application。

2. 利用数字证书对电子邮件进行数字签名

发送方可以利用自己的证书对应的私钥对电子邮件进行签名,在 Outlook 中发送带有数字签名的邮件步骤如下：

(1) 选择"工具"菜单中的"账户"命令,选择一个用来发送邮件的账户,在这里选择 tangsix@tom.com,再单击"属性"按钮,如图 6.39 所示。

图 6.39　选择发送邮件的账户

(2) 在账户的属性对话框中,选择"安全"选项卡,如图 6.40 所示。在"签署证书"一栏中单击"选择"按钮,在图 6.41 所示的对话框中将列出所有可供选择的用户证书(这些证书中的 E-mail 字段值与发件人账户的 E-mail 地址相同),可以选择用来对邮件进行数字签名的发件人的证书。这样就设置好了发件人发送签名邮件所使用的证书。

(3) 现在可以创建签名的邮件了,单击"创建邮件"按钮,在创建邮件面板中撰写一封

图 6.40　账户属性对话框的"安全"选项卡

图 6.41　选择要使用的证书

邮件,邮件的收件人可以是任何人。撰写完毕后在图 6.37 中单击"签名"按钮,就创建了一封签名的邮件,单击"发送"按钮就可以将邮件发送给收件人。

提示:对于签名的邮件,在默认情况下发件人的数字证书将附在邮件里一起发送给收件人。如果不希望这样,可以在工具菜单的"选项"面板中选择"安全"选项卡,再单击"高级"按钮,将"发送签名邮件时包含我的数字标识"一项不选中,这样,收件人收到邮件后必须到 CA 获取发件人的证书再对邮件的签名进行验证,可以防止同时伪造证书和邮件地址的情况发生。

3. 利用数字证书同时对邮件进行签名和加密

如果按照上述步骤既设置了发件人的证书,又设置了收件人的证书,就可以把上述两种方案结合起来,创建同时签名并加密的电子邮件,这样就保证该电子邮件的机密性、完整性和不可否认性。

4. 数字证书的应用小结

使用数字证书进行邮件的加密和签名只是数字证书的一个应用而已。实际上,很多软件都支持数字证书,如 Foxmail、Word、Adobe Reader 等,因此还可以用数字证书加密 Word 文档或 PDF 文档等。在后面将介绍的 SSL 协议、SET 协议、VPN 技术中,数字证书不仅可用来加密签名,更重要的是用作身份证明。

6.5 安装和使用 CA 服务器

在 Windows 2003 等服务器版本的操作系统中,有一个"证书服务"的组件,证书服务组件提供了让用户申请证书、发放证书、撤销证书和证书管理的功能,实质上是一个 CA 服务器软件。下面学习如何使用"证书服务"。

提示:非服务器版本的 Windows 系统是不具有证书服务组件的,如果想在这些操作系统上安装证书服务,可以选择 OpenSSL 等开源的 CA 服务器软件。

1. 安装证书服务

在 Windows 2003 系统中,证书服务默认是没有安装的,需要手动安装,安装步骤如下:

(1) 依次选择"开始"→"设置"→"控制面板"→"添加/删除程序"命令。

(2) 在"添加/删除程序"面板中选择"添加/删除 Windows 组件"按钮,就会弹出如图 6.42 所示的"Window 组件向导"对话框。在其中选中"证书服务"。

图 6.42 安装证书服务

(3) 单击"下一步"按钮,这时会弹出对话框,提示"安装证书服务后,计算机名和域成员身份都不能更改……",单击"确定"按钮。就会开始安装证书服务。

(4) 安装证书服务时首先要求选择 CA 类型,如图 6.43 所示。有 4 种 CA 类型可选,如果要安装为没有从属关系的 CA,则可以选择"企业根 CA"和"独立根 CA",此处选择"独立根 CA"(当然选择"企业根 CA"也是可以的)。

图 6.43 选择 CA 类型

提示：独立根 CA 最初是为了用作 CA 层次结构中受信任的脱机根 CA。它可以颁发以下用途的证书：数字签名、使用 S/MIME 的安全电子邮件、作为 Web 服务器的证书供 SSL 协议进行身份验证。它和企业根 CA 的区别在于：

① 安装企业根 CA 之前需要启动 Active Directory 目录服务,而独立根 CA 不需要。

② 企业根 CA 可以使用证书模板,而独立根 CA 没有。

(5) 如果在图 6.43 中选择了"用自定义设置生成密钥对和 CA 证书"复选框,就会出现如图 6.44 所示的"公钥/私钥对"对话框,如果要用该 CA 颁发服务器证书,则密钥长度

图 6.44 设置公钥/私钥对

建议取 2048 位,如果是用来颁发其他个人数字证书,则密钥长度可取 1024 位。如果选中"使用现有密钥"复选框,就可以使用 IIS 生成的密钥对(不推荐)。

(6) 接下来要求输入 CA 的名称和区别名(可分辨名称),如图 6.45 所示。在 CA 的公用名称中可任意输入一个,而区别名必须符合区别名的格式规范,即相对区别名是一个属性值的等式说明(如 DC=hynu)。在这一步还可以设置根 CA 的"有效期限",根 CA 的有效期限至少要比它的从属 CA 的有效期限长。

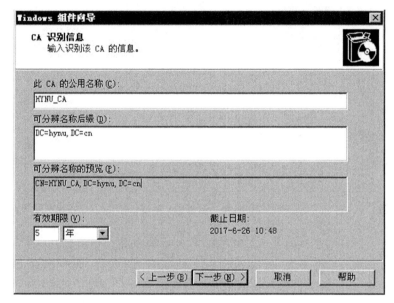

图 6.45　CA 识别信息

(7) 单击"下一步"按钮,出现"证书数据库"设置对话框,将证书数据库及其日志的保存位置保持默认值即可。再单击"下一步"按钮,会提示在证书服务安装过程中需要"停止 Internet 信息服务",单击"是"按钮。

(8) 系统在确定停止了 IIS 服务的运行后,便会开始安装证书服务器相关的组件,在安装过程中会提示要插入 Windows 安装光盘,插入光盘即可完成证书服务的安装。

2. 向 CA 服务器申请证书

要向安装好的 CA 服务器申请证书,有两种方法:第一,使用证书申请向导;第二,通过 CA 服务器的网页申请。下面介绍用第二种方法来申请证书,步骤如下:

(1) CA 服务器安装好之后,它会在 IIS 中建立一个供用户申请证书的网站(该网站的文件位于 IIS 默认网站下的 CertSrv 虚拟目录中),该网站相当于 RA。在浏览器中输入 http://localhost/certsrv/default.asp 就可以打开如图 6.46 所示的证书申请网站的首页。

(2) 单击"申请一个证书",在证书申请页面中,选择"创建并向此 CA 提交一个申请",为了可以选择证书的类型,单击"下一步"按钮,选择"高级证书申请"。将转到如图 6.47 所示的页面。这时,用户可以选择证书的类型,证书类型的多少取决于 CA 服务

图 6.46　证书申请网站

器证书模板目录下的证书类型及证书的属性。用户还可选择证书密钥的长度，最后提交证书申请给 CA。

图 6.47　高级证书申请页面

（3）CA 收到用户的证书申请后，就可以颁发证书了（即把证书申请转化为证书）。管理员在 CA 中为用户颁发证书的方法如下：

① 选择"开始"→"程序"→"管理工具"→"证书颁发机构"命令，将打开如图 6.48 所示的对话框。展开 HYNU_CA→"挂起的申请"，在右边就可以看见刚才提交的证书申请

请求,选中证书申请请求并右击,在快捷菜单中选择"所有任务"→"颁发"命令。

图 6.48　证书颁发机构界面

② 展开图 6.48 中"颁发的证书",可以看到刚申请的证书已经出现在 CA 的证书列表中。

(4) 下载并安装证书。

CA 颁发了证书后,还需要将证书下载到本机并安装才能使用。返回图 6.46 所示的证书服务主页,单击"查看挂起的证书申请的状态",可以看到"证书已经颁发"页面,单击该页面中的"安装此证书",系统提示用户证书已经安装成功。此时可以在图 6.27 中看到这个已安装的证书。

(5) 下载 CA 的证书。

假设用户 B 也在我们的 CA 服务器上申请了证书,为了能够验证他的证书,我们还需要在本机上安装 CA 的证书和证书链,这样才能用 CA 证书中的公钥去验证用户 B 证书中的签名。返回图 6.46 所示的证书服务主页,单击"下载一个 CA 证书,证书链或CRL",将转到如图 6.49 所示的页面,单击"下载 CA 证书"就可以将 CA 的证书下载到本机了。

图 6.49　下载 CA 证书、证书链或 CRL

3. 吊销证书

当证书所有者的私钥泄露,或者发生了其他与安全相关的事件时,CA 的管理员必须吊销证书,吊销的证书将被添加到 CRL 中。

在图 6.48 所示的证书颁发机构界面中,展开 HYNU_CA→"颁发的证书",在右边选中要吊销的证书并右击,在快捷菜单中选择"所有任务"→"吊销证书"。

4. 备份和还原 CA

在图 6.48 所示的证书颁发机构界面中,选择要备份的 CA(如 HYNU_CA)并右击,在快捷菜单中选择"所有任务"→"备份 CA"命令。选择要备份的项目,选择"浏览",指定备份文件的位置。由于 CA 也有自己的证书及对应的私钥,因此接下来会提示输入访问 CA 私钥的密码,输入一个自己设置的密码并牢记该密码即完成了 CA 的备份。

还原 CA 与备份 CA 的步骤基本相同,但注意要暂时停止证书服务。

习　　题

1. 关于认证机构 CA,下列说法中(　　)是错误的。
   A. CA 可以通过颁发证书证明密钥的有效性
   B. CA 有着严格的层次结构,其中根 CA 要求在线并被严格保护
   C. CA 的核心职能是发放和管理用户的数字证书
   D. CA 是参与交易的各方都信任的且独立的第三方机构组织。
2. 密钥交换的最终方案是使用(　　)。
   A. 公钥　　　　　　B. 数字信封　　　　C. 数字证书　　　　D. 消息摘要
3. CA 用(　　)签名数字证书。
   A. 用户的公钥　　　B. 用户的私钥　　　C. 自己的公钥　　　D. 自己的私钥
4. 以下(　　)设施通常处于在线状态(多选)。
   A. 根 CA　　　　　B. OCSP　　　　　C. RA　　　　　　D. CRL
5. 数字证书是将用户的公钥与其(　　)相联系。
   A. 私钥　　　　　　B. CA　　　　　　C. 身份　　　　　D. 序列号
6. 证书中不含有以下(　　)内容。
   A. 序列号　　　　　B. 颁发机构　　　C. 主体名　　　　D. 主体的私钥
7. 为了验证 CA(非根 CA)的证书,需要使用(　　)。
   A. 该 CA 的公钥　　B. 上级 CA 的公钥　C. 用户的公钥　　D. 该 CA 的私钥
8. (　　)标准定义了数字证书的结构。
   A. X.500　　　　　B. S/MIME　　　　C. X.509　　　　D. ASN.1
9. pfx 是以下(　　)文件的扩展名。
   A. 数字证书文件　　　　　　　　　　B. 数字证书加密文件
   C. 证书和私钥打包存储的文件　　　　D. 加密私钥的文件

10. 一个典型的 PKI 应用系统包括 5 个部分：_____、_____、证书作废系统、密钥备份及恢复系统、应用程序接口。

11. RA _____签发数字证书。（填可以或不可以）。

12. 写出证书是怎样生成的。

13. 验证证书路径是如何进行的。

14. 假设攻击者 A 自己创建了一个证书，放置了一个真实的组织名（假设为银行 B）及攻击者自己的公钥。若用户不知该证书是攻击者发送的，得到了该证书，误认为证书来自银行 B，请问如何防止该问题的产生？

第 7 章

电子商务安全协议

电子商务安全协议本质上是一类较复杂的密码协议,它是用来保证电子商务网上交易的机密性、数据完整性、身份真实性和不可否认性的基础。

电子商务安全协议是实现电子商务交易安全的关键技术,安全可靠的电子商务安全协议会对电子商务平台的整体性能产生很大的影响。目前常见的电子商务安全协议有安全套接层协议(Security Socket Layer,SSL)、安全电子交易协议(Secure Electronic Transaction,SET)、3-D Secure 支付协议以及一些电子支付安全协议等。

7.1 SSL 协议概述

SSL 协议是由 Netscape 公司于 1994 年推出的一套基于 Web 应用的 Internet 安全协议,该协议基于 TCP/IP 协议,提供浏览器和服务器之间的认证和安全通信。SSL 通过在应用程序进行数据交换前交换 SSL 初始握手信息来实现有关身份认证等安全特性的审查。然后在 SSL 握手协议中采用 DES、MD5 等加密技术实现机密性和数据完整性,这样,数据在传送出去之前就自动被加密了。并采用 X.509 数字证书实现认证。

1. SSL 协议和 TLS 协议的关系

SSL 协议第一个成熟版本是 SSL 2.0 版,它被集成到 Netscape 公司的 Navigator 浏览器和 Web 服务器等产品中。1996 年,Netscape 发布了 SSL 3.0 版,该版本增加了对除 RSA 算法以外的其他算法的支持和一些新的安全特性,并且修正了前一版中的安全缺陷,因此更加成熟和稳定,使其很快成为事实上的工业标准。1997 年 IETF 基于 SSL 3.0 协议发布了 TLS(Transport Layer Security,传输层安全协议)。1999 年正式发布了 RFC 2246,使 TLS 1.0(也被称为 SSL 3.1)成为了工业标准。因此 TLS 协议可看成是 SSL 协议的升级版本。

2. SSL 协议的组成

SSL 协议分为两层:SSL 握手协议和 SSL 记录协议,SSL 握手协议用于通信双方的身份认证和密钥协商;SSL 记录协议用于加密传输数据和对数据完整性的保证。SSL 协议与 TCP/IP 协议间的关系如图 7.1 所示,因此一般称 SSL 为传输层安全协议(但也可以称 SSL 为会话层安全协议,理由是它位于传输层和应用层之间)。

提示:SSL 协议主要用于浏览器和服务器之间相互认证和传输加密数据,此时浏览器和服务器在应用层的通信将采用 S-HTTP 协议(安全超文本传输协议),S-HTTP 连接的网址以 https://开头,而不是 http://。因此说 S-HTTP 协议是一种基于 SSL 的应用层协议,而并不等同于 SSL。

图 7.1　SSL 协议在 TCP/IP 协议组中的位置

3. SSL 协议能提供的安全服务

SSL 协议采用对称密码技术和公钥密码技术相结合,提供了如下 3 种基本的安全服务:

(1) 身份认证。在浏览器和服务器进行通信之前,必须先验证对方的身份。SSL 利用数字证书和可信第三方 CA,使客户端和服务器相互识别对方的身份,以防止假冒的网站或用户。

(2) 秘密性。SSL 客户机和服务器之间通过密码算法和密钥的协商,建立起一个安全通道,以后在安全通道中传输的所有信息都将使用协商的会话密钥进行加密处理。

(3) 完整性。SSL 利用密码算法和散列函数,通过对传输信息提取散列值并生成 MAC 的方法来保证传输信息的完整性。

提示:由于 SSL 协议没有数字签名功能,因此 SSL 不能提供抗否认服务。若要增加数字签名功能,则需要在协议中打补丁。方法是,将通信双方证书对应的公私钥既用于加密会话密钥又用于数字签名,但这在安全上会存在漏洞。后来 PKI 体系完善了这种措施,即双密钥机制,将加密密钥和数字签名密钥二者分离,成为双证书机制。

7.2　SSL 协议的工作过程

SSL 协议的过程大致分为两步,第一步是 SSL 握手协议,客户端和服务器通过数字证书相互认证对方的身份,并协商产生一个对称密钥和求消息鉴别码 MAC 的密钥。第二步是 SSL 记录协议,用第一步产生的对称密钥加密通信双方传输的所有数据,并用求 MAC 的密钥对传输的信息求消息鉴别码。这样就实现了身份认证、机密性和完整性 3 项安全服务。

(1) 客户端与服务器之间的相互身份认证。SSL 允许客户端(或浏览器)使用标准的公钥加密技术和可靠的认证机构(CA)的证书来确认服务器的合法性,服务器也可以确认客户端的身份(可选),以确保数据发送到正确的客户端或服务器。

(2) 对浏览器和服务器之间传输的所有数据加密,以防止数据在传输途中被窃取。

(3) 维护数据的完整性,确保数据在传输过程中不被改变。

7.2.1　SSL 握手协议

SSL 握手协议是客户和服务器开始通信时必须进行的协议,握手协议有两方面的作用,其一是验证对方的身份,其二是协商在以后传输加密数据时要使用的会话密钥,以及求 MAC 时所用的密钥。

SSL 握手协议一般由 5 个阶段组成:

(1) 接通阶段(Hello 阶段)。

(2) 密钥交换阶段。

(3) 会话密钥生成阶段。

(4) 认证阶段。

(5) 结束阶段。

图 7.2 是 SSL 握手协议的全过程。SSL 握手协议的具体步骤如下。

图 7.2　SSL 握手协议的全过程

1. 接通阶段(Hello 阶段)

1) Client Hello

客户端向服务器发送 Client-Hello 消息,该消息中的内容包括客户端所能支持的最高 SSL 的版本号、所支持的加密算法列表、session_id 信息、一个用于产生主密钥的随机数等。这些字段的具体内容和含义如下:

(1) 版本信息。该字段提供了客户端所能支持的最高 SSL 版本号,它包含两个子字段:主版本号(major)和次版本号(minor),对于 SSL V3.0 来说,major=3,minor=0。

(2) 所支持的加密算法列表。该字段中包含一个客户端所支持的加密算法列表,用于使服务器了解客户端所能支持的密码算法,但最终却是由服务器来决定使用何种密码算法。

（3）session_id信息。这是一个32字节的字符串，代表客户端指示希望重复使用前一次连接时的会话密钥，而不是重新产生新的会话密钥，如果成功则可以跳到图7.2中的第④阶段，从而加快连接速度。

（4）随机数。由32位的日期时间字段和28位的随机数组成。Hello消息中含有随机数一方面可保证该消息不是重放的消息，另一方面该随机数是产生预主密钥（permaster secret)的一个组成部分。

2) Server Hello

服务器收到（Client-Hello消息）后，向客户端返回Server-Hello消息。这个消息与Client-Hello消息包含的字段是相同的，但含义不同。Server-Hello消息包含的字段如下：

（1）版本信息。表示客户机和服务器支持的最高SSL版本中较低的版本。例如，如果客户机支持SSL 3.0，而服务器支持SSL 3.1，则服务器选择3.0作为该字段的值。

（2）加密算法。服务器从客户端发过来的加密算法列表中选择一种加密算法。

（3）session_id信息。服务器在其会话缓存中检查是否有客户端发来的这个session_id，如果有，则表明服务器和客户端连接的会话还未失效，这时服务器会返回这个session_id给客户端，并且双方将使用该会话的会话密钥进行通信。如果服务器的会话缓存中没有这个session_id，则服务器会生成一个新的session_id发给客户端，以建立一个新的会话。

（4）随机数。这个字段与客户端的随机数字段结构相同，但它是服务器自己产生的随机数值，与客户端产生的随机数值没有任何关系，它将和客户端随机数一起产生连接使用的主密钥。

接通阶段完成后，客户端和服务器都获得了对方的随机数，同时也确定了在接下来通信时使用的密码算法。

下面是一个SSL握手过程（仅客户端验证服务器的单向认证）的通俗描述，在以下各阶段的介绍中均采用这个形式，其中，C表示客户端，S表示服务器。本阶段的步骤如下：

C：我想和你安全地通话，我的对称加密算法有DES、RC4，密钥交换算法有RSA和DH，摘要算法有MD5和SHA。我的随机数是ClientHello. random(64位)。

S：我们用DES-RSA-SHA这对组合好了。我的随机数是ServerHello. random。

2. 服务器鉴别与密钥交换阶段

服务器启动SSL握手的第二阶段。服务器是本阶段所有消息的唯一发送方，而客户端是本阶段所有消息的接收方。本阶段分为4步，分别是发送证书、服务器密钥交换、证书请求和服务器握手完成，其中有几步是可选的。

（1）Certificate。服务器将它的数字证书（还可以包括证书到根CA的整个证书链）发送给客户端，使客户端能用服务器的证书鉴别服务器。

客户端鉴别服务器证书的过程包括：颁发服务器证书的CA是否可以信任，发行者CA证书的公钥能否正确解开服务器证书中的签名，服务器证书上的域名是否和服务器的实际域名相匹配,证书是否过期,证书是否作废。这样就验证了服务器的证书是否真实有效,但还没有验证服务器是否是这张证书的拥有者。

(2) Server Key Exchange*。如果服务器没有数字证书或者只有用于签名的数字证书(客户端需要的是一个用于加密的证书),则服务器可以直接向客户端发送一个包含其临时公钥的 ServerKeyExchange 消息,该临时公钥一般采用 Diffie-Hellman 算法生成并分配给客户端,因此这一步是可选的。

(3) Certificate Request*。服务器如果想鉴别客户端,则它向客户端发出请求客户端数字证书的消息,客户端鉴别在 SSL 中是可选的,服务器不一定要鉴别客户机,因此这一步也是可选的。

(4) Server Hello Done。服务器发出服务器握手完成消息,通知客户端可以执行第三阶段的任务了,这个消息没有任何参数,发送这个消息后,服务器等待客户端响应。

S:这是我的证书,里面有我的名字和公钥,你可以用来验证我的身份(把证书发给 C)。

C:(查看证书上 S 的名字,通过已有的 CA 证书来验证 S 的证书的真实性,如果有误,发出警告并断开连接。)

3. 客户端鉴别与密钥交换

(1) Certificate*。客户机将它的证书发送给服务器,这一步是可选的,只有服务器请求客户机证书时才进行。如果服务器请求客户机的数字证书,而客户机没有,则客户机发一个 no_certificate 的警告消息给服务器,由服务器决定是否还继续。

(2) Client Key Exchange。客户机随机生成一个 48 字节的预主密钥,用服务器证书中的公钥加密它,然后发送给服务器。之所以用服务器的公钥加密,是为了检验服务器是否拥有其证书对应的私钥。同时,服务器解密后就可得到预主密钥,因此这一步就完成了密钥交换。以后服务器可以用该预主密钥独立计算出主密钥。

(3) Certificate Verify*。证书验证。只有服务器要求验证客户机证书时才需要,这一步也是可选的,在这一阶段第一步中客户机已经将它的证书发送给了服务器,但客户机还需要向服务器证明它是该证书的拥有者。为此,客户机用它的私钥签名一些信息,表明它是该证书对应私钥的拥有者。客户机首先把它产生的预主密钥与在第一阶段里客户机产生的随机数和服务器产生的随机数三者连接起来,然后用 MD5 或 SHA-1 算法求散列值,最后把该散列值用其私钥签名后,将结果发送给服务器。

C:(随机生成一个预主密钥,将预主密钥用 S 的公钥加密、封装。由于用了 S 的公钥,保证了第三方无法窃听。)我已生成了一个预主密钥,并用你的公钥加密了,给你(发给 S)。

4. 完成阶段

客户机启动 SSL 握手的第四阶段,使服务器结束。这个阶段共 4 步,前两个消息来自客户机,后两个消息来自服务器。

(1) Change Cipher Spec。客户机向服务器发送更改密码规范消息,通知服务器以后客户机发送的消息都将用协商好的会话密钥进行加密。

（2）Finished。客户机发送使用协商好的加密算法和会话密钥加密的完成（Finished）报文，这一步用来校验哪个客户端发送了这条完成报文，以判断是哪个客户端发起了这次会话，它是记录层用写密钥和写 MAC 密钥进行加密和散列运算得到的第一条报文。

（3）Change Cipher Spec。服务器也向客户机发送更改密码规范消息，通知客户机以后服务器发送的消息都将用协商好的会话密钥进行加密。

（4）Finished。服务器发送使用协商好的加密算法和会话密钥加密的完成（Finished）报文，其中包括主密钥和会话 ID，客户机将服务器发送来的主密钥和它计算得到的主密钥进行比较，如果相同则说明服务器用私钥解密成功了加密的预主密钥，服务器通过验证。

C：（将预主密钥进行处理，生成主密钥，加密初始化向量和 HMAC 的密钥。）

S：（用自己的私钥将收到秘密消息解密出来得到预主密钥，进行处理，生成加密密钥、加密初始化向量和 HMAC 的密钥，已安全协商出加密办法。）

C：注意，下面我就要用加密的办法给你发消息了！

C：[Finished]，该消息用客户端写密钥（会话密钥）加密。

S：注意，我也要开始用加密的办法给你发消息了！

S：[主密钥和会话 ID]，该消息用服务器写密钥（会话密钥）加密。

5. SSL 所使用的密钥的生成过程

客户端和服务器都独自采用预主密钥创建共享的主密钥，这是通过把预主密钥和客户端随机数、服务器随机数一起进行散列运算完成的。主密钥用于创建客户端和服务器共享的 4 个密钥，如图 7.3 所示。这 4 个密钥分别是：

图 7.3   SSL 握手协议中各种密钥的生成方法和过程

（1）客户端写 MAC 密钥。这个密钥将添加到客户端消息中再求散列值，客户端使用此密钥创建初始散列，服务器用它来验证客户端消息的来源。

（2）服务器写 MAC 密钥。这个密钥将添加到服务器消息中再求散列值，服务器使用此密钥创建初始散列，客户端用它来验证服务器消息的来源。

（3）客户端写密钥。客户端使用这个密钥加密消息，服务器使用它解密客户端发来的消息，相当于会话密钥。

（4）服务器写密钥。服务器使用这个密钥加密消息，客户端使用它解密服务器发来的消息，相当于会话密钥。

之所以客户端和服务器端发送消息分别使用不同的密钥，是为了使每次会话都使用不同的密钥，以增强安全性。

6. SSL 握手过程的一个例子

客户端浏览器连接到 Web 服务器，发出建立安全连接通道的请求。服务器接受客户端请求，发送服务器证书作为响应。客户端验证服务器证书的有效性，如果验证通过，则用服务器证书中包含的服务器公钥加密一个会话密钥，并将加密后的数据和客户端用户证书一起发送给服务器。服务器收到客户端发来的加密数据后，先验证客户端证书的有效性，如果验证通过，则用其私钥解开加密数据，获得会话密钥。然后服务器用客户端证书中包含的公钥加密该会话密钥，并将加密后的数据发送给客户端浏览器。客户端在收到服务器发来的加密数据后，用其专用的私有密钥解开加密数据，把得到的会话密钥与原来发出去的会话密钥进行对比，如果两个密钥一致，说明服务器身份已经通过认证，双方将使用这个会话密钥建立安全连接通道。

7.2.2　SSL 记录协议

SSL 记录协议将数据流分割成一系列的片段并对这些片段进行加密来传输，接收方对每条记录单独进行解密和验证。这种方案使得数据一经准备好就可以从连接的一端传输到另一端，并在接收到时即刻加以处理。

SSL 记录协议说明了所有发送和接收数据的封装方法。SSL 记录协议的完整操作过程如图 7.4 所示。SSL 记录的数据部分包括：

- MAC-data：认证数据；
- Actual-data：未进行封装之前的实际数据；
- Padding-data：填充数据。

记录协议接收传输的应用报文，将报文数据分片处理成可以管理的数据块，然后无损压缩数据（可选），添加 MAC，加密，增加 SSL 记录报头，在 TCP 报文段中传输结果单元。被接收的数据被解密、验证、解压和重新装配，然后交付给更高级的用户。具体步骤如下：

（1）数据分块。每个上层报文被分片成 2^{14}B（16KB）的数据块或更小。

（2）根据需要进行数据压缩。压缩必须是无损（lossless）的，因此压缩后的密文未必比输入数据短，这时要求增加的内容长度不能超过 1024B。在 SSL V3.0（以及 TLS 的当前版本）中，没有说明采用何种压缩算法，因此默认的压缩算法为空。

（3）对压缩数据计算消息鉴别码 MAC，这需要使用双方在握手阶段共享的密钥。

图 7.4　SSL 记录协议的操作

（4）使用同步加密算法对加上 MAC 的压缩报文进行加密，加密对内容长度的增长不能超过 1024B，因此总长度不可能超过 $2^{14} + 2048 = 18$KB。

（5）在加密后的报文信息上添加一个 SSL 记录协议的头（首部），使报文信息形成一个完整的 SSL 记录。SSL 记录头包含的字段有数据类型（用来处理这个分块的上层协议，如 Change-cipher-spec、alert、handshake 和 application-data）、版本号、压缩后的数据长度。

7.2.3　SSL 协议的应用模式

SSL 协议主要应用在加密、认证等场合，根据应用场合的不同，SSL 协议的应用模式有以下几种。

1. 单向认证

单向认证是 SSL 安全连接最基本的模式，浏览器一般都支持这种模式。在这种模式下，客户端没有数字证书，只有服务器端才具有证书。例如，用户在使用 TOM 邮箱（mail.tom.com）时，为防止用户输入的邮箱名和邮箱密码被泄露，可以在网页上选择"增强安全"选项，此时将采用了 SSL 协议对用户发送的信息进行加密，防止了用户的邮箱被盗。这种情况下，服务器并不鉴别用户的身份，只是保证用户发送信息的机密性。

2. 双向认证

双向认证模式下，通信双方都可以发送和接收 SSL 连接请求，双方都需要安装数字证书。通信双方可以是应用程序、安全协议代理服务器等。双向认证模式可以用于两个局域网之间的安全网关代理，在两个局域网之间起到类似虚拟专用网的作用。另外，在电子支付等一些对安全要求较高的场合也需要双向认证，如用户登录支付宝网站（www.

alipay.com)时,通常需要安装数字证书,使网站也能够认证用户的身份。

3. 电子商务

在电子商务中,往往需要三方(客户、商家和银行)参与到交易活动中,而 SSL 只能对两方的身份进行认证。这个问题可以通过进行多次 SSL 连接来解决。最常见的方案是,客户与银行(支付网关)之间的通信必须采用 SSL 协议,因为客户发往银行的支付信息是需要绝对保密的,而且,客户和银行也需要相互认证身份。如果需要保护客户的购物隐私,则客户与商家的通信也可以采用 SSL 连接,以保证客户的订单信息不被泄露。

图 7.5 是一个基于 SSL 协议的银行卡支付模式。

图 7.5 基于 SSL 协议的银行卡支付模式

说明:

① 商户服务器的支付接口可以直接连接到银行的支付网关,这称为直联模式。也可通过第三方支付平台连接到支付网关,这称为间联模式。通常情况下都采用第三方支付平台的间联模式,这样商家就不再需要与每家银行的支付网关建立连接。

② 支付网关在持卡人支付完毕后会反链到商户服务器,并发送一个消息通知商家,用户已经支付成功。

基于 SSL 的银行卡支付模式有以下优点:

(1) 支付指令不通过商家中转。在 SSL 协议的支持下,由持卡人与银行之间的安全 SSL 通道传递支付指令。而 SET 协议需要通过商家中转支付指令。

(2) 使用成本较低。商家和持卡人不需要任何硬件或特殊的软件,商家只需第三方支付平台提供支付接口。

(3) 处理效率高、廉价。只对交易过程中的支付信息进行加密,第三方支付平台集中各银行的支付接口。

(4) 应用广泛。国内大多数银行的网上银行均采用基于 SSL 协议的模式。

(5) 订单信息可选择通过 SSL 协议传递。如果需要保护客户的购物隐私,则订单信息也可通过安全 SSL 通道来传递。

7.2.4　为 IIS 网站启用 SSL 协议

IIS 是 Windows 系统自带的一个 Web 服务器,默认情况下在 IIS 下架设的网站提供的是 HTTP 服务,这意味着浏览器和 Web 服务器(IIS)之间传输的信息都是明文的形式。攻击者通过安装监听程序可以很容易地获得信息的内容。实际上,IIS 提供了对 SSL 协议的支持,只要启用 SSL 协议,浏览器和服务器之间传输的所有数据都会被加密,对于像邮箱登录、网上银行等安全性要求较高的网站来说这是很有必要的。

如果要为网站启用 SSL 协议(访问该网站需要以 https://开头的地址),则前提是必须在服务器端安装支持 SSL 的服务器证书和在客户端安装支持 SSL 的客户端证书(可选)。很多 Web 服务器都提供了对 SSL 协议的支持,如 IIS、Tomcat、Apache 等。以 IIS 为例,如果在 Windows 2003 中安装了"证书服务"(只有服务器版本的 Windows 系统才能够安装此项),就相当于使这台机器成为一台在线的 CA,能够为 IIS 中的网站和客户端浏览器颁发证书了。对于 IIS 来说,在某个网站的"属性"→"目录安全性"中,单击"服务器证书"就可以为该网站向 CA(本机上的 CA 服务或公共 CA)申请证书,然后将证书安装好,并把该证书作为网站服务器的证书,就能实现网站和客户端之间采用 SSL 进行安全通信了。

IIS 申请服务器证书和开通 SSL 的具体过程如下:

(1) 在 IIS 中,选择某个网站并右击,在快捷菜单中选择"属性",在弹出的对话框中选择"目录安全性"标签页,如图 7.6 所示。单击"服务器证书"按钮,就会弹出"欢迎使用 Web 服务器证书向导"对话框。在向导的第一步中,选择"创建一个新证书",在第二步中,选择"现在准备请求,但稍候发送",这样系统会把证书请求保存为一个文件,可以在以后任何时候把该请求发送给 CA 申请证书;如果已经安装了"证书服务",则可以选择立即发送请求(本例中没有安装"证书服务",因此只能选稍候发送,向公共 CA 申请证书)。

图 7.6　设置服务器证书

在第三步中,要求输入新证书的名称和密钥长度,建议密钥长度选择 1024 位以上。

在第四至六步中,要求输入 Web 站点的组织信息、公用名称和地理信息,其中公用名称必须是该网站在 Internet 上的域名。

在第七步,会提示用户将上述证书请求信息保存在一个文本文件中(默认是 c:\certreq.txt)。

注意:申请证书时必须向 CA 提交用户身份信息和公钥。certreq.txt 文件实际上包含了 IIS 自己产生的公钥/私钥对以及上述步骤中的用户信息等,并进行了加密处理。它将作为申请服务器证书时向 CA 提交的用户信息和公钥信息。

(2) 接下来,将生成的证书请求信息 certreq.txt 发送给某个公共 CA,以申请证书。访问中国数字认证网(http://www.ca365.com),在首页中,选择"测试证书"下的"用 PKCS10 文件申请证书",将打开如图 7.7 所示的网页。

图 7.7 向公共 CA 申请 IIS 服务器证书

(3) 将第七步中所生成的证书请求信息文件 certreq.txt 的内容复制到图 7.7 页面中的"证书申请"栏中,并在"证书用途"下拉框中选择"服务器身份验证证书",单击"提交"按钮,就可以申请到一个服务器证书。在接下来的页面中单击"下载并安装证书"就可以将该证书下载,下载的证书默认文件名是 NewCert.der。

(4) 为 IIS 服务器配置证书。在 IIS 中,仍然单击"目录安全性"选项卡中的"服务器证书"按钮,这次弹出的 IIS 证书向导将和第(1) 步中的向导不同,在第一步"挂起的证书请求中"(图 7.8)选择"处理挂起的请求并安装证书",在第二步(图 7.9)中,选择刚才申请到的证书 NewCert.der 文件,连续单击"下一步"按钮直至单击"完成"按钮,就为 IIS 的网站安装好服务器证书了。

(5) 为网站启用 SSL。安装证书后,可发现目录安全性的"安全通信"下的"查看证书"和"编辑"按钮都可用了。单击"编辑"按钮,在如图 7.10 所示"安全通信"对话框中,选中"要求安全通道(SSL)",再选中"要求 128 位加密",这样就启用了 SSL 服务。在"客

图 7.8 处理挂起的请求并安装证书

图 7.9 为 IIS 的网站安装申请的证书

户端证书"中,默认是忽略客户证书的,表示服务器不需要验证客户端的证书。

图 7.10 为 IIS 网站启用 SSL 服务

至此,其他用户就可以采用 SSL 安全方式访问配置好 SSL 服务器证书的 Web 站点了,即在浏览器地址栏中输入 https://开头的 URL。这时如果用 Sniffer 等抓包软件抓取客户端和服务器之间传送的数据,就会发现所有数据都已被加密了。

7.3　SET　协　议

在开放的 Internet 上进行电子商务,首要的问题就是保证参与交易各方传输交易数据的安全。为了满足电子交易日益增长的安全需求,Visa 和 MasterCard 两大信用卡公司与 IBM、Microsoft、Netscape、Verisign、Terisa 等厂商联合推出了基于信用卡的在线支付电子商务安全协议——安全电子交易协议(Secure Electronic Transaction,SET),SET协议主要应用于 B2C 电子商务系统,它完全针对信用卡来制定,其内容包含了信用卡在电子商务交易中的交易协定、信息保密和资料完整性等方面。

7.3.1　SET 协议概述

SET 协议是目前广泛使用的一种网络银行卡付款机制,是进行在线交易时保证银行卡安全支付的一个开放协议。SET 是保证在开放网络上进行安全支付的技术标准,是专为保护持卡人、商家、发卡银行和收单银行之间在 Internet 上进行信用卡支付的安全交易协议。SET 协议的目标是将银行卡的使用从商店的 POS 机上扩展到消费者的个人计算机中。

目前,SET 协议已成为电子商务交易领域事实上的工业标准,并获得了 IETF 的认可。

SET 协议主要是通过使用密码技术和数字证书来保证信息的机密性和完整性。SET 协议是一个基于可信第三方认证中心的方案,它要达到的主要目标如下:

(1) 保证信息在 Internet 上安全传输,SET 能确保网络上传输信息的机密性及完整性。

(2) 解决多方身份认证的问题,SET 提供对交易各方(包括持卡人、商家、收单银行)的身份认证。

(3) 保证电子商务各方参与者信息的隔离,客户的资料加密或打包后经过商家到达银行,但商家看不到客户的账号和口令信息,保证了客户账户的安全和个人隐私。

(4) 保证网上交易的实时性,使所有的支付过程都是在线的。

(5) 规范协议和消息格式,使不同厂家基于 SET 协议开发的软件具有兼容性和互操作性,允许在任何软、硬件平台上运行,这些规范保证了 SET 协议能够被广泛应用。

(6) 实现可推广性。SET 协议是一个具备易用性和可实施性的标准,特约商店、持卡人在应用 SET 协议时,不需要对自身系统做较大修改。允许在使用者的应用软件中嵌入付款协定的执行,对收单银行与特约商店、持卡人与发卡银行间的关系以及信用卡组织的基础架构改动最少。

因此,SET 协议的主要目的是实现网上交易数据的机密性、完整性,保证交易的不可否认性和对交易方的身份认证。

7.3.2 SET 系统的参与者

SET 协议的交易过程中,需要有 6 个角色参与,即信用卡持有者(持卡人)、商家、发卡银行、收单银行、支付网关和认证中心。这些角色之间的联系如图 7.11 所示。

商家　　　　支付网关

持卡人

Internet

ISO 8583
银行网络

认证中心　　　发卡银行　　　收单银行

图 7.11　SET 系统的基本组成

1. 持卡人

持卡人(card holder)是指使用信用卡进行电子商务交易的消费者。他们通过计算机网络与网上商家进行交易,持卡人使用发卡银行发行的信用卡进行结算,并从认证中心获取个人的数字证书。

2. 商家

商家(merchant)提供商品或服务,在 SET 中,商家为了与持卡者进行电子交易,必须与相关的收单行建立某种关系,如在收单行开设账户,才能收取持卡者支付的货款。

3. 发卡银行

发卡银行(issuer)是一个金融机构,为持卡者建立一个账户并发放支付卡,发卡银行保证只对经过授权的交易进行付款。

4. 收单银行

收单银行(acquirer)也是一个金融机构,为商家建立一个账户并处理支付卡授权和支付。一般情况下,商家可以接受多种支付卡,但不希望与多个银行卡组织打交道。收单银行就扮演了一个代理人的角色。收单银行负责通过某种类型的支付网络(payment network)将支付款转到商家的账户中。

5. 支付网关

支付网关(payment gateway)是银行金融专网与 Internet 网络之间的接口,是由银行操作的将 Internet 上传输的数据转换为银行内部数据的一组服务器,这些数据是处理电子交易时的支付数据及持卡人的支付请求。实现对支付信息从 Internet 到银行内部网络的转换,其主要原理是将不安全的 Internet 交易信息进行 ISO 8583 银行数据格式转换,再进行加密后传给安全的银行专网,起到隔离和保护银行专网的作用。支付网关还可对商家和持卡人进行认证。

当持卡人支付成功后,支付网关会反链到商家网站,并向商家网站发送一个加密消息通知商家持卡人支付成功。商家收到该付款确认后就可安排发货。

6. 认证中心

认证中心(CA)是一个负责发放和管理数字证书的权威机构。在 SET 协议中,认证中心负责发放或撤销持卡人、商家和支付网关的数字证书,让他们可以通过证书相互认证。

需要注意的是,SET CA 的结构比较特殊,SET CA 的第一层为根 CA,第二层为品牌 CA(如银行的 CA),第三层根据证书使用者的不同可分为持卡人 CA、商家 CA 和策略 CA。

7.3.3　SET 协议的工作流程

下面以一个完整的网上购物流程来介绍 SET 协议是如何工作的。

1. 初始请求

(1) 持卡人(顾客)使用浏览器,在商家的购物网站上查看在线商品目录,浏览商品信息。然后选择欲购买的商品,放入购物车中。

(2) 填写相应的订货单(包括商品名称和数量、送货时间和地点等相关信息)。

(3) 选择 SET 作为其付款协议,然后单击"付款"按钮。

(4) 此时浏览器会自动激活支付软件(如电子钱包),向商家发送初始请求。初始请求信息中包括持卡人使用的交易卡种类和数字证书,以及持卡人的 ID 等,以便商家选择合适的支付网关。

2. 初始应答

(1) 商家收到用户的初始请求后,会产生初始应答信息。初始应答信息包括该笔交易标识号、商家标识和支付网关标识、购买项目和价钱等。

(2) 用单向散列函数对初始应答信息生成报文摘要,用商家的私钥对报文摘要进行数字签名。

(3) 将商家证书、支付网关证书、初始应答信息、初始应答的数字签名等发送给持卡人。因为初始应答信息不包含任何机密信息,所以初始应答信息未加密,但是初始应答信息的数字签名可以保证它不会被篡改。

3. 购物请求

（1）持卡人接收初始应答，验证商家和支付网关的证书，以确认这些证书是有效的。

（2）用商家证书中的公钥验证初始应答信息的数字签名，如果验证通过，一方面表明初始应答信息在传输途中未被篡改，另一方面表明商家拥有该证书的私钥，是该证书的持有者。

（3）持卡人检查初始应答信息中的购买项目和价钱正确无误，向商家发出购物请求，它包含了真正的交易行为。

购物请求是 SET 协议中最复杂的信息，它主要包含订单信息（OI）和付款指示（PI）。通过双重签名技术使商家只可以看到订单信息，而收单银行只可以看到付款指示。这样商家不能看到顾客的信用卡卡号，而银行也无法看到顾客的订单详细信息，从而保护了顾客的隐私。另一方面，持卡人对购物请求进行签名后，就表明他同意了这次购买，日后不能再否认，从而保证了交易信息的不可否认性。而且 OI 和 PI 必须捆绑在一起发送给商家。如果单独发送这两个信息给商家，而商家又能获得这个顾客的其他 OI，那么商家就可以声称其他某个 OI 是和这个 PI 一起来的，而不是原来那个 OI。双重签名的过程如图 7.12 所示。

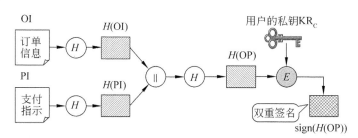

图 7.12　双重签名的过程

在图 7.12 中，顾客使用 SHA-1 算法，取得 OI 和 PI 的散列码。接着将这两个散列码连接起来，再求一次散列码，并用自己的私钥 KR_C 加密，就产生了双重签名，这个过程可以用下面的式子表示：

$$sign(H(OP)) = E_{KR_C}(H(H(OI) \parallel H(PI)))$$

为了让商家和银行验证双重签名，顾客 C 将消息 $\{OI, H(PI), sign(H(OP))\}$ 发给商家 M，将消息 $\{PI, H(OI), sign(H(OP))\}$ 发给银行 B，如图 7.13 所示。商家 M 验证双重签名时，首先计算 OI 的消息摘要得到 $H(OI)$，然后将 $H(OI)$ 与消息中的 $H(PI)$ 进行连接，再求散列值就得到 $H(OP)$，最后用 C 的公钥解密 $sign(H(OP))$，得到另一个 $H(OP)$，如果这两个 $H(OP)$ 相同，就证明数据在传输途中未被篡改，而且顾客有其证书对应的私钥。

但实际上，OI 在传输途中不能被第三方看到，因此必须对顾客 C 发给商家 M 的信息进行加密，通常采用数字信封的方式，顾客 C 用商家 M 的公钥加密一个对称密钥，再用该对称密钥加密消息 $\{OI, H(PI), sign(H(OP))\}$ 发送给商家。

图 7.13 顾客发送的含有双重签名的购物请求

实际上,顾客是不能直接给银行(支付网关)发送付款指示消息的,他只能将消息发给商家,再由商家转发给银行。因此,他必须将发给银行的消息{PI, H(OI), sign(H(OP))}用支付网关的公钥加密,与发给商家的消息一起发给商家。这样,商家收到后只能解密自己的信息,而不能解密需转发给支付网关的信息,因为它没有支付网关的私钥。因此,购物请求包括 3 方面的内容:

(1) 与订购相关的信息,此信息是商家需要的,其组成如下:

{订单信息 OI,付款摘要 H(PI),双重签名}

(2) 与付款相关的信息,此信息将由商家转发给支付网关,其组成如下:

{付款指示 PI,订单摘要 H(OI),双重签名}

然后将这些信息用支付网关的公钥采用数字信封的形式加密。

(3) 顾客的数字证书。商家可以从数字证书中获得顾客的公钥。

当商家接收到购物请求后,它将执行如图 7.14 所示的步骤验证购物请求。

图 7.14 顾客提交的购物请求及商家验证购物请求的过程

4. 商家发出支付授权请求给支付网关

1) 商家收到顾客的购物请求后,先验证顾客的数字证书,如通过,则继续。

2) 用商家的私钥解密订单信息 OI,并提取顾客 C 证书中的公钥验证双重签名,检查数据在传输过程中是否被篡改。如数据完整,则处理订单信息。商家核对购物请求的全过程,如图 7.14 所示。

3) 商家产生支付授权请求(即商家同意交易的标识)。商家将支付授权请求用散列算法生成报文摘要,并对报文摘要进行签名,然后用支付网关的公钥加密支付授权请求(采用数字信封方式加密)。

4) 商家将其证书、支付授权请求的密文、商家对支付请求的签名及持卡人通过商家转发的双重签名等信息发往支付网关。商家向支付网关发送的支付授权信息如下:

(1) 商家从顾客发来的购物请求中获得的信息,即用支付网关公钥加密的{PI, $H(OI)$, sign($H(OP)$)}。

(2) 由商家生成的支付授权请求,包括支付授权请求和商家的签名。

(3) 证书,包括顾客的数字证书(用于验证双重签名)、商家的数字证书(用于验证商家对支付授权请求的签名)以及商家的密钥交换证书(在支付网关的应答中用来加密会话密钥形成数字信封)。

5. 支付网关验证支付授权请求并向发卡银行发送支付授权请求

(1) 支付网关收到商家的支付授权请求信息后,验证过程如图 7.15 所示。它首先验证商家证书,再验证商家的签名,最后查看商家是否在黑名单内。具体是:支付网关用其私钥解密支付授权请求密文,并验证商家对支付授权请求的签名,如果能用支付请求的明文重新设计该签名,则表明支付授权请求未被篡改。

(2) 支付网关验证持卡人的证书。然后用其私钥解密{PI, $H(OI)$, sign($H(OP)$)}的密文,得到付款指示 PI。接着用这些信息验证双重签名,此过程和商家验证双重签名类似。验证成功则证明付款指示 PI 未被篡改过。

(3) 验证来自商家的交易标识与来自持卡人的付款指示 PI 中的交易标识是否匹配,若匹配,说明是同一个交易,则支付网关产生一个支付授权请求。

(4) 支付网关通过银行专用网向持卡人所属的发卡银行发送支付授权请求。

图 7.15　支付网关核对付款请求指示的过程

6. 发卡银行对支付授权请求应答

发卡银行在收到支付网关的支付授权请求后,检查持卡人的信用卡是否有效。若有效,则发卡银行批准交易,并向支付网关发出支付授权应答。

7. 支付网关向商家发送支付授权应答

支付网关产生支付授权应答信息,包括发卡银行的响应信息和支付网关的证书等,并将其用商家密钥交换证书中的公钥加密形成数字信封。将发卡银行的响应信息用其私钥加密,作为支付授权应答信息发给商家。以通知商家持卡人已经付款成功,商家以后可以使用支付授权应答信息要求支付网关将此笔交易款项从持卡人账户转到商家账户。

8. 商家向持卡人发送购物应答

(1) 商家验证支付网关的证书,并用证书中的公钥解密支付授权应答,再验证支付网关的数字签名,以确认支付授权应答报文未被篡改过。

(2) 商家产生购物应答,对购物应答生成报文摘要,并签名。

(3) 将商家证书、购物应答、数字签名一起发给持卡人。

9. 持卡人接收并处理商家订单确认信息

(1) 持卡人收到购物应答后,验证商家证书。

(2) 验证通过后,对购物应答产生报文摘要,用商家公钥解开数字签名,得到原始报文摘要,将其与新产生的报文摘要进行比较,相同则表示数据完整。

(3) SET 软件记录交易日志,以备将来查询。

(4) 持卡人等待商家发货,若未收到货,则可凭交易日志向商家发出询问。

10. 商家发货并结算

商家委托物流公司发送货物给持卡人,并在适当的时候通知收单银行将钱从持卡人的账号转移到商家账号,或通知发卡银行请求支付,即完成货款结算。

整个 SET 协议的购物流程如图 7.16 所示,其中 CA 负责对 SET 各方身份的认证。

图 7.16　SET 协议的购物流程

7.3.4 对 SET 协议的分析

SET 协议具有如下一些特点：

(1) 交易参与者的身份认证采用数字证书的方式来完成,同时交易参与者用其私钥对有关信息进行签名也验证了他是该证书的拥有者。

(2) 交易的不可否认性采用数字签名的方法实现,由于数字签名是由发送方的私钥产生的,而发送方私钥只有他本人知道,因此发送方不能对其发送过的交易信息进行抵赖。

(3) 用报文摘要算法(散列函数)来保证数据的完整性,从而确保交易数据没有遭到过篡改。

(4) 由于公钥加密算法的运算速度慢,SET 协议中普遍使用数字信封技术,用对称加密算法来加密交易数据,然后用接收方的公钥加密对称密钥,形成数字信封。

完成一个 SET 协议交易过程需传递数字证书 7 次,验证数字证书 9 次,进行 5 次数字签名,验证数字签名 6 次,进行 4 次对称加密和 4 次非对称加密,进行 4 次对称解密和 4 次非对称解密。具体统计如表 7.1 所示。

表 7.1 SET 交易过程中各种处理操作统计表　　　　　　　　(单位：次)

参与方	传递数字证书	验证数字证书	签名	验证签名	对称加密	非对称加密	对称解密	非对称解密
持卡人	1	3	1	2	1	1		
商家	5	3	3	2	1	1	2	2
支付网关	1	3	1	2	2	2	2	2
合 计	7	9	5	6	4	4	4	4

SET 协议交易流程有以下不足：

(1) SET 协议运行机制复杂,使用成本较高,从而给该协议的推广和普及带来了困难。有被 3-D Secure 协议取代的趋势。

(2) 参与交易的实体多,难以协调。SET 协议涉及持卡人、商家、支付网关、银行等众多经济实体,协调难度大,互操作性差。

(3) 交易证据不可留存。SET 技术规范没有提及在事务处理完成后如何安全地保存或销毁此类交易数据。

(4) SET 的证书格式较特殊,虽然也遵循 X.509 标准,但它主要是由 Visa 和 Master Card 开发并按信用卡支付方式来定义的,限制了其他支付方式的使用。

除此之外,SET 协议所应用的范围也受到限制,目前只有 B2C 商务可以支持 SET 协议模式,不能用于 B2B 商务。同时,当涉及 B2C 商务时,该协议只能在某些领域里的卡支付业务中发挥作用,不能被广泛应用。

7.4　3-D Secure 协议及各种协议的比较

7.4.1　3-D Secure 协议

针对 SET 协议实施成本高、处理效率低的缺陷(尽管很安全),2001 年,Visa 公司提出了新一代的全球通用支付标准 3-D Secure。目前,基于 3-D Secure 的在线支付系统在国外已经普遍使用,全世界有 9000 家银行、2.9 亿信用卡已经采用此种认证标准。在我国,3-D Secure 还处于起步阶段,只有民生银行开始了 3-D Secure 的试用。

1. 3 个区域

3-D Secure 把现行信用卡交易架构分为 3 个区域(domain):

1) 发卡银行区域(issuer domain)

发卡银行区域包括持卡人、持卡人浏览器、发卡行和接入控制服务器(Access Control Server,ACS),它主要定义持卡人与发卡银行之间如何联系。它的主要职责是:①持卡人在注册时认证其身份;②在线支付时认证持卡人的身份。

2) 收单银行区域(acquirer domain)

收单银行区域包括商家、商家服务器的插件(Merchant server plug-In,MPI)、收单行(支付网关)。它主要定义商家与收单银行之间的联系。它的主要职责是:①定义过程以确保参与 Internet 交易的商家的活动符合其与收单银行之间的协定;②为已认证的交易提供事务处理。

3) 互操作区域(interoperability domain)

互操作区域用来支持收单银行区域与发卡银行区域之间的联系。该区域采用共有的协议及共享的服务简化收单银行区域与发卡银行区域之间的事务交易。包括的实体有目录服务器(DS)、验证历史服务器(authentication history server)、授权系统(Visa net)和商业证书颁发机构。

2. 3-D Secure 的工作机制

3-D Secure 协议主要包含两部分:持卡人注册流程和购物流程。

1) 持卡人注册流程

(1) 持卡人访问发卡行的注册网站的"Visa 验证服务"的注册网页(或者到发卡银行的柜台登记)。

(2) 按指示输入 Visa 卡的资料(卡号、有效日期等)。设置"密码"和"个人保障信息",作为对身份的确认。

(3) 注册记录将传递到发卡行的 ACS 服务器,为以后验证作准备。

2) 购物流程

(1) 持卡人浏览商家网站,选择商品,然后确认用信用卡购买并输入卡号,系统就会发送持卡人的卡号给商家。

（2）MPI 将卡号送到 Visa 目录服务器，以验证注册请求。

（3）如果卡号在 3-D Secure 协议参与者的卡号范围内，Visa 目录服务器根据卡号范围查询相应的 ACS，以确定该卡是否可以得到验证。

（4）ACS 将验证结果和自己的网址反馈给 Visa 目录服务器。

（5）Visa 目录服务器将反馈信息发送到 MPI。

（6）提供验证转接。MPI 将付款人验证请求信息通过持卡人的设备提供给 ACS。

（7）ACS 收到付款人验证请求后，弹出窗口。

（8）ACS 验证付款人的请求（密码、个人保障信息）。

（9）ACS 验证购物者后，生成付款人验证反馈信息并进行数字签名，同时将有关信息发给 Visa 得到认证历史服务器。

（10）ACS 通过购物者的设备，将付款人验证反馈信息返回给商家。

（11）MPI 收到付款人验证反馈信息后，检验该消息中签名的合法性（验证签名）。

（12）商家继续处理，将授权信息发送给收单银行（请求授权）。

7.4.2　SSL 与 SET 协议的比较

SET 是应用于 Internet 上的以信用卡为基础的安全电子交易协议，是针对信用卡在 Internet 上如何安全付款而制订的交易应用协议，而 SSL 仅仅是一个数据传输的安全协议，它只是为了确保通信双方信息安全传输而制订的协议。也就是说，SET 是电子商务交易的专用协议，而 SSL 是保证 Web 安全的一个通用协议。可以从如下几方面对这两个协议进行比较。

1. 用户接口

SSL 协议已经被浏览器和 Web 服务器内置，因此无须安装专门的 SSL 软件；而 SET 协议中客户端需要安装专门的电子钱包软件，在商家服务器和银行网络上也需安装相应的软件。

2. 处理速度

SET 协议非常复杂、庞大，处理速度慢。一个典型的 SET 交易过程需验证数字证书 9 次，验证数字签名 6 次，传递证书 7 次，进行 5 次数字签名、4 次对称加密和 4 次非对称加密，整个交易过程可能需花费 2 分钟；而 SSL 协议则简单得多，处理速度比 SET 协议快。

3. 认证要求

SSL V3.0 可以通过数字证书和签名实现浏览器和服务器之间的相互身份认证，但不能实现多方认证，而且 SSL 中只有对服务器的认证是必需的，对客户端的认证是可选的。相比之下，SET 协议对身份认证的要求较高，所有参与 SET 交易的成员都必须申请数字证书，并且解决了客户与银行、客户与商家、商家与银行之间的多方认证问题。

4. 安全性

安全性是网上交易最关键的问题。SET 协议由于采用了公钥加密、消息摘要和数字签名,可以确保交易信息的完整性、保密性、可鉴别性和不可否认性,且 SET 协议采用了双重签名来保证各参与方信息的相互隔离,使商家只能看到持卡人的订单信息,而银行只能看到持卡人的信用卡信息。SSL 协议虽然也采用了公钥加密、消息摘要和 MAC 检测,可以提供保密性、完整性和一定程度的身份鉴别功能,但缺乏一套完整的认证体系,不能提供抗抵赖功能。因此,SET 的安全性比 SSL 的安全性明显要高。

5. 协议层次和功能

SSL 属于传输层的安全技术规范,它不具备电子商务的商务性、协调性和集成性功能,而 SET 协议位于应用层,它不仅规范了整个电子商务活动的流程,而且制订了严格的加密和认证标准,具有商务性、协调性和集成性功能。

表 7.2 对分别采用 SSL 和 SET 协议购物的过程进行了对比。

表 7.2　SSL 协议和 SET 协议的比较

比较内容	SSL	SET
应用方面	因为非应用层协议,所以无应用上的限制,目前多应用在以 Web 网站为基础的网络银行、网上证券、网络购物上	目前只能应用于银行的信用卡上
客户端证书需求	可有可无,因为对客户端的认证是可选的	可选择有或没有(取决于商家所连接的支付网关),但目前若采用 SET,通常都要求客户端有数字证书
PKI 规范	无特别的 PKI 规范,只要客户端可以确认服务器使用的证书真实有效,即可建立双方的安全通信	有明确的 PKI 规范,必须是专为某个 SET 应用建立的 PKI
身份认证	只能单向或双向认证	可多方认证
加密的信息	有,建立点对点的秘密信道,且对所有的消息加密	有,且可以针对某一特定交易信息进行加密,如只加密表单中的信息
完整性	消息均有 MAC 保护	利用 SHA-1 配合数字签名,以确保资料的完整性
交易信息来源识别	无,虽可通过数字签名做身份识别,但非应用层协议,无法针对某个应用层的交易信息进行数字签名	有,通过交易信息发送方的数字签名来验证
抗抵赖性	无,因为所有要传输的信息均以对称密钥进行加密,无法实现不可否认性	有,通过数字签名来验证
风险性责任归属	商家及顾客	SET 相关银行组织

通过以上分析可以看出,SET 从技术和流程上都优于 SSL,在电子交易环节上提供了更大的信任度、更完整的交易信息、更高的安全性和更少受欺诈的可能性,但是 SET 的实现成本也高,互操作性差,且实现过程复杂,所以还有待完善。

7.4.3　SSL 在网上银行的应用案例

由于 SSL 协议的成本低,速度快,使用简单,对现有网络应用系统不需要进行大的修改,因此目前取得了广泛的应用。但随着电子商务规模的扩大,网络欺诈的风险性也在提高,在未来的电子商务中 SET 协议将逐步占据主导位置。

实际上,SSL 一开始并不是为支持电子商务而设计的,而是后来为了克服其局限性而在原来的基础上发展了 PKI,使其也能支持电子商务应用。然而,SSL 的功能完成得非常圆满,目前,很多银行和电子商务解决方案提供商还在考虑使用 SSL 构建更多的安全支付系统,但是如果没有客户端软件的支持,基于 SSL 的系统不可能实现 SET 这种专用银行卡支付协议所能达到的安全性。

1. SSL 和 SET 的选择依据分析

SSL 主要是和 Web 应用一起工作,对于一些简单的电子商务应用,SSL 也能实现,因此如果电子商务应用只是通过 Web 或是电子邮件,则可以不要 SET。SET 是为信用卡交易提供安全,如果电子商务应用是一个涉及多方交易的过程,则使用 SET 会更安全、更通用。

因此,如果存在如下两种情况,最好选择 SET 协议:

(1) 消费者要将信用卡账号信息传递给商家。

(2) 交易涉及多方参与,而不是消费者和商家双方。

SET 和 SSL 还可以结合起来使用,例如,有的商家考虑在与银行连接中使用 SET,而与客户连接时仍然使用 SSL。这种方案既回避了在客户机器上安装电子钱包软件的麻烦,同时又获得了 SET 提供的很多优点。

2. SSL 协议网上银行的案例

在我国,几乎每家银行都开通了网上银行。其中,建设银行、工商银行、农业银行和中信银行、招商银行的网银采用的是 SSL 方案,而中国银行的网上银行采用的是 SET 协议。这使得用户需要安装"中银电子钱包"软件才能在中国银行约定的网上商家处购物,而采用 SSL 协议的网银和其他支付网站(如支付宝)则无此要求。

以招商银行的网上银行"一网通"为例,招商银行 CA 系统用于 Web 服务器的 SSL 公开密钥证书,也可以为客户的浏览器颁发证书,在 SSL 协议的对称密钥交换过程中加密密钥参数。今后会开发其他的密码服务,并在国家有关部门规定下开展公开密钥证书服务。CA 系统处于非联机状态,运行 CA 的服务器在私有网上,用户不能通过 Internet 访问。CA 会在 Web 服务器上提供查询和客户证书申请接口 RA,用户可以查询证书状态,提交证书请求。Web 服务器运行 CA 数据库的一个独立副本,与 CA 并没有网络连接。这样充分保证了 CA 的安全。

商家需要与银行的支付网关建立连接,开发流程如下:

(1) 与银行网关建立连接的商家需要在该银行开通网上银行,并申请支付网关证书和商家网银证书。网关证书用于商家向支付网关发送加密信息,网银证书用于商家发送签名消息。

(2) 由银行方提供接口,即订单的报文格式等。商家按照对应的接口开发调试网站程序,与银行网关直连。

(3) 银行与商家之间协商一种加密算法,对订单信息进行加密处理。

客户进行支付的业务流程如下:

(1) 客户在商家网站选购某种商品并选择一家银行实施网上支付,商家网站的支付网关接口会产生一个报文 M(订单号、金额、商家号、商家返回地址、交易日期),然后自动跳转到客户选择的银行网关,同时将这些信息加密后发送给银行网关。

(2) 支付网关会将报文 M 中的关键字段(如订单号、金额、商家名、交易日期等)回显在客户端,客户确认无误后,登录到银行网站进行支付。

7.5　IPSec 协议

由于目前的网络基础设施存在各种漏洞,为了在这种不可靠的网络环境下从事安全的电子商务,人们设计出了像 SSL 和 SET 等电子商务安全协议,这些协议通过加密、认证等措施来保障电子交易的保密、完整、真实性和不可抵赖性。

如果换一种思路,假定电子交易活动所依托的 Internet 网络环境本身就是安全的,能满足电子商务安全的各种基本需求,那么就不需要在交易的处理过程中考虑如此之多的安全问题了。IPSec 安全体系正是从这一思路发展而来的,它的设计目的是对 IP 层本身的安全性进行改良。

7.5.1　IPSec 协议概述

IPSec 协议是伴随着 IPv6 方案逐渐开发和实施的 Internet 本体安全性解决方案,力图在网络层对 Internet 的安全问题做出圆满解决,是 IPv6 安全性方案的重要协议体系,对 Internet 未来的安全性起着至关重要的作用。所以,对于以 Internet 为物理基础的电子商务应用来说,在 IPSec 出现后,电子商务的安全子系统可以直接构建在 IPSec 体系结构之上。

在传统的 TCP/IP 协议中,并没有对 IP 包本身的安全性进行定义,导致很容易便可伪造 IP 包的源地址、修改 IP 包的内容、重放以前的包以及在传输途中拦截并查看 IP 包的内容。因此,接收方很难确定收到的 IP 数据包来自真正的发送方,并且内容没有被修改或阅读过。

针对上述问题,IPSec 对 IP 协议的安全性作了如下一些改进:

(1) 数据来源地址验证。

(2) 无连接数据的完整性验证。

（3）保证数据内容的机密性。

（4）抗重放保护。

（5）数据流机密性保证。

IPSec 可在以下 3 个不同的安全领域使用：虚拟专用网络（VPN）、应用级安全以及路由安全。目前，IPSec 主要用于 VPN。在应用级安全或路由安全中使用时，IPSec 还不是一个完全的解决方案，它必须与其他安全措施配合才能更具效率，从而妨碍了 IPSec 在这些领域的部署。

IPSec 通过使用加密技术、安全协议和动态密钥管理，可以实现以下这几个安全目标：

（1）认证 IP 报文的来源。

基于 IP 地址的访问控制十分脆弱，因为攻击者可以很容易利用伪装的 IP 地址来发送 IP 报文。IPSec 允许设备使用比源 IP 地址更安全的方式来认证 IP 数据包的来源。IPSec 的这一标准称为原始认证（origin authentication）。IPSec 可以使用对称密钥或公钥技术两种方式进行认证，即基于预共享密钥的认证和基于数字证书的公钥认证。

（2）保证 IP 数据包的完整性。

除了确认 IP 数据报的来源，还希望能确保报文在网络中传输时没有发生变化。使用 IPSec，可以确信在 IP 报文上没有发生任何变化。IPSec 的这一特性称为无连接完整性。

（3）确保 IP 报文的内容在传输过程中未被读取。

除了认证与完整性之外，还期望当报文在网上传播时，未授权方不能读取报文的内容。这可以通过在传输前将报文加密来实现。通过加密报文，可以确保攻击者不能破解报文的内容，即使他们可以用侦听程序截获报文。

（4）确保认证报文没有重复。

最终，即使攻击者不能发送伪装的报文，不能改变报文，不能读取报文的内容，攻击者仍然可以通过重放截获的认证报文来干扰正常的通信，从而导致事务多次执行，或是使被复制报文的上层应用发生混乱。IPSec 能检测出重复报文并丢弃它们，这一特性称为反重放（antireplay）。

（5）实现不可否认性。

发送方用私钥产生一个数字签名随消息一起发送，接收方使用发送方的公钥来验证签名，通过数字签名的方式来实现不可否认性。

IPSec 建立在终端到终端的模式上，这意味着只有识别 IPSec 的计算机才能作为发送和接收计算机。IPSec 并不是一个单一的协议或算法，它是一系列加密实现中使用的加密标准定义的集合。IPSec 实现在 IP 层的安全，因而它与任何上层应用或传输层的协议无关。上层不需要知道在 IP 层实现的安全，所以上层不需要作任何修改。

7.5.2 IPSec 的体系结构

IPSec 由一系列协议组成：IPSec 组件包括认证头协议（AH）和封装安全载荷协议（ESP）、密钥交换协议（IKE）、安全关联（SA）及加密和认证算法等。图 7.17 描述了

IPSec 的体系结构、组件及各组件之间的相互关系。

（1）认证头（Authentication Header，AH）：提供数据源认证、数据完整性和重放保护。数据完整性由消息认证码（MAC）生成校验码实现，数据源认证由被认证的数据中共享的密钥实现，重放保护由 AH 中的序列号实现。AH 不提供加密服务。

（2）封装安全载荷（Encapsulation Security Payload，ESP）：除了数据源认证验证、数据完整性和重放保护外，还提供加密服务。除非使用隧道，否则 ESP 通常只保护数据，而不保护 IP 报头。当 ESP 用于认证时，将使用 AH 算法。可见 ESP 和 AH 能够组合或嵌套。图 7.18 是 ESP 的数据包封装方式。

AH 和 ESP 可以单独使用，也可以配合使用。

图 7.17　IPSec 协议的体系结构

应用组合方式，可以在两台主机、两台安全网关（防火墙和路由器）或者主机与安全网关之间配置多种灵活的安全机制。

图 7.18　ESP 协议的数据包封装方式

（3）密钥交换协议（Internet Key Exchange，IKE）：协商通信双方使用的算法、密钥，协商在两个对等实体间建立一条隧道的参数，协商完成后再使用 ESP 或 AH 封装数据。IKE 协议还将动态地、周期性地在两个对等网络之间更新密钥。

（4）解释域（Domain of Interpretation，DOI）：将所有的 IPSec 协议捆绑在一起，是 IPSec 协议安全参数的主要数据库。

（5）密钥管理：由 IKE 和安全关联（Security Association，SA）实现。两台 IPSec 计算机在数据交换之前必须首先建立某种约定，这种约定就称为"安全关联"。SA 对两台计算机之间的策略协议进行编码，指定它们将使用哪些加密算法和什么样的密钥长度，以及实际的密钥本身。IKE 的主要任务是生产和管理密钥，集中管理安全关联，减少连接时间。

7.5.3　IPSec 的工作模式

IPSec 的工作模式有传输模式和隧道模式两种，它们的工作原理如图 7.19 所示。

1. 传输模式

传输模式为上层协议（如 TCP）提供保护，保护的是 IP 包的有效载荷（如 TCP、UDP 或 ICMP），传输模式使用原始明文 IP 头，并且只加密数据，通常用于两台主机之间的安

图 7.19　IPSec 的传输模式和隧道模式（设原始 IP 包中是 TCP 数据）

全通信,当一台主机运行 AH 或者 ESP 协议时,IPv4 协议的有效载荷是 IP 报头后面的数据,IPv6 协议的有效载荷是 IP 基本报文头部和扩展报文头部的数据。

2. 隧道模式

隧道模式为整个 IP 包提供安全保护,隧道模式首先为原始 IP 包增加 AH 或 ESP 字段,然后再在外部增加一个新的 IP 头部。所有原始的或者内部包通过这个隧道从 IP 层的一端传输到另一端,沿途的路由器只检查最外面的 IP 头部,不检查内部原来的 IP 头。由于增加了一个新 IP 头,因此新 IP 报文的目的地址可能与原来的不一样。

隧道模式通常用在至少一端是安全网关,如装有 IPSec 的防火墙或路由器上,如图 7.20 所示。使用了隧道模式,防火墙内的主机可以使用内部地址与另一端进行通信,而且不需要安装 IPSec,由装有 IPSec 的路由器或防火墙对数据进行加密解密。

图 7.20　传输模式和隧道模式的应用比较

3. IPSec 的工作过程

IPSec 用于提供 IP 层的安全性,由于所有支持 TCP/IP 协议的主机进行通信时都要经过 IP 层的处理,所以提供了 IP 层的安全性就相当于为整个网络提供了安全通信的基础。IPSec 的工作过程如图 7.21 所示。

两台主机首先从 IKE 处获得 SA 和会话密钥,在 IPSec 驱动程序数据库中查找相匹配的出站 SA,在该 SA 的安全策略中查找对待发送的 IP 数据包如何进行处理,并将 SA 中的 SPI 插入 IPSec 报头,对数据包进行签名和完整性检查;如果要求机密保护,则另外加密数据包,将数据包随同 SPI 发送至 IP 层,然后再转发至目的主机。

假设在一个 Intranet 中,每台主机都有处于激活状态的 IPSec 策略,两台主机间进行

图 7.21　IPSec 工作过程

通信的过程如下：

（1）主机 A 向主机 B 发送一条消息。

（2）主机 A 上的 IPSec 驱动程序检查 IP 筛选器，查看数据包是否需要接受保护以及接受何种保护。

（3）驱动程序通知 IKE 开始安全协商。

（4）主机 B 上的 IKE 收到请求安全协商通知。

（5）两台主机建立第一阶段 SA，各自生成共享"主密钥"（注：若两台主机在此前通信中已经建立起第一阶段 SA，则可直接进行第二阶段 SA 协商）。

（6）协商建立第二阶段 SA 对：入站 SA 和出站 SA，SA 包括密钥和安全参数索引（SPI）。SPI 是一个分配给每个 SA 的字符串，用于区分多个存在于接收端计算机上的安全关联。

（7）主机 A 上的 IPSec 驱动程序使用出站 SA 对数据包进行签名（完整性检查）与/或加密。

（8）驱动程序将数据包递交 IP 层，再由 IP 层将数据包转发至主机 B。

（9）主机 B 网络适配器驱动程序收到数据包并提交给 IPSec 驱动程序。

（10）主机 B 上的 IPSec 驱动程序使用入站 SA 检查完整性签名与/或对数据包进行解密。

（11）驱动程序将解密后的数据包提交上层 TCP/IP 驱动程序，再由 TCP/IP 驱动程序将数据包提交主机 B 的接收应用程序。

以上是 IPSec 的一个完整工作流程，虽然看起来很复杂，但所有操作对用户是完全透明的。中介路由器或转发器仅负责数据包的转发，如果中途遇到防火墙、安全路由器或代理服务器，则要求它们具有 IP 转发功能，以确保 IPSec 和 IKE 数据流不会遭到拒绝。

7.6　虚拟专用网

随着企业规模不断扩大，企业总部和分支机构常处在相隔很远的地理位置，而日常业务又常常需要将两个或多个局域网连接起来，以简化企业内部网的建设，另外很多出差办公的员工也希望在外就能访问企业内部网。虚拟专用网(VPN)技术的出现为企业的这些需求提供了一个解决方案。VPN需要利用网络安全协议来实现,因此可看成是安全协议的一个应用。

7.6.1　VPN概述

1. VPN的概念

虚拟专用网(Virtual Private Network,VPN)是利用Internet将物理上分布在不同地点的内部网络(局域网络)安全地连接起来,或将一个或多个远程用户与内部网络安全地连接在一起,如图7.22所示。从而可将远程用户、企业分支机构、公司业务合作伙伴的内部网络联接起来,构成一个扩展了的企业内部网。

图 7.22　VPN 的几种类型

VPN建立在Internet之上,数据传输通过Internet完成。当需要时,VPN从公用Internet中独占一部分带宽,作为私有专用网络进行通信;当通信结束后,VPN释放这部分私有专用网络带宽,归还给Internet。VPN技术在公共的Internet中建立了一条专用传输通路,事实上,这条专用的传输通路是利用Internet的资源动态组成的专用逻辑链路。而用户却感觉不到这些,对于用户的计算机来说就好像增加了一个网络连接,连接到了一个局域网中一样。VPN一般是通过IPSec或SSL协议实现专用网数据安全传输的。

2. VPN的主要优点

VPN通过开放的Internet建立私有的数据传输通道,将在外办公人员、远程分支机构、商业合作伙伴等安全地连在一起。其性价比高,可扩展性好,有广泛的应用空间和巨大的市场潜力,VPN的主要优点如下:

(1) 方便使用。远程用户或局域网往往需要通过Internet访问企业内部网资源,而企业内部网的安全策略又不允许将企业内部网的重要资源暴露在Internet上,只有通过VPN才能解决这一矛盾。

(2) 通信安全。VPN的关键技术,如数据加密技术、数据封装技术、身份认证和访问控制技术、隧道协议等,从多方面保证了在开放的Internet上安全的传输信息。

(3) 降低成本。VPN技术将数据流转移到Internet上,不仅扩大了企业内部网的范围,而且减少了企业花费在城域网和远程网络连接上的费用,从而降低了企业网络建设的成本。

（4）简化网络管理。随着企业业务的不断扩展，需要更大范围的企业内部网络。VPN 技术利用 Internet 逻辑上扩大了企业内部网的范围。企业也可以将 VPN 业务外包给运营商，从而将精力集中在自己的业务上，而不是网络上。

（5）可扩展性好。VPN 技术可以根据实际需要，动态地利用 Internet 扩展企业内部网的范围，从而方便、快速地开通新用户的 VPN 连接，或连接新的局域网。

7.6.2　VPN 的类型

VPN 分为 3 种类型，即远程访问虚拟网（access VPN）、企业内部虚拟网（intranet VPN）和企业扩展虚拟网（extranet VPN）。

1. Access VPN

对于出差流动的员工、远程办公人员或远程小型工作室，Access VPN 使他们通过 Internet 能与企业内部网络建立专用的网络连接，从而能够方便地访问企业内部网的资源（这些资源是不对 Internet 公共网公开的）。而对各个企业来说，Access VPN 可使自己削减线路和设备费用、无须为远程雇员提供公司办公设备的同时，可获得成规模的、可管理的业务解决方案。

那么远程用户是如何建立到企业内部网的 VPN 专用连接的呢？通常，Access VPN 可通过两种方式实现，一种是用户发起（client-initiated）的 VPN 连接，另一种是接入服务器发起（NAS-initiated）的 VPN 连接。

用户发起 VPN 连接的过程是：首先，远程用户通过服务提供点（POP）拨入 Internet；接着，用户通过隧道协议与企业网建立一条隧道（可加密）连接，从而访问企业内部资源。在这种情况下，用户端必须维护与管理发起隧道连接的有关协议和软件。

在接入服务器发起的 VPN 连接应用中，用户通过本地号码拨入 ISP，然后 ISP 的网络服务器再发起一条隧道连接到用户的企业网。在这种情况下，所建立的 VPN 连接对远程用户是透明的，构建 VPN 所需的协议和软件均由 ISP 负责管理和维护。

2. Intranet VPN

Intranet VPN 通过 Internet 实现企业与各个分支机构网络间的互联，是传统的专用网或其他企业网扩展或替代形式。

利用 IP 网络构建 VPN 的实质是通过公用网在各个路由器之间建立 VPN 安全隧道来传输用户的私有网络数据，用于构建这种 VPN 连接的隧道技术主要是 IPSec 等。结合服务商提供的 QoS 机制，可以有效、可靠地使用网络资源，保证了网络的质量。另外，基于 Internet 构建 VPN 是最为经济的方式，企业在规划 VPN 建设时应根据自身的需求对以上的各种网络方案进行权衡。

例如，某公司总部有企业内部数据库服务器，供全国各分支机构查询使用。考虑到经营的产品品牌和型号较多的特点，如果采用各分支机构独立核算的方式，将会给公司的统一经营管理带来很大的不便。为此，公司要求各分支机构的业务和总部同步，这就必须采用 Intranet VPN 实现各分支机构与总部网络的连接,通过 VPN 通道传输核算数据,使得定制的 ERP 软件能顺畅、安全地运行。常用方案是:在公司总部使用一台相对高端的 IPSec VPN 设备作为公司内部网的防火墙,利用自带的 VPN 网关功能为各分支机构提供 VPN 接入服务,根据各分支机构的多少,选用 IPSec VPN 设备作为防火墙和区域 VPN 节点。

3. Extranet VPN

Extranet VPN 是指利用 VPN 将企业网延伸至合作伙伴或客户,将企业与供应商、合作伙伴及供应链上的其他组织,通过 Internet 安全地连接在一起。为了保护各个公司的机密信息,互联的每个内部网络只开放部分资源而不是全部资源给外联网用户,而且对不同的用户授予不同的访问权限,这使得 Extranet VPN 的网络管理和访问控制的设置非常麻烦。为此,很多企业不得不放弃构建 Extranet,结果使得企业间的商业交易程序复杂化,商业效率降低。

Extranet VPN 与 Intranet VPN 的拓扑结构都是从网络到网络以不对等的方式建立连接,区别仅仅是 Extranet VPN 执行的安全策略不同。Extranet 用户对于 Extranet VPN 的访问权限可以通过防火墙等手段来设置与管理。

7.6.3 VPN 的关键技术

实现 VPN 的关键技术有数据加密技术、隧道技术、身份认证和访问控制技术。如表 7.3 所示。从目前的实现协议来看,VPN 主要是通过 IPSec、L2TP 或 SSL 协议来实现的。

表 7.3 VPN 的关键技术

采 用 技 术	作　　　用	采 用 技 术	作　　　用
数据加密技术	保证数据的机密性	身份认证技术	鉴别主机、端点的身份
隧道技术	创建隧道,封装数据,保证数据的完整性	访问控制技术	授权并监督用户访问数据的权限

1. 数据加密技术

由于 VPN 工作在非安全的 Internet 网络上,对数据进行加密可确保传输数据的机密性。在接入点传来的数据到达专用网之前 VPN 对其加密,加密的数据在 VPN 中传输,在到达目标用户之前,VPN 解密所有收到的数据流。

2. 隧道技术

隧道是利用一种协议传输另一种协议的技术。隧道技术通过 IP 封装(或在其他层次封装)保护数据包,从而提供了更高级别的保护。主要思想是:首先,将待传输的原始信息加密并进行协议封装处理;然后将其再嵌入另一种协议的数据包并送入网络,从而能像普通数据包一样传输。经过加密和封装处理后,只有源端和目的端的用户能够对隧道中的嵌套信息进行解释和处理,而其他用户是看不见和无法理解的。

3. 身份认证技术

在隧道连接开始之前要确认用户的身份,以便系统进一步实施资源访问控制或用户授权。

4. 访问控制技术

确定特定用户对特定资源的访问权限,从而实现基于用户的访问控制,达到对信息资源最大程度地保护的目的。通常,由 VPN 服务的提供者与最终网络信息资源的提供者共同协商用户对特定资源的访问权限。

*7.6.4　隧道技术

隧道是只在两端有出入口、其他地方全封闭的路,如穿山隧道、海底隧道。VPN 中的隧道就是借用了日常生活中隧道的概念,来表明虚拟专用的含义。

1. VPN 隧道及组成

在 VPN 中,隧道(tunneling)是在 Internet 中建立一条端到端的、专用的、独占的数据传输通道,一条隧道可能穿越多个公共网络。本质上说,隧道是一个逻辑概念,是在逻辑链路层上建立的全程封闭、只在两端有出入口的安全的链路连接。

隧道由 3 部分组成:隧道协议、隧道开通器和隧道终端器。

隧道开通器是隧道的起点,其功能是在 Internet 中开出一条隧道。可以作为隧道开通器的软件是具有 VPN 拨号功能的软件(Windows 中集成了该类软件)和具有 VPN 功能的路由器(用于企业的分支机构中)。

隧道终端器是隧道的终止点,指示隧道到此结束。可以作为隧道终端器的软件或设备有专用隧道终端器、企业网络中的防火墙、网络服务商路由器上的 VPN 网关。

隧道有点到点隧道和端到端隧道两种。在点到点隧道中,隧道由远程用户计算机延伸到企业内部网中的服务器,两边的设备负责隧道的建立及两点之间数据的加密和解密。在端到端隧道中,隧道连接两端的局域网起始/终止于防火墙等网络边缘设备。数据包也有可能要通过一系列隧道才能到达目的地。

隧道可以方便、灵活地设置。例如,一个远程用户通过 ISP 访问企业内部网时,隧道开通器一般是用户的 VPN 拨号软件或被用户拨入的 ISP 路由器,隧道终端器一般是企业网络防火墙。这时隧道是由用户的计算机(或 ISP 路由器)到企业防火墙。如果通过VPN 实现互相访问的两个企业网分别使用不同的 ISP 服务,那么两个 ISP 公用网络之间也要建立隧道。

2. 隧道协议

隧道技术定义了 3 种协议,即隧道协议、隧道协议下面的承载协议和隧道协议所承载的被承载协议(又称乘客协议)。例如,表 7.4 是一个隧道协议中的封装关系。

表 7.4　隧道协议中的封装关系

承载协议	隧道协议	乘客协议
IP/ATM	IPSec	TCP,UDP

隧道协议主要有两种。

一种是二层隧道协议,它工作在网络接口层,常见的二层隧道协议有 3 种:点对点隧道协议(Point to Point Tunneling Protocol,PPTP),Windows NT 以上版本中有支持;二层转发协议(Layer 2 Forwarding,L2F),在 Cisco 路由器中有支持;第 2 层隧道协议(Layer 2 Tunneling Protocol,L2TP),L2TP 综合运用了 PPTP 和 L2F 协议的优点,是使用最广泛的 VPN 二层隧道协议。

L2TP 定义了在包交换方式的网络中封装链路层 PPP 帧的方法。L2TP 是封装协议,被封装的是链路层 PPP 协议,乘客协议是网络层的 IP 协议。

另一种是三层隧道协议,常见的三层隧道协议有 IP 层安全协议 IPSec 和通用路由封装协议(Generic Routing Encapsulation,GRE)。另外,传输层安全协议(SSL)也可作为 VPN 隧道协议,也可以构建 VPN,称为 SSL VPN。

常用的隧道协议如表 7.5 所示。

表 7.5　常用的隧道协议

所在网络层	隧道协议名	所在网络层	隧道协议名
应用层	SET、S-MIME、IKE	网络层	IPSec、GRE
传输层	SSL、SOCKS	网络接口层	PPTP、L2F、L2TP

3. 隧道实现的功能

隧道类似于点到点的连接。这种方式使得来自许多源的网络流量从同一个基础设施中通过分开的隧道。这种技术使用点对点通信协议代替了交换连接,通过路由网络来连接数据地址。通过隧道的建立,可实现以下功能:①将数据流量强制到特定的目的地;②隐藏私有的网络地址;③在 IP 网上传输非 IP 协议数据包;④提供数据安全支持;⑤协助完成用户基于 AAA(Authentication、Authorization、Accounting,认证、授权和记账)的认证管理;⑥在安全方面可提供数据包认证、数据加密以及密钥管理等手段。

4. 两种常用的 VPN 隧道协议

虽然有很多安全协议都能用来实现 VPN,但目前 VPN 的两大主流技术是 IPSec VPN 和 SSL VPN,IPSec VPN 一般用于局域网与局域网之间的连接,由于 IPSec 是 VPN 家族中最安全的协议,因此 IPSec VPN 的安全性很高,但它的缺点是必须安装 VPN 客户端软件。

SSL VPN 一般用于移动用户与局域网之间的连接,由于 SSL 技术已经内嵌到浏览器中,用户使用时不需要安装客户端软件,这为移动用户或分散用户访问企业总部内部网提供了极大的方便。但使用 SSL VPN 接入企业内部的只是 Web 应用,而不是企业的局域网,因此移动用户只能访问所需要的应用和数据资源的一部分。由于 SSL 协议是建立在 TCP 协议之上的,因此 SSL VPN 只能用于保护 TCP 通道的安全,而无法保护 UDP 通道,这使 SSL VPN 没有架构来支持即时消息通信、数据馈送、视频会议及 VoIP 这些需要 UDP 协议的应用。因此,SSL VPN 无法为远程用户提供全面的解决方案。此外,SSL VPN 的加密级别也不如 IPSec VPN 高。表 7.6 对这两种 VPN 技术进行了比较。

表 7.6 IPSec VPN 和 SSL VPN 的比较

VPN 技术	IPSec VPN	SSL VPN
工作层次	网络层	应用层(注意不是传输层)
加密	强加密。依据不同的数据流	强加密。基于 Web 浏览器
身份验证	双向身份验证、数字证书	单向和双向身份验证、数字证书
全程安全性	局域网网关到网关、客户端到 VPN 网关之间的通道加密	端到端的安全,从客户端到资源端的全程加密
可访问性	适用于特定许可用户的访问	适用于任何时间、任何地点的访问
管理难度	需要管理客户端软件	无须附加客户端软件
安装	需要较长时间的配置,需要客户端软件或者硬件	无须任何客户端软件或硬件
易用性	对于没有相应技术的用户来说比较困难,需要培训	使用 Web 浏览器访问,终端用户无须培训
支持的应用	所有基于 IP 的业务	基于 Web 的应用、文件共享、E-mail 等
目标用户	更适用于企业内部分支机构之间	客户、商业合作伙伴、出差员工等
可扩展性	在服务器端容易自由扩展功能;在客户端则比较困难,要升级客户端软件	易于配置和扩展

在两种 VPN 协议的选择上,对于企业高级用户或站点对站点连接所需的直接访问企业网络功能来说,IPSec VPN 最合适。通过 IPSec VPN,各地的员工能够享受不间断的安全连接,借此存取所需的企业数据资源,以提升工作效率。这样可以让分散在各地的员工如同位于企业总部内一般地工作,并且能够像在内部局域网一样轻松存取所有网络资源。

而 SSL VPN 则最适合下述情况:企业用户需要通过互联网达到广泛而全面的信息存取;使用者的设备与目标服务器之间有防火墙,该防火墙设定允许 HTTP 联机,但不允许 UDP500 端口或 IPSec 运行;企业无法控制远程访问者的电脑配置,不可能在使用者的电脑上安装软件以提供远程访问。在这些情况下,SSL VPN 可满足以上用户的远程存取需求,而且如果使用者的身份或环境改变时,还允许网管人员改变他们可存取的资源。

习 题

1. SSL 中的( )是可选的。
   A. 服务器鉴别　　　　B. 数据库鉴别　　　C. 应用程序鉴别　　D. 客户机鉴别

2. SSL 层位于( )与( )之间。
   A. 传输层和网络层　　　　　　　　B. 应用层和传输层
   C. 数据链路层和物理层　　　　　　D. 网络层和数据链路层

3. SSL 用于客户机和服务器之间相互认证的协议是( )。
   A. SSL 警告协议　　　　　　　　　B. SSL 握手协议
   C. SSL 更改密码规范协议　　　　　D. SSL 记录协议

4. SET 提出的数字签名新应用是( )。
   A. 双重签名　　　B. 盲签名　　　C. 数字时间戳　　D. 门限签名

5. SSL 协议提供的基本安全服务不包括( )。
   A. 加密服务　　　　　　　　　　　B. 服务器证书
   C. 认证服务　　　　　　　　　　　D. 保证数据完整

6. SET 的主要目的与( )有关。
   A. 浏览器与服务器之间的安全通信　　B. 数字签名
   C. Internet 上的安全信用卡付款　　　D. 消息摘要

7. SET 中的( )不知道付款信用卡的细节。
   A. 商家　　　　　B. 客户　　　　C. 付款网关　　　D. 签发人

8. 基于 SET 协议的电子商务系统中对商家和持卡人进行认证的是( )。
   A. 收单银行　　　B. 支付网关　　　C. 认证中心　　　D. 发卡银行

9. 关于 SSL 协议与 SET 协议的叙述正确的是( )。
   A. SSL 是基于应用层的协议,SET 是基于传输层的协议
   B. SET 和 SSL 均采用 RSA 算法实现相同的安全目标
   C. SSL 在建立双方的安全通信信道后,所有传输的信息都被加密,而 SET 则有选择地加密一部分敏感信息
   D. SSL 是一个多方的报文协议,它定义了银行、商家、持卡人之间必需的报文规范,而 SET 只是简单地在通信双方之间建立安全连接

10. 下面关于 ESP 传输模式的叙述不正确的是( )。
    A. 并没有暴露子网内部拓扑　　　　B. 主机到主机安全
    C. IPSec 的处理负荷被主机分担　　D. 两端的主机需使用公网 IP

11. IPSec 提供_____层的安全性。

12. 在 SET 中使用随机产生的_____加密数据,然后将此_____用接收者的_____加密,称为数字信封。(填对称密钥、公开密钥或私有密钥。)

13. SET 是如何对商家隐藏付款信息的?

电子支付的安全

chapter 8

电子支付是电子商务发展到一定时期的必然产物,它以虚拟的形态、网络化的运行方式适应电子商务发展的需要。但由于电子支付对安全性有更高的要求,因此电子支付技术的发展一直滞后于电子商务其他领域的发展。

就目前来看,纸质现金的大量使用,支票多用于对公业务,储蓄消费占统治地位,这些特征基本构成中国支付文化的现状。阻碍中国用户使用电子支付手段的原因主要有两点:①对安全性表示怀疑;②支付受理环境较差。根据《2011电子支付产业调查报告》显示,在选择电子支付考虑的诸多因素中,64.5%的用户首选安全。可见,安全性成为制约电子支付发展的主要原因。因此,构筑安全保障体制,加强安全风险控制,化解非法交易对电子支付的威胁,对于电子支付产业的发展尤为重要。

本章首先从整体上介绍电子支付面临的安全威胁和电子支付的安全需求,然后分别通过具体的支付系统介绍电子现金、电子支票和微支付中安全需求和其他需求的实现方法。

8.1 电子支付安全概述

电子支付是电子商务发展的必然结果,是电子商务中最重要的组成部分,是电子商务的核心问题。因此,电子支付的安全性问题是电子商务安全问题中最重要的内容,它的安全程度的高低决定了电子商务安全程度的高低。对于支付型电子商务系统来说,只有提供安全可靠的电子支付手段,消费者、企业和银行才能信任电子商务,才能大胆地从事电子商务活动,从而使电子商务系统真正地得到应用,真正地获得成功并进而促进电子商务的发展。可以说,电子支付的安全性问题是关系到电子商务特别是支付型电子商务能否健康、稳定、快速发展的决定性因素。

8.1.1 电子支付与传统支付的比较

电子支付是指从事电子商务交易的当事人,包括消费者、商家和金融机构,使用安全电子支付手段通过网络进行的货币支付或资金流转。从广义上说,电子支付就是资金或

与资金有关的信息通过网络进行交换的行为。与传统的支付方式相比,电子支付具有以下特征:

(1) 电子支付采用先进的技术通过数字流转来完成支付信息传输,其各种支付方式都是采用数字化的方式进行款项支付的,因而电子支付具有方便、快捷、高效、经济的优势。由于不需要印制、运输、保管钞票,也不需要当面支付,电子支付的成本仅为传统支付方式的几十分之一,甚至几百分之一。

(2) 电子支付的工作环境是基于一个开放的系统平台(即 Internet)之中;而传统支付则是在较为封闭的系统中运作。由于 Internet 基本上仍然是一个无政府、无组织、无主管的网络,因而对电子支付的监管远比传统支付困难。

(3) 电子支付使用的是最先进的通信手段,如 Internet、移动网络;而传统支付使用的则是传统的通信媒介。

电子支付的发展所要求的是开放的支付环境,这需要金融、通信、互联网等产业之间的融合。当前,众多的市场参与者,包括银行、非银行支付中介、电子商务企业以及消费者,纷纷介入电子支付这一新兴领域,构成了电子支付产业链。

最初的电子支付是指利用信用卡在 POS 机上进行刷卡支付;但目前电子支付主要指网上支付,即通过 Internet 直接进行转账付款。本章只讨论网上支付。

8.1.2　电子支付系统的分类

电子支付是传统支付的电子化,在传统支付过程中,人们主要使用现金、支票或信用卡进行支付,而电子支付协议同样有电子现金、电子支票和电子信用卡方式与传统支付方式对应,如图 8.1 所示。

图 8.1　传统支付与电子支付的比较

其中,电子信用卡支付方式主要是采用 SET 协议实现的,在第 7 章已经讨论过。本章只讨论电子现金和电子支票这两种电子支付方式,电子现金和电子支票的区别在于:电子现金具有匿名性,而电子支票记录了持有者的个人信息,不具有匿名性。除了将电子支付分为以上 3 种类型外,电子支付还可以参照表 8.1,依据不同的分类标准进行分类。

表 8.1　电子支付的各种分类

分类标准	类型
支付者和接受付款者是否需与银行在线连接	在线支付(on-line payment)
	离线支付(off-line payment)
支付者和接受付款者是否有直接通信	直接支付(direct payment)
	间接支付(indirect payment)
支付者实际付款的时间	预先支付(pre-paid payment)
	即时支付(pay-now payment)
	延后支付(pay-later payment)
用户在银行中是否有账号	基于账号(account-based)的支付,包括电子支票和电子信用卡(电子钱包)
	基于代币(token-based)的支付,指电子现金
每次交易金额的大小	宏支付(macro payment)
	小额支付(mini payment)
	微支付(micro payment)
支付者的隐私是否受到保护	无匿名性的支付系统(如电子支票)
	完全匿名的支付系统
	条件匿名的支付系统

8.1.3　电子支付的安全性需求

1. 电子支付面临的安全威胁

电子支付直接与金钱挂钩,因此电子支付在电子商务活动中安全需求是最高的,也是最容易遭受攻击的敏感区域。一旦出现问题会带来较大的经济损失,并会在电子支付链中相互传递风险。因此必须收集、分析、鉴别电子支付产业链中的各种交易信息,对其进行安全性分析。电子支付系统面临的安全威胁主要有:

(1) 以非法手段窃取信息,使机密的交易或支付内容泄露给未被授权者。

(2) 篡改数据或数据传输中出现错误、丢失、乱序,都可能导致数据的完整性被破坏。

(3) 伪造信息或假冒合法用户的身份进行欺骗。

(4) 系统安全漏洞、网络故障、病毒等导致系统程序或数据被破坏。

2. 电子支付的安全需求

为了抵抗各种威胁,确保电子支付安全进行,必须建立完善的安全电子支付协议体系。不同电子支付系统的安全性需求由它们自身的特点、应用环境和对其信用度的假设所决定。一般地,电子支付的安全需求主要包括机密性、完整性、身份认证、不可否认性和容错性。

（1）机密性。人们在进行电子支付时涉及很多的敏感信息，如个人身份信息、银行卡号和密码等，这些信息不能泄露给其他人，否则就有可能出现个人隐私泄露、资金被盗等问题。

（2）完整性。指交易信息或支付信息在存储或传输时不被修改、破坏和丢失，保证合法用户能接收和使用真实的支付信息。

（3）身份认证。在交易信息的传输过程中，要为参与交易的各方提供可靠标识，使他们能正确识别对方并能互相证明身份，这可以有效防止网上交易的欺诈行为。只有交易各方能正确地识别对方，人们才能放心地进行支付。因此，方便而可靠地确认对方身份是支付的前提。

（4）不可否认性。必须防止交易各方日后否认发出过或接收过某信息。

（5）容错性。要求电子支付系统有较强的容错性，即使在发生系统故障、停电等特殊情况下，也能保证系统的稳定和可靠，同时保证交易双方的利益不受影响，如不会发生一方已付款但另一方却没收到付款的情况。

在现实中，电子支付系统的安全需求是通过先进的信息安全技术和安全支付协议得到保证的，电子支付的安全性对支付模式的管理水平、信息传递技术等也提出了很高的要求。

8.2 电 子 现 金

电子现金（E-cash）是一种以电子形式存在的现金货币，又称为电子货币或数字现金，是现实货币的数字模拟。它把现金数值转换成为一系列加密的序列数，通过这些序列数来表示现实中各种金额的币值。电子现金使用时与纸质现金类似，多用于小额支付或微支付，是一种储值型的支付工具，可以实现脱机处理。

客户在开展电子现金业务的电子银行设立账户并在账户内存钱，就可以用兑换的电子现金进行购物。电子现金作为以电子形式存在的现金货币，同样具有传统货币的价值度量、流通手段、储蓄手段和支付手段 4 种基本功能。

电子现金是以荷兰为发源地开发出来的，其创立者是被誉为电子现金之父的美籍荷兰人 David Chaum。他于 20 世纪 70 年代末开始研究如何制作电子现金，并于 1982 年提出了世界上第一种电子现金方案。该方案是一个在线的，基于 RSA 盲签名的完全匿名电子现金方案，安全性基于 RSA、散列函数和随机性假设，提款和支付时采用分割选择技术。虽然该方案很不实用，但为以后电子现金的研究奠定了基础。

Franklin 和 Yung 提出了第一个基于离散对数的离线电子现金方案，从而为电子现金的发展开辟了除 RSA 外的另一条道路。

1992 年 Brands 最早利用限制性盲签名提出了一个离线、完全匿名的电子现金方案。该方案的安全性基于 Schnorr 签名和素数阶群上的表示问题（即 Brands 假设），是迄今为止效率最高的方案之一，已经成为一个经典的电子现金方案。

8.2.1　电子现金的基本特性

电子现金是纸币现金的电子化,因此,电子现金应具有纸币现金的一般特性,由于它以数字化形式存在,还必须具有一些额外特性以保证其安全性。总的来说,电子现金应具有的特性有以下几点。

1. 独立性(independence)

电子现金的安全性不能只靠物理上的安全来保证,还必须通过电子现金自身使用的各项密码技术来保证电子现金的安全以及在 Internet 上传输过程的安全。

2. 不可重用性(unreuseablility)

电子现金只能使用一次,重复花费应能很容易地被检查出来,这是电子现金的一个额外需求,因为普通现金不存在重复花费现象。

3. 匿名性(anonymous)

银行和商家相互勾结也不能跟踪电子现金的使用,也就是说无法将电子现金和用户的购买行为联系到一起,从而隐蔽电子现金用户的购买历史。

4. 不可伪造性(unforgeability)

用户不能制作假币,包括两种情况:一是用户不能凭空制造有效的电子现金;二是用户即使从银行提取 N 个有效的电子现金后,也不能根据提取和支付这 N 个电子现金的信息制造出有效的电子现金。

5. 可传递性(transferability)

电子现金像普通现金一样,不需要经过银行中介就能在用户之间任意转让、流通,且不能被跟踪。由于一个可传递的电子现金必须加入所有经手用户盲化的身份信息,以便可以跟踪是否有用户对这个电子现金进行了重复使用,因此电子现金在传递过程中其大小必然会随着每一次转移而增加,导致目前电子现金还无法实现可传递性。

6. 可分性(divisibility)

电子现金不仅能作为整体使用,还应能被分为更小的部分多次使用,只要各部分的面值之和与原电子现金面值相等,就可以进行任意金额的支付。

其中,独立性、不可伪造性、可传递性和可分性是对普通现金和电子现金都要求具有的特性,而不可重复花费和匿名性则是对电子现金的特有要求。

另外,电子现金还应能够安全地存储在硬盘、IC 卡、电子钱包或电子现金专用软件等特殊用途的设备中,并对电子现金的存储、转让有严格的身份认证等安全措施。

仅从技术上讲,各个银行都可以发行电子现金,如果不加以控制,电子商务将不可能正常发展,甚至由此带来相当严重的经济金融问题。电子现金的安全使用也是一个重要的问题,包括限于合法人使用、避免重复使用等。对于无国界的电子商务应用来说,电子现金还在税收、法律、外汇汇率、货币供应和金融危机等方面存在大量的潜在问题。有必要制定严格的经济金融管理制度,保证电子现金的正常运作。

8.2.2 电子现金系统中使用的密码技术

为了实现上述电子现金所需的各种特性,就必须采取各种技术手段,电子现金中常用的密码技术手段有以下几种。

1. 盲签名

用户将待签名的消息(电子现金)经"盲变换"后发送给银行进行盲签名,银行并不知道所签发消息(电子现金)的具体内容,该技术用于实现电子现金的匿名性。

2. 分割选择技术

在盲签名中,银行并不知道电子现金的内容,怎么敢随便签名呢?因此,必须要让银行大致知道所签电子现金的内容,这是通过分割选择技术实现的。

分割选择技术是一种涉及两方的协议,协议中的一方试图说服另一方相信他所发送的数据是根据他们先前达成的一致而诚实地构造出来的。

用户在提取电子现金时,不能让银行知道电子现金中用户的身份信息,但银行需要知道提取的电子现金是正确构造的(是该面值的)。分割选择技术是用户正确构造 N 个电子现金传给银行,银行随机抽取其中的 $N-1$ 个让用户给出它们的构造,如果构造是正确的,银行就认为另一个的构造也是正确的,并对它进行签名。用户如果想伪造一张大额电子现金欺骗银行,则只有 $1/N$ 的概率能成功(该伪造的电子现金恰好没被银行抽中)。

分割选择技术是验证货币正确性的零知识证明的一个工具,同时又保持了用户的匿名性。但分割选择技术使通信、计算和存储的开销加大,导致电子现金系统效率低下,随后出现的部分盲签名技术对其做了一定的改进。

3. 零知识证明

用户向验证者(银行)证明并使其相信自己知道或拥有某一消息,但证明过程不需向验证者泄漏任何关于被证明消息的信息。零知识证明由于不需要向银行透露某些用户的信息,因此也能实现电子现金的匿名性,而且可实现条件匿名。

4. 认证

认证一方面是鉴别通信中信息发送者是真实的而不是假冒的;另一方面是验证被传送信息是正确和完整的,没有被篡改、重放或延迟。电子现金在花费或传递之前必须先进行认证。

5. 离线鉴别技术

离线鉴别技术的核心是在没有银行等第三方参与的条件下,完成对电子现金真实性的鉴别。目前,离线鉴别技术主要是通过数字签名来实现的。新的非数字签名方案有基于散列链的 Payword 系统以及基于信息隐藏的数字水印技术。

8.2.3 电子现金的支付模型和实例

1. 电子现金的支付模型和支付协议

电子现金在其生命周期中一般要经历 4 个过程:初始化、提款、支付和存款,涉及用户、商家和银行(或可信第三方、经纪人)三方。电子现金的基本流通模式如图 8.2 所示。客户与银行执行取款协议从银行提取电子现金;客户与商家执行支付协议支付电子现金;商家与银行执行存款协议,将交易所得的电子现金存入银行。电子现金支付模型如图 8.3 所示。

图 8.2 电子现金的基本流通模式(在线支付类型)

提示:在电子现金模型中,为了简便,规定客户不能向银行存款,商家也不能向银行取款,如果用户既想向银行存款又想取款,他可以同时注册一个商家 ID 和一个客户 ID。

具体来说,客户要提取电子现金,必须首先在银行开设一个账户(需要提供表明身份的证件)。当客户想提取电子现金进行消费时,

图 8.3 电子现金支付模型

可以访问银行并提供身份证明(通常利用数字证书)。在银行确认了客户的身份后,银行可以向客户提供一定数量的电子现金,并从客户账户上减去相应的金额,然后客户可以将电子现金保存到他的电子钱包或智能卡中。

客户使用电子现金向商家支付商品或服务费用时,商家需要验证电子现金。根据商家验证电子现金时是否需要银行在线参与可分为离线电子现金和在线电子现金:

(1) 在每次支付时,如果商家可以自行验证电子现金的真伪及是否被重复花费,则称为离线电子现金系统。

(2) 如果商家每次需要与银行联机验证电子现金的真伪及是否重复花费,则称为在

线电子现金系统。

如果电子现金不是伪造的,则商家通知客户付款成功。最后银行才将电子现金的数额存储到商家的账户上。

电子现金支付系统要求客户预先购买电子现金,然后才可以购买商品或服务,所以它属于一种预支付系统。电子现金协议应包括以下 4 个基本协议:

(1)取款协议:它是从客户账户中提取电子现金的协议。它要求客户和银行之间的通道必须通过身份鉴别。因此客户只有在向银行证明自己是相应账户的所有者后,银行才允许客户从其账户中提取电子现金。

(2)支付协议:它是客户向商家支付电子现金的协议。当客户选择电子现金作为支付工具时,客户将电子现金传送给商家,然后商家将检验电子现金的有效性并将商品提供给客户。

(3)存款协议:商家利用该协议存储电子现金。当商家将电子现金存入到自己的银行账户上时,银行将检查存入的电子现金是否有效。如果发现是重复花费,则银行可以使用重用检测协议来跟踪重复使用者的身份,以便对其进行惩罚。

(4)重用检查协议:银行或商家可用该协议检查电子现金是否为重复花费。

电子现金的传输和存储环节应该充分加以考虑。在公共网络中,必须保证电子现金在传送过程中不会被窃取、篡改,也不会丢失或重复接收,即电子现金独立性的需求。这需要通过加密技术、签名技术等来实现。电子现金的存储也是十分重要的问题,因为没有专门的银行账户与之对应,也不能跟踪流通轨迹,所以一旦电子现金丢失(如存储卡丢失、毁坏、硬盘故障等),意味着客户的货币确实丢失了,这需要有完善的备份机制来帮助客户备份电子现金。

2. 电子现金系统的实例

目前已经使用的有 3 种电子现金系统:

- E-Cash。是 Digicash 公司开发的在互联网上使用的完全匿名的安全的电子现金。E-Cash 由于采用了公钥密码体制,银行虽然完成了 E-Cash 的存取,但不能跟踪 E-Cash 的具体交易。E-Cash 可以实时转账,商家和银行不需要第三方服务中介介入。
- NetCash。可记录的匿名电子现金系统。主要特点是设置分级货币服务器来验证和管理电子现金,使电子交易的安全性得到保证。
- Mondex。欧洲使用的,以智能卡为电子钱包的电子现金系统。可以应用于多种用途,具有信息存储、电子钱包、安全密码锁等功能,可保证安全可靠。

以 E-Cash 为例,它采用公钥加密和数字签名技术,保证电子现金在传递过程中的安全性与购物时的匿名性。其支付过程如下:

(1)用户使用现金或存款兑换 E-Cash 现金,银行对其要使用的电子现金进行盲签名,以实现该现金的完全匿名。

(2)用户使用授权的 E-Cash 现金进行支付,电子现金便通过网络转移到商家。商家联机向 E-Cash 银行验证真伪,以及是否已花费过。如果验证通过,即可发货。

（3）商家将收到的 E-Cash 现金向银行申请兑付,银行收回现金,保留其序列号备查(以防用户重用现金),再将等值的现金存入商家的银行账户。

从上面的分析可知,E-Cash 电子现金具有如下特点:

（1）银行和商家之间应有协议和授权关系,用于接收和清算电子现金。

（2）E-Cash 系统采用联机处理方式,而且用户、商家和电子现金银行都需使用 E-Cash 软件。

（3）由 E-Cash 银行负责用户和商家之间资金的转移。

（4）电子现金的验证由银行 E-Cash 系统完成,商家无法验证,是一种在线电子现金。

（5）具有现金的特点,可以存、取、转让,适用于小额交易。

3. 电子现金支付方式存在的问题

虽然电子现金使用起来方便、快捷,但也存在一些问题,主要有:

（1）电子现金没有统一的国际标准,目前接受电子现金的商家和银行太少,不利于电子现金的流通。

（2）应用电子现金对用户、商家和银行的软硬件要求都较高,成本较高,因此,尚需开发出硬软件成本低的电子现金。

（3）风险较大。由于电子现金是一串序列数,易于复制,可能出现重复消费的情况。且如果某个用户的硬盘(或电子钱包)损坏,电子现金丢失,钱无法恢复,用户将受到严重损失。

尽管存在各种问题,但电子现金的使用仍呈现增长势头。电子现金有可能成为未来网上贸易中主要的、方便的交易手段。

除了上述这些技术和管理问题外,电子现金还存在经济和法律方面的问题,如税收、外汇汇率等方面问题,因此有必要制定严格的经济和金融管理制度,保证电子现金的正常发展。

8.3　电子现金安全需求的实现

8.3.1　不可伪造性和独立性

电子现金的不可伪造性可以通过银行对电子现金进行签名来实现,一旦银行签了名就表示银行认可该电子现金,这和实现文件的不可伪造性一样。同时,由于任何人截获某个没有花费的电子现金,就可以使用它,因此银行将电子现金发送给客户时,必须用客户的公钥对电子现金进行加密以防止被截获。这样电子现金的安全就不依赖于通信线路的安全,实现了电子现金的独立性。客户收到后,先用客户的私钥解密,再用银行的公钥验证签名,如图 8.4 所示,从而判断电子现金是否是真实有效的。

图 8.4　电子现金不可伪造性和独立性的实现

8.3.2　匿名性

Chaum 在 1982 年提出的第一个电子现金方案采用了盲签名技术。盲签名不仅可以保护用户的匿名性和交易的不可跟踪性,防止将现金和支付现金的客户联系起来,而且还具有普通数字签名的特点,可以保证电子现金的不可伪造性,以防止用户篡改电子现金。这种完全匿名电子现金可以模仿传统的纸币,实现隐蔽电子现金的流通历史,保护使用者的隐私的效果。

1. 完全匿名的电子现金方案

Chaum 提出的盲签名方案包括了两个实体:发送者和签名者。在该方案中,签名者只知道被签消息的类型,而不知道类型的具体实例,因此签名者并不知道消息的内容。该方案提供了完美的不可关联性,即除了发送者,其他人无法将消息-签名对和签名者提供的盲签名联系起来。

下面以基于 RSA 的盲签名实现方案 E-Cash 为例介绍完全匿名电子现金的实现模型。

在该模型中,设 (d,n) 和 (e,n) 分别是电子现金发行银行发行的针对每一个货币的私钥和公钥。r 为发送者提供的盲因子。

1) 初始化协议

(1) 银行选择大素数 p、q,计算 $n=pq$,计算欧拉函数 $\varphi(n)=(p-1)(q-1)$。

(2) 银行选择一个与 $\varphi(n)$ 互素的整数 e 作为公钥,并且 $1<e<\varphi(n)$。

(3) 使用扩展的欧几里得算法计算私钥 d,即 $ed\equiv 1\ (\mathrm{mod}\ \varphi(n))$。

2) 取款协议

(1) 盲化:用户随机选择 m 作为电子现金的序列号和一个随机产出的盲化因子 r,计算 $x=mr^e\ \mathrm{mod}\ n$,然后发送盲化消息 x 给银行。这样就实现了对消息 m 的盲化,使银行不能从 x 识别出 m 或 r。

(2) 签名:银行用自己的私钥 d 对 x 签名,即计算 $y=x^d\ \mathrm{mod}\ n$,并发送 y 给用户,同时银行从用户账户上减去相应金额的钱。

(3) 脱盲运算:用户收到 y 后,用 r 除 y 就得到银行对 m 的数字签名 z,这是因为

$$z\equiv y/r\equiv x^d/r\equiv (m(r^e))^d/r\equiv (m^d r^{ed})/r\equiv (m^d r)/r\equiv m^d (\mathrm{mod}\ n)$$

说明：因为 $ed = k\varphi(n) + 1$，由于 $\gcd(r, n) = 1$，根据欧拉定理可得：$r^{ed} \equiv r \pmod{n}$。

3）支付协议

现在用户就可以将电子现金 (m, z) 发送给商家，从商家那里购物。商家用相应的公钥 (e, n) 可以验证银行对电子现金的签名 z：

$$z^e = m^{de} \bmod n = m$$

4）存款协议

商家将电子现金 (m, z) 传送给银行，银行通过验证签名确定电子现金的有效性，银行通过查询数据库确定该电子现金未被花费过，将商家的账号增加相应的金额，同时在已花费的电子现金数据库中存入该电子现金的序列号等信息。

在上述模型中，很好地解决了电子现金匿名性的问题，但客户如果向银行提交一枚面值是 10 元的现金，却向银行声称该现金的面值是 1 元，要求银行签名，银行因无法识别盲消息的内容，也会签名，从而被客户欺骗。为此，必须利用分割选择协议使银行大体知道他要签名的盲消息是什么，改进后的模型如下：

（1）如果发送者需要一枚电子现金，则他需要准备 k 枚相同面额的电子现金 M_1，$M_2, \cdots, M_k$，其内容包括银行名、面值和随机序列号。为防止重复，k 的序列号空间要足够大。

（2）发送者选择 k 个盲因子 $r_i (0 < i < k)$，并为每个盲因子 r_i 计算 $x_i = m r_i^e \bmod n$，从而得到 k 个 x_i，然后将它们发送给签名者进行签名。

（3）由于签名者需要检查电子现金的真实性，因此签名者从 k 个电子现金中随机选择其中 $k-1$ 个，要求发送者发送这 $k-1$ 个电子现金的盲因子，以便签名者检查这 $k-1$ 个电子现金内容的真实性。显然，只要 k 值足够大，银行被发送者欺骗的可能性极小。

（4）如果检查正确，签名者用自己的私钥对剩余的电子现金计算盲签名 $y = x^d \bmod n$，从而承认电子现金的有效性，并将其发回给发送者。

（5）发送者除去盲因子，获得最终的电子现金，由于电子现金的序列号被盲因子保护，因此签名者无法知道发送者手中电子现金的序列号。

（6）电子现金的接收者可随时使用签名者的公钥验证电子现金上的银行签名。

而用户由于无法得到银行的私钥，因此它不能根据已经得到的信息伪造出一个合法的电子现金。

上述模型中采取了分割选择技术，其缺点是浪费了系统开销，目前常使用零知识证明技术来解决这个问题。

构造电子现金是盲签名技术最为典型的应用，并且许多盲签名方案（比如基于 RSA 的盲签名、Schnorr 盲签名等）均可以应用到电子现金系统中。

完全匿名电子现金方案的缺点在于没有离线的重用检测技术，银行必须在线检测电子现金是否已花费过。为此，需要通过条件匿名的机制来实现离线的重用检测技术。

2. 条件匿名的电子现金方案

电子现金的完全匿名性也会带来问题，例如，这种特性可能被一些犯罪分子用来进行洗钱，也可能进行敲诈勒索、非法购买等。所以有时候希望电子现金的匿名性在特定情况下是可以撤销的。

为此,人们提出了可撤销匿名(条件匿名)的电子现金系统。该类电子现金系统引入了一个可信的第三方(TTP)。它可以在银行或法律部门提出跟踪要求并提供必要的信息以后,对电子现金或电子现金的持有者进行跟踪。除可信第三方外,任何人或组织都无法实现对用户的跟踪。

可撤销匿名的电子现金方案又称为公平电子现金(fair electronic cash)方案。它可以通过公平盲签名(fair blind signature)方案来实现。所谓公平盲签名是指在可信方和签名者联合起来时,可以对签名进行追踪,也就是说,如果没有可信方的介入,它就相当于盲签名;如果可信方介入,它就相当于一般的签名。这样可防止利用电子现金的完全匿名性进行犯罪活动。

Stadler 于 1995 年提出的公平盲签名方案模型主要包括若干发送者、签名者、可信方(如鉴定人或托管者)、签名协议和连接恢复协议,如图 8.5 所示。签名协议发生在发送者和签名者之间,是一个盲签名协议,即发送者可以通过签名协议获得消息的有效签名,但是签名者不能根据他所知的信息 Sign' 推断出发送者最终获得的消息-签名对。

图 8.5　公平盲签名的模型

连接恢复协议是签名者和可信方(TTP)之间的一个协议,通过该协议可以识别出签名者签署的消息或消息的发送者。

根据验证方接收的信息类型,公平盲签名方案可分为两类:

类型Ⅰ:给定签名者的协议观察值,可信方可以发出信息使得签名者或其他人认出相应的消息-签名对,即可信方可从盲化的签名中提取出签名。

类型Ⅱ:给定消息-签名对后,可信方可发出信息使签名者能确定相应的用户身份或找到相应的签名协议观察值。

上述两类公平盲签名方案可用于构建不同类型的支付系统。在基于类型Ⅰ的支付系统中,权威机构能够发现可疑现金的目的地,这称为货币追踪(coin tracing),这样可防止用敲诈勒索等方式得到的钱进行消费。在基于类型Ⅱ的支付系统中,权威机构可以确定可疑现金的来源,这称为用户追踪(owner tracing),可用来防止洗钱。因此基于公平盲签名方案的支付系统可以有效地阻止利用电子现金的匿名性进行犯罪活动。

实现公平盲签名有很多种方法,一种比较简单方法是用户在可信方注册。

其主要思想是:用户在可信方注册两个假名,其中一个假名用在签名协议中,另一个则作为签名的一部分。这样,由于可信方知道两个假名直接的联系,就可以将签名协议的观察值和相应的签名联系起来了。

　　如果用户使用同一假名两次以上,那么签名者就可以将两次签名协议的观察值关联起来,而且其他任何人也很容易把相应的两个签名关联起来。这样该体制就不满足匿名性中的不可关联性要求。如果要满足此要求,则要求用户每次要签名前都到可信方处进行注册。然而这样相当于需要可信方在线,效率会降低。一种折中的方法是用户每次多注册几对假名,这样既提高了效率,又增强了用户的匿名性。

8.3.3　多银行性

　　大多数电子现金方案都是基于单个银行发行电子现金的模型,用户和商家必须在同一家银行开户。但在现实生活中,多个电子银行共同发行可通用的电子现金是比较合理的。而且为了避免电子现金引起宏观经济的不稳定,电子现金的发行也需要在中央银行的监控下,由一群银行发行,即一个可行的电子现金系统应该具有多银行性的特点。

　　Lysyanskaya 和 Ramzan 在 1998 年首次提出“多银行”(multiple banks)的概念,并提出用群盲签名设计在线的匿名的多银行电子现金系统。这个多银行的电子现金方案是完全匿名的,但在所用的群盲签名中数据传输量大,签名太长,影响了实用性。一般认为,多银行电子现金要求具备以下特性:

　　(1)银行不能追踪自己发行的电子现金。如果银行对一个用户发布了电子现金,当发行银行以后看到这笔现金的时候,它也不能确定是哪个用户进行了消费。

　　另外,如果用户消费了若干笔电子现金,当银行看到这些现金时,它也不能够确定消费者为同一个用户。这样,就像真实的现金一样,用户可以以完全匿名的方式进行消费。

　　(2)商家仅需要调用一个验证过程,利用电子现金银行群的群公钥来验证接收到的电子现金的合法性,这个过程不考虑电子现金的具体发行银行,这就使得商家在接受现金的时候更加便利。但也应注意到:即使对现金的签名是合法的,这笔现金也不一定能够花费,比如重复花费问题。

　　(3)整个发行银行群只有一个公钥。公钥的长度应该独立于银行的个数。另外,在新的银行加入时,群公钥应该保持不变。这样,即使在大量的银行加入群时,方案仍然是非常实用的。

　　(4)给定一笔电子现金,只有中央银行可以确定电子现金的发行银行,即使商家在接收到电子现金时可以轻易地验证电子现金的合法性,也不能够确定现金的发行银行。这种限制使得消费者的身份和所使用的银行身份都是秘密的。

　　(5)银行群的任何一个子集(即使包括中央银行)串通起来,都不能冒充某个无辜的银行发行电子现金。也就是没有任何实体可以伪造其他银行发行电子现金。

　　(6)任何由合谋群成员构成的成员子集都无法伪造出一个合法的群签名,并逃脱中央银行的身份追踪。

8.3.4　不可重用性

　　重复花费的问题主要发生在离线的电子现金系统中,这是因为在线电子现金系统中,商家在交易过程中会和银行在线验证电子现金的合法性(有无重复花费)。目前,在离线的电子现金系统中,防止重复花费有两种方法:一种是使用防篡改的设备(如防篡改的信用卡)存储电子现金,它可以使某个电子现金在使用完之后自动被删除,从而让非法用户无机可乘;另一种是事后追查机制,即对于重复使用的电子现金,银行或者可信第三方可以通过公平盲签名方案追踪重复花费者的身份,从而对其进行处罚。

由 Chaum 提出的第一个电子现金系统为在线电子现金系统。为了防止电子现金的重用,它需要银行在数据库中记录所有已花费电子现金的序列号。每当客户要使用电子现金时,均要查询一次数据库以在线检测是否为重复花费,因此这种模型只适用于在线支付系统。在线电子现金系统实现起来比较简单,但缺点是银行容易成为整个系统的通信瓶颈,而且交易成本也比较高。

在离线电子现金系统中,客户和商家在进行交易时不必实时地与银行进行联机,商家可在事后与银行联系,将对应的金额转入自己的账户,从而避免由于重用检测而带来的通信负担。然而离线电子现金系统实现起来比较复杂,如何防止重复花费是离线电子现金系统必须要解决的问题。

为了保证电子现金的匿名性,同时又可以防止重用,人们提出了条件匿名机制。这个条件就是:如果客户是诚实的,而且仅一次性使用电子现金,那么他的身份就不会被识别出来。但他一旦进行了重复花费(double spending),他的身份就会被识别出来,这是一种"事后检测"的方法。所以说条件匿名机制只针对不诚实的客户生效,可以揭露那些试图重用电子现金的客户身份。一个合理的电子现金系统应该是不完全或条件匿名的。目前对于电子现金主要有两种重用检测机制:

(1) 通过秘密分割技术实现条件匿名性。该方法通过分割选择技术实现对重复花费者的检测。但这种方法由于计算复杂性高而影响了支付的效率。

(2) 观察器。该方法利用一个防篡改的硬件装置来阻止电子现金的重复花费。

基于条件匿名的电子现金重用检测机制虽然能检测出电子现金被重用,但由于是事后检测,因此仍存在很大的风险和不便。如果等到用户已经重复花费了电子现金后才去"发现"他,往往是不安全的,应该采取"阻止"用户重复花费电子现金的方法。防篡改卡就是通过去掉已经花费的电子现金或者通过使已经花费的电子现金变为无效来防止重复花费。其基本原理是在用户的电子钱包中装入观察器。

提示:可见,条件匿名机制既可实现匿名性,又可通过事后检测来实现不可重用性。

8.3.5　可转移性

如果要使一个电子现金方案可以被方便高效地应用,它必须具有可分性或可转移性。这是因为通常一个电子货币只能表示一种币值,如果这个币值过高,则小于该币值的交易无法进行;如果币值过低,则在消费时必须执行许多次电子货币的支付协议,使得存储量、通信量与计算量会很大。例如,用户有一个电子货币币值为 5 元,如果一件商品的价格为 3.99 元,用户则不能进行消费(当然他也可以消费,但他会损失 1.01 元,这对他显然是不合理的),当然用户也可以在提取电子货币时只提取多个币值最小的电子货币,如 0.01 元,但这时他如果购买价值为 3.99 元的商品时,就必须执行 399 次消费协议,这样的方案效率会很低。

　　有鉴于此,人们提出了电子现金的可分性与可转移性两个属性,只要具有这两个属性之一就可解决上述问题。假设电子现金具有可分性,则用户可以将 5 元面值的货币任意分为多个其他面值的货币;假设电子现金具有可转移性,则商家可以将 1.01 元不经过银行直接传递给用户。

　　电子现金的可转移性(transferability)是指在一次支付中的收款者可以在以后的另一次支付中不用银行的参与将收到的电子现金支付给其他人,可转移性也称为可传递性。一个电子货币的可转移性可以由图 8.6 来表示。

图 8.6　电子现金的可转移性

　　Chaum 与 Pederson 中用信息论的方法证明了无论是无条件匿名还是条件匿名,电子现金在转移过程中大小必然会随着每一次的转移而增加,即一个电子货币的大小与其被转移的次数成正比。这一点可从直观理解:一个可传递的货币必须嵌入所有经手者的身份信息,以便可以揭示到底是哪个用户对这个电子货币进行了重复花费。

　　基于这个原因,人们对于电子现金可转移性的研究兴趣基本上消失了,而将目光更多地关注到电子现金的可分性的实现上。

8.3.6　可分性

　　在实际交易中经常需要支付任意金额的现金,这通常是通过"找零"实现的。电子现金在使用时最好也要能够找零,即能够将现金分解成多个任意面值的零钱,这称为电子现金的可分性。可分电子现金系统能够让用户进行多次合法的精确支付。

　　电子现金的可分性在实现起来与传统现金的可分性有明显区别。传统现金的找零是由商家一方完成的,但电子现金的找零必须由用户完成。这是因为,在电子现金模型中,商家一般只接受用户的现金,如果由用户付款给商家,再由商家找零(付款)给用户,则增加了网络传输的次数,增大了电子现金系统地复杂性,并且还要解决电子现金可传递性的问题(不具有可传递性是指商家不能在没有银行参与的情况下付款给用户)。

　　可分电子现金的好处在于:减少提款次数,降低网络通信量,提高系统效率。

　　实现可分电子现金系统有以下两种途径:

　　(1) 基于二叉树的可分电子现金系统。Okamoto 和 Ohta 在 1991 年提出了基于二叉树的可分电子现金系统。它的基本思想是将现金的面值用一个二叉树来递归表示,如图 8.7 所示,即每一个节点表示一定的面值,其中二叉树的根节点代表电子现金的整个面值,它的子节点表示一半面值,而孙子节点表示四分之一面值,依此类推。它允许用户将处于二叉树根节点的原始电子现金分解成没有直系亲属关系的子节点进行支付,即允许用户将电子现金分成任意金额进行多次支付,直到总数达到该电子现金的总额为止。为了防止重复支付,每个节点最多只能使用一次;并且一旦某个节点被使用了,则它所有的子节点和祖先节点都不能再被使用。

提示:电子现金进行等额分割实现起来更方便。

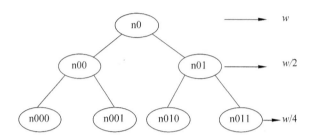

图 8.7　用二叉树方法实现的可分电子现金方案

(2) 引入可信方,负责防止超额支付,该可信方在用户每次支付后检查用户剩余的款项,这样电子现金的支付协议就不需要检查是否超额支付了。

但电子现金的可分性同电子现金的可转移性、多银行性一样,到目前为止还没有很好的解决方法。

8.3.7　电子现金的发展趋势

自从 1982 年 Chaum 使用群盲签名设计出第一个电子现金系统的模型以来,各种不同的电子现金系统方案相继被提出来,该领域的发展体现了如下的趋势。

1. 从完全匿名到条件匿名

1988 年,Chaum 首先利用盲签名协议实现了完全匿名的电子现金系统。在该协议中由于采用了分割选择协议,效率不高,而且没有严格的安全性论证,然而却开创了进一步研究电子现金的道路,为以后的研究打下了基础。

1992 年 D. Chaum 和 T. Pedersen 提出了用“带观察者的电子钱包”实现完全匿名的离线电子现金系统。R. Cramer 和 T. Pedersen 给出了改进方案,没有再使用分割选择技术,且系统的安全性基于离散对数和随机性假设,效率得到很大提高。1993 年 S. Brands 基于 Schnorr 数字签名和素数阶群上的表示问题给出了一个单一符号的完全匿名电子现金方案,是目前为止最有效的电子现金方案。目前的电子支付系统大多基于这些单一符号电子现金协议。

后来人们开始研究条件匿名的电子现金系统。1998 年,R. H. Deng 提出了基于证明离散对数相等和 Schnorr 盲签名的条件匿名的电子现金方案,特点是 TTP 完全脱线,每个用户对应一个大素数,公共模是这些素数的乘积加 1,数学结构十分完美。但是由于表示电子现金的数据太长,目前还很难实用。1999 年,Juels 提出了基于信任标志的可信方追踪机制,并以此给出了一种简单、高效、安全的可控制匿名性的电子现金方案。它建立在目前已广泛使用的匿名电子现金系统的顶部,只需对其做很小的改动就可以构成可控制匿名的电子现金系统,是目前比较有效的条件匿名的电子现金方案。

2. 从在线电子现金到离线电子现金

D. Chaum 提出的利用盲签名技术实现完全匿名的电子现金是在线的,主要是因为当时电子商务发展还不普及,网上交易不频繁,不会造成网络银行的阻塞,而在线的现金系统还可以实时检测电子现金的重复花费问题。但是随着网上交易的频繁进行,这种在线的系统会造成银行的通信阻塞,使得服务失败,易发生大量交易纠纷等,因此为了效率问题,越来越多的电子现金系统开始采用银行离线的方式。

Chan、Frankel 和 Tsiouni 于 1995 年给出了安全性基于 RSA 的可证明安全性的电子现金系统,该系统使用分割选择技术,其贡献在于阐明在不使用密码协议的情况下可以构造可证明安全性的离线电子现金系统。

3. 从银行完全参与到只有需要匿名性撤销时才参与

在实现条件匿名性的电子现金系统中,早期的系统是银行(第三方)在顾客建立账户及顾客提款的时候都要参与进来,这样会造成大量的网络通信,有可能会造成通信失败或者延迟等情况,造成不必要的纠纷和损失,如 1995 年 E. Brickell 提出的条件匿名性的电子现金系统。后来的电子现金系统就尽量减少银行在系统中的参与程度,尽量使银行只在需要撤销匿名性的环节才参与到系统中来,其他环节都不参与。如 J. Camenisch 等于 1996 年提出了公平离线电子现金的概念(可信方除用户登记和跟踪以外均离线)。

4. 从单银行电子现金系统到多银行电子现金系统

为了使电子现金系统更接近于现实中的现金模型,1998 年,A. Lysyanskaya 扩展了 Stadler 的群签名方案,提出了群盲签名方案(群盲签名的定义类似于群签名,所满足的安全性质也类似于群签名,只是同时具有盲签名的性质),即签名者不能识别他签过的信息,并指出如何利用群盲签名方案构造一个多银行参与发行电子现金的、匿名的电子现金系统,为电子现金系统的研究开辟了一个新的方向。

*8.4　电 子 支 票

电子支票(electronic Check,eCheck)是客户向收款人签发的无条件的数字化支付指令。电子支票是网络银行常用的一种电子支付工具。它对应于传统纸质支票,是一个包含了传统支票全部信息的电子文档,是纸质支票的替代者。在电子支票支付模型中,电子支票利用各种安全技术实现在账户之间的资金转移,以完成传统支票的所有功能。它仿真纸质支票,用基于公钥的数字签名替代手写签名,使支票的支付业务和支付过程电子化,从而最大程度地开发现有银行系统的潜力。

电子支票的运作类似于传统支票,客户从他的开户行收到电子支票,并为每一个付款交易输入付款数目、货币类型以及收款人的姓名。为了兑换电子支票,付款人和收款人都必须对支票进行签名。收款人将支票拿到银行进行兑现,银行验证无误后即向收款人兑付或转账,然后银行又将支票送回给付款人。由于电子支票在形式上是数字化信息,因此处理极为方便,处理的成本也比较低。电子支票通过网络传输,速度极其迅速,大大缩减了支票的在途时间,使客户在途资金损失减为零。

电子支票采用公钥基础设施(PKI)保证安全,可以实现支付过程的保密性、真实性、完整性和不可否认性,从而在很大程度上解决了传统支票支付存在的伪造问题。

8.4.1　电子支票的支付过程

电子支票支付系统在计算机网络上模拟了现实生活中纸质支票的支付过程。它主要包括 4 个实体:电子支票的支付方(即客户)、接收方(即商家)、发卡银行和收单银行。

电子支票的支付过程如图 8.8 所示,它包括了生成、支付和清算 3 个过程。

图 8.8　电子支票支付的基本流程

1. 生成过程

客户必须在提供电子支票业务的银行注册,开具电子支票。注册时需要输入信用卡或银行账户信息。银行将具有银行数字签名的支票发送给客户。

2. 支付过程

当客户决定用电子支票作为支付方式时,支付系统首先要验证交易双方的身份(如通过 CA),然后可以通过以下步骤实现支付过程:

(1) 客户可以使用发卡银行发放的授权证明文件签发电子支票,然后将签名的支票发送给商家。在签发支票时,客户利用自己的私有密钥在电子支票上进行数字签名以保证电子支票内容的真实性,即: 签名$_{客户}$(支票内容),这和签写普通支票是很相似的。电子支票的内容包含了客户名、金额、日期、收款人和账号等信息,它向商家提供了完整的支付信息。

(2) 为了提供电子支票的安全性,客户可以用商家的公钥或双方共享的对称密钥对支票内容或部分内容进行加密,然后通过网络将加密的支票传送给商家,以保证只有商家才是该支票的唯一合法接收者。

(3) 商家用自己的私钥解密电子支票,然后采用客户公钥验证客户对电子支票的签名。

(4) 如果电子支票是有效的,则商家将发货给客户或向客户提供相应的服务。因此电子支票支付系统也属于事后付费支付系统。同时,商家需要对支票进行电子背书,其中电子背书也是某种形式的电子签名。

3. 清算过程

商家可以自行决定何时将支票发送给接收银行以进行存款和结算处理。例如,他可以选择定期将背书(endorse)的电子支票发送给接收银行。在清算过程中,发卡银行和收单银行会将支付资金从客户的账户中取出并转入到商家的账户中。此外，为了防止重用，银行还需要对所有处理过的电子支票加以标识。

8.4.2 电子支票的安全方案和特点

当商家通过网络接收到客户经过数字签名的电子支票后，它将像处理纸质支票一样对电子支票进行数字签名，并通知银行将用户所需支付的金额从用户的账户转入商家的账户中。基于公钥体制的数字签名是当前在电子支票中普遍采用的技术。

1. 电子支票的安全方案

1）电子支票的认证

电子支票是客户用其私钥签署的一个文件，接收者（商家或商家的开户行）使用支付者的公钥来解密客户的签名。这使得接收者相信客户的确签署过该支票。此外，电子支票还可能要求客户的开户行进行数字签名，这将使得接收者相信他所接收的支票是根据发送者在银行的有效账目填写的，接收者使用开户行的公钥可以对发送者的签名加以验证。

2）公钥的发送

发送者及其开户行必须向接收者提供自己的公钥，提供方法是将他们的数字证书附加在电子支票上。

3）银行本票

银行本票由银行按以下方式发行：发行银行首先产生支票，用其私钥对其签名，并将其证书附在支票上。接收银行使用发行银行的公钥来解密签名，通过这种方式使接收银行相信，它所接收到的支票的确是由支票上所描述的银行发出的。

2. 电子支票的优点和缺点

电子支票除了具有纸质支票转账支付的优点外，还可以加快交易处理速度，减少交易处理的费用。特别是在安全方面，电子支票的即时认证在一定程度上保障了交易安全性，对支票的挂失处理也比纸质支票方便有效得多。电子支票的优点表现在以下几点：

（1）与传统支票类似，用户对电子支票比较熟悉，易于接受。可广泛应用于 B2B 结算。

（2）电子支票具有可追踪性，所以当使用者支票遗失或被冒用时可以停止付款并取消交易，风险较低。

（3）通过应用数字证书、数字签名及各种加密/解密技术，提供比传统纸质支票中使用印章和手写签名更加安全可靠的防欺诈手段。加密的电子支票也使它们比电子现金更易于流通，买卖双方的银行只要用公开密钥确认电子支票即可，数字签名也可以被自动验证。

这一系列特点成功地推动了电子支票的发展，使其成为最具发展潜力的电子支付手段之一。但是电子支票的整个交易处理过程都要经过银行系统，而银行系统又有义务证明每一笔经它处理的业务细节，因此电子支票的一个最大的问题就是隐私问题。电子支票的缺点如下：

（1）需要申请证书，安装证书和专用软件，使用较为复杂。

（2）不适合小额支付及微支付。

（3）电子支票通常需要使用专用网络进行传输。

8.4.3　NetBill 电子支票

目前电子支票协议还没有国际性标准，但基于电子支票的支付系统有很多，如 NetCheque、NetBill 和金融服务技术联盟（Financial Services Technology Consortium，FSTC）实施的电子支票项目。

NetBill 是一种基于公钥和对称密钥的价格协商、信息商品订购和支付的完整微支付机制，是美国卡内基·梅隆大学开发的。系统参与者包括客户、商家以及为他们保持账户数据的 NetBill 服务器。这些账户可以与金融机构传统的账户相连。客户、商家的 NetBill 账户可以与他们在银行的账户相互转账。NetBill 设计的主要目标是帮助信息产品的网上销售。

NetBill 通过向商家和客户提供配套使用的工具软件来提供对整个系统的支持，其中包括一系列安全措施，客户端软件称为支票簿，商家端软件称为"收款机"，分别负责客户应用和商户应用通信。两者所有通信均经过加密处理，以防范攻击者窃取信息，其流程如图 8.9 所示。

图 8.9　NetBill 网上支付流程

NetBill 电子支票的网上支付过程如下：

（1）客户向商家请求查询某商品的价格，从而交易开始。

（2）商家调用一种算法向获得确认的用户提供经过数字签名的产品价格。

（3）客户向商家发送自己所能接受的经过数字签名的价格。

（4）商家向客户发送用一次性密钥（K）加密的电子商品信息，并且在加密信息上计算散列值。

（5）当客户收到上述信息后把它保存下来。在传输成功后，客户就会在加密商品上计算散列值，然后返回商家一个电子采购订单（EPO），即所谓的三元式（价格、加密商品的密码单据、超时值）数字签名值。在此要注意一点，就是此时客户还不能对商品进行解密,且他账号上的钱也不会转入到商家。

(6) 在收到电子采购订单后,商家将与客户的计算校验和进行比较,若不一致,商家就不会发送发货单,此时交易也将取消。该步为商品准确无误的传送提供了安全保证,若一致,商家就会自动生成一张电子发货单(包括商品价格、加密商品的密码单据、商品解密密钥),商家将 EPO 和发货单二者传送给 NetBill 服务器。

(7) NetBill 服务器验证 EPO 签名和会签,然后检查客户的账号,保证有足够的资金以便批准该交易,同时检查 EPO 上的超时值看是否过期。确认没有问题时,NetBill 服务器即从客户的账号上将相当于商品价格的资金划往商家的账号上,并存储密钥 K 和加密商品的密码单据。然后准备一份包含值为 K 的签好的收据,将该收据发给商家。

(8) 商家记下该收据单传给客户,然后客户将第(4)步收到的加密信息商品解密。NetBill 协议就这样传送信息商品的加密副本,并在 NetBill 服务器的契据中记下解密密钥。

8.5　微　支　付

微支付(MicroPayment)是伴随着 Internet 的发展而提出的。在 Internet 应用中,经常需要发生一些小额的资金支付,如 Web 站点为用户提供搜索服务、下载一段音乐、下载一篇文章、下载试用版软件等,所涉及的支付费用非常小,如查看一条新闻收费一分等。目前对这些费用还没有较好的解决办法。传统的网上支付方式因为支付本身要涉及的费用和延迟而无法使用。目前这些网站只能采用广告,发展付费会员等方式来维持其生存,迫切希望有效的微支付方式来支持这些网站的发展。微支付将有助于 Internet 更好地发展。

微支付的特征是能够处理任意小数额的钱,适合于 Internet 上"不可触摸的"(non-tangible)商品(如信息商品)的销售。一方面,微支付要求商品的发送和支付几乎同时发生;另一方面,支付的安全性检查往往给支付的实时性造成了障碍。因此,微支付的设计目标是保证支付的实时性和可以接受的安全性。目前很多厂商正在致力于发展新的微支付协议,以支持 SET 和 SSL 不能支持的微支付方式,其中之一是微支付传输协议(MicroPayment Transport Protocol,MPTP),该协议是由 IETF 制订的工作草案。

总的来看,微支付与传统电子支付相比具有以下几个特点:

(1) 交易额小,交易频率高。

微支付的首要特征是能够处理任意小的交易额。一般交易中所购买的商品价格通常在几分到几元之间,不像传统支付通常一次交易的金额比较大。也可能正因为交易额小,其交易的频率要比传统的电子商务要高。

(2) 可以接受的安全性。

微支付本身的交易额一般都很小。在这种情况下即使交易过程中有关的支付金额被非法窃取,对交易双方的损失也不大。对安全性的需求不如其他电子支付那么严格。

(3) 交易效率高。

由于微支付交易量很大,要求微支付系统有较高的交易效率和可以忽略的交易延迟,使得消费者的交易请求得到即时满足。

（4）交易成本低。

由于小额交易的利润很小,如果还要减去较高的交易成本,那么商家会无法赢利,因此微支付的交易成本要求非常低。

（5）操作简便,实现"单击就可支付",不需要额外窗口。

8.5.1　微支付的交易模型

典型的微支付模型涉及 3 类参与者:客户（customer）、商家（vender）和经纪人（broker）,如图 8.10 所示。

图 8.10　典型的微支付模型

客户通过微支付的方式购买商家的商品或服务,它是微支付的发起者;商家向客户提供商品并接受电子支付。另外,要在客户与商家之间进行电子支付,就必须有一个可信实体——经纪人负责发行电子货币,同时它还必须负责双方身份认证以及交易后的转账支付,并可以解决该交易中引发的纠纷。经纪人可以是一些中介机构,也可以是银行等。

在进行交易和支付之前,客户为了获得电子货币,首先要通过某种手段在经纪人处建立账号。然后,可以通过宏支付（如信用卡支付）方式在经纪人处一次性购买一定数额的电子货币,也可以根据经纪人的授权,通过数字证书自己生产电子货币。交易过程中,客户通过在线方式同商家进行联系,浏览选择商品并进行支付。商家一般可以在本地验证电子货币的真伪,但一般不能判断客户是否进行了重复消费（除非对特定商家的货币）。每隔一段时间,如一天或者一周,商家会把客户支付的电子货币提交给经纪人进行兑现。此时,经纪人可以对电子货币的真伪进行验证,以防止商家的欺骗和客户的重复消费。

典型的微支付系统有基于票据的微支付系统、基于散列链的微支付系统和基于概率的微支付系统（如微电子彩票）,这些系统在安全性、效率以及多方交易等方面各有特色。

8.5.2　基于票据的微支付系统

票据（scrip）是微支付系统中常见的支付工具之一。它是一种面值很小的电子货币,一般由商家或经纪人产生,也可以由经纪人独立产生。在不需要第三方参与的情况下,可以由商家在线验证货币的真伪。常见的票据形式的微支付有 Millicent、Subscrip 和 MicroMint。

1. Millicent 概述

Millicent 是在 1995 年由 Compaq 与 Digital 联合开发的微支付系统,它是一个效率相当高的微支付系统,完全没有采用公钥密码算法,只是采用单向散列函数进行快速计算,而且利用"离线"方式进行验证,整个系统的运算成本和通信成本都比较低,非常适合处理网络上的小额付款。

Millicent 使用的电子货币——票据(scrip)是由商家利用单向散列函数制造的,不同的商家有不同的票据,而这些票据的真伪只有这些商家能够利用离线的方式进行验证,这种票据称为商家票据(vendor scrip)。消费者如果要与某商家进行交易,则必须使用该商家的商家票据才能付款。一个商家票据代表了商家给消费者建立的一个账号,在任何给定的有效期内,消费者都可以利用该商家票据购买该商家的服务。

账号的平衡由商家票据的值来指定。当消费者利用商家票据在网上购买了商家的服务或商品以后,购买值将自动从商家票据中扣除,并返回一个具有新的面值的商家票据(即找零)。当消费者完成了一系列交易或支付以后,他还可以把商家票据中剩余的值兑换成现金(同时账号关闭)。

Millicent 微支付机制主要包含 3 个交易实体:经纪人(broke)、商家(vendor)和消费者(customer)。下面详细阐述三者之间的关系。

经纪人买卖商家票据来服务消费者与商家。经纪人也拥有票据,它是作为消费者购买商家票据或商家兑现消费者未消费完的商家票据的公共货币而存在的。经纪人票据(broker scrip)对消费者来说是一种购买商家票据的通用货币,而对于商家来说则是返回未动用的票据。

在中间服务器模式中,经纪人角色往往是个通信瓶颈。但在 Millicent 中,可以有多个经纪人机构,在消费者和商家的交易中,只是在部分交易中会牵涉到经纪人,在交易过程中牵涉到经纪人的交易量是很小的。以经纪人的方式来处理账单和支票,降低了账单费用。C-M 账户变成了 C-B 账户和 M-B 账户,减少了账户数量。

在 Millicent 中,票据产生的方式有两种,一种是由商家自己制造产生,然后交由经纪人委托出售;另一种是商家和经纪人签订相关协定,授权给经纪人制造和出售票据。

对于第一种方式来说,经纪人只负责收购各商家制造的商家票据,消费者需要哪个商家的票据,经纪人就出售该商家的票据。

第二种方式商家授权经纪人制造和出售票据,则商家必须将产生票据要用到的参数(Master_Customer_Secret,Master_ Scrip Secret 和票据的识别号码等)传送给经纪人。当消费者购买商家票据时,经纪人只需按照消费者的需要制造票据就可以了。这种方式可以节省经纪人和商家之间的通信成本和经纪人的存储空间等。

2. Millicent 票据的组成

一个 Millicent 票据由下列域组成,如图 8.11 所示,其中,灰色部分表示票据中的元素。

(1) Vendor:商家的名称。

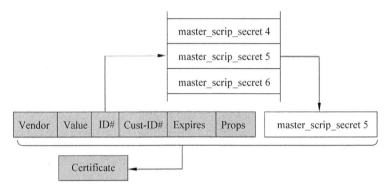

图 8.11　票据的数据结构

（2）Value：票据的金额。

（3）ID♯：票据的序列号，为了防止重复消费，其序列号是唯一的。

（4）Cust-ID♯：客户代码。

（5）Expires：票据的有效期。

（6）Props：对客户信息（如住址）的记录。

（7）Certificate：票据的鉴别码。

Millicent 采用一个密钥控制的单向散列函数加密（即 MAC），从票据中选取一些域，如 ID♯、Cust-ID♯做散列运算，从而产生 Certificate，以鉴别票据的真伪。当银行发行票据时，会将做散列运算的密码传送给商家，这样商家自己就可以对其进行鉴别。由于采用散列函数加密的方法，其运算速度要比公钥加密法快很多，但安全性会有所降低。

Millicent 票据的产生和使用涉及 3 种密钥：消费者密钥 customer_secret（证明其对票据的拥有权）；主消费者密钥 master_customer_secret（商家从票据中提取信息产生消费者密钥）；主票据密钥 master_scrip_secret（该密钥只能被票据发行单位拥有，用于验证票据的合法性）。

由于 Millicent 并没有使用公钥加密手段，为了保障密钥传输的机密性，需要一张映射机制将票据上面的公开信息映射到需要保密的密钥中，然后利用取出的密钥来验证签名。3 个密钥和票据之间存在着两个重要的映射关系。

一个是 ID♯→master_scrip_secret。这样，票据发行者就可以通过票据上面的公有信息（ID♯）得到其他人所不知道的信息 master_scrip_secret。然后校验票据的真伪。图 8.11 实际上说明了签名（Certificate）是如何产生的，从它的产生机制不难推出它的验证机制。

另一个是 Cust_ID♯→master_customer_secret。从而得到 customer_secret，校验消费者对票据拥有的合理性。由于消费者密钥是由票据上的公开的 Cust_ID♯和隐秘的 master_customer_secret 生成的，如果票据发行单位能够获得 master_customer_secret，就能够验证消费者利用 customer_secret 进行的签名。

同时，为了防止一张票据的多次使用，在每次交易完成以后，商家将会发布新的票据。新的票据中的 Cust_ID♯保持不变，从而使消费者密钥（customer_secret）能够继续有效。但是,ID♯和 Certificate 会改变,同时,本地数据库中标记票据编码为 ID♯的票据无效。这样,即使某个消费者试图利用原有的票据进行消费,也会被校验出来。

在这种协议中,请求和响应都进行了加密处理,从而保证了私有性。除非攻击者知道消费者密钥,否则它不能解密消息。另外,即使攻击者获取了密钥,因为不知道消费者密钥,它也不能利用它进行消费。

3. Millicent 交易流程

Millicent 最主要的特点就是使用了票据作为交易时的凭证。它的主要特性有以下几点:① 每一张票据都描述了它的价值和商家的标志。② 每一张票据都有唯一的号码以阻止重复消费。③ 每一张票据都附有数字签名以阻止篡改和伪造。④ 消费者用消费者密钥签署每一张票据,然后再消费。

签名(实际上是求散列值)采用高效的散列函数 MD5 或者 SHA。

在票据产生、验证和消费的过程中伴有 3 个密钥,消费者获得其中一个密钥 customer_secret,以证明该票据的所有权。商家使用 master_customer_secret 从票据中含有的消费者信息中推导出 customer_secret。master_scrip_secret 密钥则是验证票据真伪的凭证。

1) 购买商家票据

消费者必须用商家票据才能在特定的商家进行消费。Millicent 借助某些宏支付系统(比如 SET)来进行消费者向经纪人购买票据的交易过程。消费者在经纪人处购买到经纪人票据是由经纪人制造的,如果消费者想在某家网上商店购买商品,则必须利用购买到的经纪人票据去购买该家商店的商家票据,然后再利用商家票据和商家进行交易。客户购买商家票据的流程如下:

(1) 消费者向经纪人购买经纪人票据,经纪人返回初始纪人票据和相关密钥。

(2) 当消费者需要在某商家进行消费时,用纪人票据向经纪人换购特定的商家票据。

(3) 如果经纪人已经没有消费者要求的商家票据,那么经纪人需要向商家要求商家票据,商家返回商家票据和相关密钥。

(4) 经纪人向消费者返回他求购的商家票据和相关密钥 Customer-secret,并且返回购买商家票据剩余的经纪人票据(即对经纪人票据找零)。

2) 用商家票据支付。

当消费者有了商家票据和相关密钥后,就可以和商家进行交易了。步骤如下:

(1) 消费者选择想要购买的商品,向商家发出购物信息(Request),可能包括商品名称、商品价格等相关信息。

(2) 消费者将 Customer_Secret、Request 和商家票据等信息做单向散列函数的运算,得到的散列值称作 Request Signature。

(3) 消费者将 Request、Request Signature、商家票据和 Certificate(消费者在购买票据时经纪人附带的票据凭证)4 个信息发送给商家,要求进行交易。

3) 验证商家票据

商家收到消费者传送来的信息之后,必须对这些信息验证正确与否,步骤如下:

（1）利用商家票据中的 ID♯字段，以查表的方式找出所对应的 master_scrip_secret。

（2）将商家票据和刚刚查表得知的 master_scrip_secret 一起做散列函数的运算，可以得到该商家票据的 Certificate。然后将此结果与从消费者那里收到的 Certificate 相比较，如果结果相同，表示消费者发送的商家票据和 Certificate 是正确的，则可进行下一步的验证；如果结果不相同，则可能商家票据有问题，则不与消费者进行交易，同时进行必要的处理。

（3）利用商家票据中的 Cust-ID♯字段找出对应的 master_customer_secret，然后将此信息和 Cust-ID♯进行散列函数运算，得到结果 customer_secret。

（4）将计算得到的 Customer_Secret 和商家票据及 Request 3 个信息再经过散列函数运算，可以得到 Request Signature。然后将此 Request Signature 和从消费者那里发送过来的 Request Signature 进行比较，如果相等，则表示消费者送来的信息都是正确的，允许与此消费者进行交易，否则放弃交易。

最后，商家将消费者所购买的商品、"Reply"、购买商品后所剩余的票据和 Certificate 等信息回传给消费者，整个交易过程就完成了。

在 Millcent 中，商家并不需要做交易后的清算，因为商家出售商家票据给经纪人时，经纪人就已经支付了款项。

4. Millicent 的安全性分析

Millicent 在安全性方面具有以下几个优点：

（1）防止票据的伪造。MAC 中使用的密钥 master-scrip-secret 只有票据发行者和要验证并最终接收此票据的商家才知道，客户不知道，因此可防止票据的伪造。

（2）防止票据重用。票据中包含了唯一的序列号 ID♯，对于特定商家，可杜绝同一票据的重用。

（3）商家独立完成验证。采用分散式验证，不需要在线或离线的经纪人去验证票据的合法性，这些都由商家独立完成。

但 Millicent 也存在以下一些不足：

（1）由于票据是针对特定商家的，且最终由商家产生和验证（也可由经纪人代为产生），所以客户不能验证票据的真伪。

（2）因为针对每个新的商家，客户都要请求一个新的票据，Millicent 对经常需要更换商家的客户效率不高。

8.5.3　MicroMint 微支付系统

MicroMint 是基于唯一标识的离线电子现金，它涉及交易的三方：客户、商家和经纪人。MicroMint 的每个货币都是独立存在的，因此是同现实生活中的货币最为接近的微支付体制。

MicroMint 是由经纪人制造"硬币"，然后卖给消费者进行消费。MicroMint 的硬币是由散列函数的碰撞所生产出来的。

1. 散列函数的碰撞

我们知道,单向散列函数可以将任意长度的输入转换成固定长度的输出,而且一般输出信息的长度比输入信息的长度要短得多,因此散列函数的输入与输出是多对一的关系,只要输入的信息足够多,就会产生两个不同的输入值(如 x_1 和 x_2)都被 h 映射到同一个值 y 的情况,即 $h(x_1)=h(x_2)=y$,则称出现了单向散列函数 h 的一个 2 向碰撞("2-way" collision)。

更一般的情况下,当 k 个不同的输入值 $x_1,x_2,\cdots,x_k$ 都被 h 映射到同一个值 y 时,即 $h(x_1)=h(x_2)=\cdots=h(x_k)=y$ 时,则称出现了单向散列函数 h 的一个 k 向碰撞("k-way" collision)。

我们已经知道,要找到两个不同的输入值(如 x_1 和 x_2),使它们有相同的散列函数值,即 $h(x_1)=h(x_2)$,是非常困难的(也是在一般的散列函数应用中不希望看到的情况)。那么,要找到一个单向散列函数的"k 向碰撞"显然更加困难了。根据理论分析,要产生第一次 k 向碰撞大约需要 $2^{n\times(k-1)/k}$(其中 n 为散列码的长度)个输入值经过散列函数运算才可以得到。但是如果检验输入值的数目是得到第一次 k 向碰撞的输入值的 C 倍(也就是如果第一出现 k 向碰撞需要检验 W 个输入值才出现,现在校验 CW 个值),那么应该可以得到大约 C^k 个 k 向碰撞。因此如果将 k 值提高,会产生两方面影响:①要得到第一次 k 向碰撞,必须校验更多的输入值,难度更大;②如果已经得到第一次 k 向碰撞,那么之后得到碰撞的速度将会加快,也就是之后得到碰撞的可能性会成倍提高,越来越容易。

MicroMint 就是利用上述原理制造出 k 个值的碰撞当作付款的硬币。由上述的分析可知,这种硬币的制造是非常困难的(必须要突破得到第一次碰撞的高门槛),也就是说要伪造这种硬币是非常难的,但要验证硬币的正确性却非常简单,只要检验下列的式子:

$$h(x_1) = h(x_2) = \cdots = h(x_k) = y$$

就可以知道硬币的真实性了。

在 MicroMint 中,一个硬币由 k 向散列函数碰撞来代表,k 一般取 4。所以,一个MicroMint 货币由一个 4 向散列函数碰撞来代表,即由 4 个具有相同散列值 y 的输入值 x_1、x_2、x_3、x_4 组成:

$$C = \{x_1, x_2, x_3, x_4\}$$

它代表一定数量的小额金钱,如一角等。

2. 硬币的制造和贩卖

在 MicroMint 中,有 3 种硬币,即通用硬币、特定用户硬币(user-specific coins)和特定商家硬币(vendor-specific coins)。

制造硬币的概念可以想象成把球(输入 x)随机投入 2^n 个箱子中的其中一个(n 表示输出散列码的长度),有球投进的箱子称作 y(输出),即 $h(x)=y$,那么"硬币"就表示有 k 个球碰巧都投进了同一个箱子。由于球是随机投出的,而且箱子的数量极其多,因此要将 k 个球都投进同一个箱子,需要投非常大量的球才有可能办到。同理,要制造硬币的经纪人必须要有大约 2^n 个箱子,投大约 $k\times 2^n$ 个球,然后从至少有 k 个球的箱子里拿出 k

个球来,当作一枚"硬币",记为 $C=(x_1,x_2,\cdots,x_k)$。如果同一个箱子里面有超过 k 个球,经纪人也只能制造出一枚硬币。

但是当经纪人利用电脑执行一个月,制造出硬币后,如何存储是一个问题。由于制造出来的硬币数目相当庞大,而且可能很大部分用不到,因此没有必要存储那么多的硬币。为了便于验证和防伪,将 k 向碰撞所得到的散列函数值 y(长度为 n)分成两部分(高位部分 t 和低位部分 u),即 $y=t\parallel u(n=t+u)$。将 y 的高位部分 t 作为月份标识,如果 t 等于某个值 Z(该值由经纪人指定),就认为这个硬币在该月份是有效的,将此硬币存储下来。所以通过适当地选择 t,可以减少存储的空间,又不降低系统的安全性。如果是指定使用者身份的硬币,则再将低位部分 u 分成两部分,上一部分(u-v)为 y',用来对应用户的身份,下一部分 v 为 y'',作为唯一的货币 ID。

最后经纪人将上述 t 值公布,让其他人可以对硬币的真伪进行验证,而且将卖给消费者的硬币值存储下来,以便商家拿硬币向他赎回时,可以进行比对。到了月底经纪人则允许消费者将未使用完的硬币退回或兑换成下月可用的硬币。

3. 硬币的购买和赎回

当客户向经纪人购买硬币后,就可以使用这些硬币去商家那里消费。商家对硬币值进行散列函数运算后,就可以对硬币作验证。如 k 取 4 时,商家验证每个 x_i(i 取 1,2,3,4)是否各不相同,以及 $h(x_1)$、$h(x_2)$、$h(x_3)$、$h(x_4)$ 是否都相等。同时将高位部分位元 t 计算出来和中介商公布的 t 值相比较,若都是正确的,那就表示货币是真实的。但不能发现重复花费,因此,商家必须保持每一个已花费过的硬币的副本,或者将货币 ID 即 y'' 记录下来,以便进行核查。

商家在每天固定的时间将收到的客户付款的硬币传送给经纪人进行兑现。经纪人收到后,检查记录看这些硬币是否已被赎回。若没有,即将款项付给商家;若硬币之前已经被赎回过,则将不让商家赎回,损失由商家承担。

4. 对 MicroMint 协议的分析

从效率上看,MicroMint 采用散列函数的碰撞得到硬币,因此整个系统完全没有使用公钥加密算法和对称加密算法。与 Payword 不同,MicroMint 货币并不是针对某一商家的,所以可允许客户高效地和多个商家进行交易。客户在经纪人处购买回硬币后,自己就可以离线验证硬币的真伪。而客户利用硬币和商家进行交易的过程也属于离线的方式(不需要和经纪人打交道),商家也可以自行验证硬币的真伪,经纪人不会也不必介入整个交易过程,可以大幅提高交易的效率。

从安全性上看,MicroMint 硬币采用了 4 向散列函数冲突,而且还要求前面 t 个值正好等于月份标识,一般人想伪造硬币是很难的。但如果是专业人士或经纪人处制造硬币的内部人员,他们想伪造"硬币",并拥有比经纪人更快的电脑来进行运算,那么MicroMint 似乎没有很好的办法来抵抗这类攻击。

在防重用性方面,由于每个商家会将已花费过的硬币序列号记录下来,因此客户是不可能将硬币在单个商家处重用的。但如果客户将硬币拿到几个商家处重用,则对于

MicroMint 中的 3 种货币来说,通用货币是无法防止客户重用的,因为它不包含对客户的认证,所以很容易被盗用或重用。而特定用户货币因为包含了特定用户的信息,如果用户在多个商家处重用货币,那么事后可以查出来。特定商家货币因为只能在特定的商家处花费,因此客户不可能拿硬币到别的商家处消费。

8.5.4　基于散列链的微支付模型

为了保证支付的有效性和不可否认性,有些电子支付系统采用了公钥签名技术。但过多地采用公钥技术会严重影响微支付系统的效率,所以很多微支付系统采用效率更高的散列函数来代替签名,或者是两者的结合,散列链就是这样一种方式,它的思想最初由美国密码学家 Lamport 提出,用于一次性口令机制,后来被应用到微支付机制中。

1. 散列链的原理

散列链的具体方法是由用户选择一个随机数,然后对其进行多次散列运算,把每次散列运算的结果组成一个序列,序列中的每一个值代表一个支付单元,因此散列链一般由客户产生。客户一般通过如下程序来产生一个新的散列链,如图 8.12 所示。

$$W_0 \xleftarrow{h(W_1)} W_1 \xleftarrow{h(W_2)} \cdots \xleftarrow{h(W_{N-1})} W_{N-1} \xleftarrow{h(W_N)} W_N$$

图 8.12　散列链的生成过程

(1) 客户决定散列链的长度 N。如果散列链上每个值所代表的金额为 1 分,则一个长度为 20 的散列链将代表 20 分。散列链代表的金额要比它在商家处购买的商品或服务价值高一些,未花费的散列值将会被安全地丢弃。

(2) 客户选择一个随机数 W_N 作为散列链的锚,散列链上的其他值都可以由锚来生成。

(3) 对 W_N 进行 N 次散列计算(如使用 SHA-1 散列算法),每个散列值形成一个支付单元。

(4) 最后生成的散列链就是 $\{W_0, W_1, W_2, \cdots, W_N\}$。

2. 基于散列链的微支付的支付过程

1) 客户获得付款凭证

当客户初次在经纪人处注册时,由经纪人颁发一个付款凭证给客户,其格式为 $\text{PayCert}_U = \text{Sign}_{SK_B}(B, ID_U, PK_U, \text{Expire}, \text{Add})$。其中 B 为经纪人标识,$SK_B$ 为经纪人的私钥,ID_U 为客户标识,PK_U 为客户的公钥,Expire 为证书的有效期,Add 为附加信息,如用户的地址等。付款凭证利用经纪人的私钥进行签名,任何人都可以使用经纪人的公钥来验证该凭证的正确性。

2) 客户发送支付承诺给商家

支付前,客户把散列链的最后结果(根)签名后发送给商家,该签名结果称为支付承诺,支付承诺格式如下:

$$PayCommitment = Sign_{SK_U}(ID_M, PayCert_U, W_0, Expire, Add)$$

其中，SK_U 为客户的签名私钥，ID_M 为商家标识，$PayCert_U$ 为用户的支付证书，W_0 为散列链的根，Expire 为支付承诺的有效期，Add 为附加信息。客户在每次支付时都以同计算散列链相反的顺序向商家递交散列序列中的值，如图 8.13 所示。

商家首先用客户的公钥解开客户发来的支付承诺，如果解密成功，表示支付承诺有效，客户愿意支付，并且以后不能抵赖。然后提取出

图 8.13　基于散列链的微支付的支付流程

其中的 W_0，以后客户每次向商家支付时，商家就可以对 W_i 求散列值并与 W_0 比较来验证客户发来的 W_i 是否有效。

3）支付

例如，第一次支付时，客户将第一个散列值 W_1 及其索引值组成的支付对 $(W_1,1)$ 发送给商家，商家通过对 W_1 进行一次散列运算，再与 W_0 比较，来验证其是否合法。

当第一个散列值被商家接受后，客户即可重复进行多次支付，即把第 i 个支付对 (W_i,i) 发送给商家以进行第 i 次支付，商家通过对 W_i 进行散列运算，并与客户在上一次支付时提交的 W_{i-1} 进行比较，若两个值相同，则第 i 个散列值合法。

在这个过程中，即使支付承诺被攻击者截获，攻击者取得 W_0，根据散列函数的单向性，他也无法用 W_0 求得 $W_1,W_2,\cdots,W_L$，因此无法伪造 $W_1,W_2,\cdots,W_L$ 进行支付。

基于散列链的微支付方案也可支持可变面值的支付。在上述支付过程中，假设每个散列值代表的面额为 1 角。那么客户通过发送特定支付对的方法可以实现可变面额的支付。假设客户在发送完 W_5 后要进行一次 4 角的支付，他可以将第 9 个支付对 $(W_9,9)$ 发送给商家，商家通过支付对信息中的索引值 9，可以知道需要对 W_9 进行 4 次散列运算，再与 W_5 比较以验证该散列值是否有效。

客户在完成支付或支付承诺过期前，需要维护一个未花费散列值的列表，该列表实际上只需保存散列链的锚 W_N 即可，因为其他的散列值都可以由它推算出来。商家应当保存客户的支付承诺和最后一个有效的散列值 W_i。即使经纪人已经兑现了商家提交的散列链和支付承诺，商家仍然需要在支付承诺过期前对其进行维护，以防止攻击者进行重放攻击。

由于商家只有接收到未使用过的散列值才能成功进行散列运算，因此基于散列链的微支付能很好地防止客户重用已使用过的现金，也能够防止攻击者重放已使用过的现金。

4）商家清算

一段时间后，商家会集中把散列链和支付承诺提交给经纪人进行兑现。商家只需将已经收到的最后一个有效的散列值 W_i 和其索引(i)以及客户已经签名的支付承诺一起传送给经纪人。经纪人会将 W_i 做 i 次的散列运算，将运算结果和付款承诺中的 W_0 比较，如果相同，经纪人就会把款项存入商家的账号之中，至此完成整个微支付协议。

由于采用了支付承诺的方式，一个散列链一般都针对特定商家。

基于散列链的典型微支付系统比较多,如 Payword、Pedersen 提出的小额支付、NetCard 和 Paytree 等。

8.5.5　Payword 微支付系统

Payword 微支付系统是由 RSA 的发明人 Rivest 和 Shmari 于 1996 年提出的一种微支付体制。其协议设计的目的是降低在付款过程中公钥的运算次数,从而满足微支付对于成本和效率的需求。

1. Payword 的支付原理和过程

Payword 是基于信用的微支付系统,它采用付款串列(payword)值表示客户的信用。付款串列也采用如图 8.13 所示的支付模型。在支付过程中,经纪人将利用 Payword 凭证授权客户生成一个付款串列,然后客户可以将付款串列作为付款现金提交给商家,从而使得商家可以通过经纪人兑换货币。它涉及如下一些概念:

1) 付款串列

在 PayWord 中,客户是利用付款串列作为和商家交易时进行付款的“金钱”。这种付款串列是由客户在将要和商家进行交易时自己产生出来的。

这种付款串列的生成方法是:客户随机选择一个数字 W_N,把它当作产生付款串列的“种子”(Seed),然后利用下面的规则产生付款序列:

$$W_{i-1} = h(W_i) \quad i = n, n-1, \cdots, 1$$

对 W_N 进行 N 次散列计算(如使用 SHA-1 散列算法),每个散列值都形成一个支付单元,是用来付款的“金钱”。每一个散列值都有固定的单位,如 1 角。而计算出来串列的最后一个值 W_0 并不是整个付款串列的一部分,它是整个串列的“根”(root),是不能用来付款的,而是在验证此付款串列的正确性时可以作为验证的依据。

提示:如果在这一步中客户对 W_N 进行非常多次散列计算(如 10 000 次),则他生成的“金钱”会非常多,但在下一步经纪人发给客户的“付款凭证”中对能够用于支付的总金额进行了限制,而且付款凭证会定期更新(付款凭证更新后需重新产生散列链),从而保证客户的账户不会出现过多的透支。

2) 付款凭证(Certificate)

Payword 规定,客户在进行消费前,必须向经纪人申请开户,经纪人审核通过后,客户便会得到一个由经纪人发给的使用者凭证,它包含以下信息:

$$\text{PayCert}_U = \text{Sign}_{\text{SK}_B}(B, \text{ID}_U, \text{PK}_U, \text{Expire}, \text{Add})$$

其中,B 为经纪人标识,SK_B 为经纪人的私钥,ID_U 为客户标识,PK_U 为客户的公钥,Expire 为证书的有效期,Add 为附加信息。

3) 付款承诺(Commitment)

付款承诺是由客户产生的,是客户用自己的私钥对以下信息进行签名而得到的:

$$\text{PayCommit} = \text{Sign}_{\text{SK}_U}(\text{ID}_M, \text{PayCert}_U, W_0, \text{Expire}, \text{Add})$$

其中,SK_U 为客户的签名私钥,ID_M 为商家标识,PayCert_U 为用户的支付证书,W_0 为散列链的根,Expire 为支付承诺的有效期,Add 为附加信息。

客户和商家进行首次交易进行付款时,必须先将付款承诺发送给商家。这样做的目的不仅能让商家得到 W_0 对客户以后支付的散列值 W_i 进行验证,而且还能证明客户确实承诺付款,因为该信息有客户的签名,防止客户以后抵赖的行为发生。

4) 购买

在客户想要购买商家的商品前,必须先送出付款承诺给商家。商家收到后,用客户的公钥将付款承诺解密,然后验证 ID_M 和 Expire 及客户付款凭证 $PayCert_U$ 的正确性。若验证完全正确,则商家将此付款承诺存储起来直到截止日期。

假设客户想购买的商品价格是 1 角,则他必须把 W_1 传送给商家,商家收到后,将 W_1 经过一次散列函数运算后,将所得到的值和付款承诺中的 W_0 相比较,若相同,那么商家可以确信所收到的 W_1 属于付款串列中的一个支付单元。

如果之后客户又要购买一个 4 角的商品,则客户将 W_5 传送给商家,商家根据索引值对 W_5 做 4 次散列函数运算,将结果和刚才的 W_1 做比较,若结果相同,则可以确信 W_5 是正确的支付单元。这样,经过多次交易后,商家只要存储最后收到的 W_5 和其索引(5)以及先前收到的付款承诺。

5) 清算

"清算"是指商家将之前和客户交易所收到的散列值(即付款串列),向经纪人要求转换成传统货币的行为。如前所述,商家只要在每天固定时间将已收到的最后一个 W_t 和其索引(t)以及客户签名了的"付款承诺"一起传送给经纪人就能完成清算了。

2. 对 Payword 支付系统的分析

Payword 的安全性体现在以下几方面:

(1) 防止伪造。由于采用了强散列函数的特性,已知已花费的散列值,导出未花费的散列值等价于从散列函数的输出求散列函数的输入,在计算上是很困难的,这样可以有效防止伪造付款串列。

(2) 防止重用。由于客户在支付时需要提交承诺和相应的付款串列的根,并且商家和经纪人也保留了客户最后一次消费的付款串列,因此系统可以通过客户的承诺以及已花费的付款串列来有效地防止客户提交用过的付款串列,防止了客户的重复使用和商家的重复兑换。但 Payword 协议本身只能用于单个商家。

但 Payword 也有其本身的缺陷。它可能导致客户的隐私暴露。如果其他人(客户、经纪人和商家除外)获取了经纪人的公钥,则他可以解密付款凭证,从而了解客户的详细信息(如地址)等,这样就破坏了电子现金的匿名性。此外,由于客户要对他需要支付的商家签署承诺,所以如果客户频繁更换商家,则承诺的签署将导致很大的计算消耗。

Payword 支付系统满足了微支付系统要求的高效性、安全性的需求。它的高效性体现在以下几方面。

(1) 支付交易中不需要保留过多的信息,如订购的商品与信息等,从而减少了内存的占用。

(2) 系统的许多耗时操作是离线完成的,如证书签署和货币兑换。这样可以提高效率,适合于客户对某一商家的经常性访问。

（3）Payword 支持可变大小的支付。

（4）采用散列函数减少了支付过程中公钥操作的次数，从而减少了公钥加密的计算成本，提高了系统的性能。

8.5.6 微支付协议小结

从以上几种微支付协议可以看出，目前的微支付技术还处于发展过程中，一旦微支付技术完全成熟，则可能会使 Internet 上的所有信息均转换为商品进行交易，由此将带来巨大的经济效益。表 8.2 对本章介绍的几种微支付协议进行了一个比较。

表 8.2 常见微支付协议的比较

微支付协议	交易凭据	凭据产生主体	认证或兑换方式	采用的密码技术	特 殊 性	信用/借记
Millicent	商家签名的票据	商家或经纪人	离线	对称，散列	根据安全性和效率有三种协议形式	借记
MicroMint	满足散列冲突的硬币	经纪人	离线	散列	货币只能由经纪人产生	借记
Payword	Payword 支付单元	客户	离线	公钥，散列	同一支付链只能用于单个商家	信用

习 题

1. 下列电子现金协议中（ ）完全没有使用公钥技术。（多选）

A. E-cash B. Payword C. MicroMint D. Millicent

2. 盲签名和分割选择协议主要用来实现电子现金的（ ）。

A. 不可重用性 B. 可分性 C. 独立性 D. 匿名性

3. 条件匿名的电子现金方案需要使用的盲签名技术是（ ）。

A. 部分盲签名 B. 完全盲签名 C. 公平盲签名 D. 限制性盲签名

4. 电子现金的不可伪造性是通过_____对电子现金的数字签名实现的。

5. 电子现金必须具有的基本特性包括_____、_____、_____、_____、_____、_____。

6. 电子支付包括哪几种支付方式？

7. 简述微支付协议必须具有的特点。

8. 电子现金的多银行性是指什么？它可以如何实现？

9. 简述 Millicent 和 MicroMint 分别是如何防止用户伪造货币的，Payword 是如何防止用户重复花费的。

第9章

移动电子商务的安全

随着移动通信技术的发展及移动终端的普及,移动电子商务(M-commerce)作为一种新的电子商务模式也应运而生,并且日益成为电子商务发展的新热点。作为电子商务的一个新分支,移动电子商务是指人们利用手机、平板电脑等移动终端设备通过无线网络技术接入 Internet 而进行的电子商务交易活动。由于移动终端省去了传统意义上的网络接入,因此移动电子商务最大的特点是方便灵活,用户可以随时随地地安排所需的商务活动。

目前移动电子商务主要包括 WAP 网站、移动支付、网上股市、移动银行等项目,可以提供个人信息服务、股票交易、网上购物和银行业务等服务。移动商务不仅可以在网上交易商品,更重要的是提供了一种全新的商品销售和促销的渠道,用户和商家都可以从中受益。移动商务可以满足消费者个性化需求,用户可以根据自己的实际需求选择上网设备和服务项目,获得所需的产品或服务。

作为对传统电子商务的补充和发展,移动电子商务继承了电子商务的特点,并与无线网络结合起来,使得电子商务的各种业务流程从有线转向无线网络运行,大大拓展了电子商务的概念、内涵和方法。

9.1 移动电子商务的实现技术

由于移动电子商务是基于无线网络的,因此移动电子商务的实现技术与传统电子商务相比也有一些区别。除了传统的 Internet 网络技术外,移动电子商务还需借助于几种特有的技术,这些技术主要有无线应用通信协议(Wireless Application Protocol,WAP)、无线公钥基础设施(Wireless PKI,WPKI)、无线传输层安全协议(Wireless Transport Layer Security,WTLS)以及一些无线连接协议(移动 IP 技术、蓝牙技术、WiFi技术)和无线传输协议(通用分组无线业务 GPRS,第三代移动通信系统 3G),如图 9.1 所示。

图 9.1　目前移动电子商务使用的一些典型技术

9.1.1　无线应用通信协议(WAP)

1. WAP 协议概述

为了使人们能通过手机等无线终端方便安全地访问 Internet 上的信息资源,1997 年由爱立信、摩托罗拉、诺基亚等公司组建的无线应用协议论坛(WAP 论坛)率先提出了 WAP 协议,WAP 协议是一个用于向无线终端进行智能化信息传递的无须授权、不依赖于平台的协议,WAP 将 Internet 和高级数据业务以智能信息传送的方式引入手机、PDA 等无线终端,并实现兼容和互操作。目前 WAP 已获得广大通信和信息技术厂商支持,成为移动通信领域的一种标准应用协议。

WAP 的目标就是通过 WAP 这种技术,将 Internet 上的大量信息及各种各样的业务引入到手机、平板电脑等无线终端之中。使人们能随时随地通过 WAP 手机访问无穷无尽的 Internet 网上信息或资源。WAP 协议的设计原则是基于 Internet 中广泛应用的标准(如 HTTP,TCP/IP,SSL,XML 等),提供一个独立于空中接口和无线设备的无线 Internet 解决方案(即无线设备访问 Internet 的解决方案),同时支持未来的开放标准。其中,独立于空中接口是指 WAP 应用(如对话音、传真、E-mail 的统一消息处理等)能够独立运行于各种无线网络之上(如 TDMA、CDMA、GSM、GPRS、蓝牙、USSD、3G 等),而不必考虑这些无线网络之间的差异,从而最大限度地兼容现有的和未来的各种移动通信系统;独立于无线设备指 WAP 应用能够运行于从手机到功能强大的平板电脑等各种无线设备上,只要这些设备遵循 WAP 标准来生产,就会有对用户来说一致的操作方式。总之,WAP 协议在设计时主要遵循以下目标:

(1) 操作能力。由不同厂商生产的移动终端能够在移动网络中互联互通。

(2) 伸缩性。能够根据用户的需求对移动网络的服务进行定制。

(3) 效率。提供适合于移动网络特点的服务质量(QoS)保证。

(4) 可靠性。提供一致的和可靠的服务应用平台。

(5) 安全性。即使在不具有保护能力的移动网络和设备上,仍能通过 WAP 提供的服务来保护用户数据的完整性。

2. WAP 协议解决的问题

在互联网中,一般协议要求发送的信息数据主要是基于文本格式,HTTP 协议并未采用压缩的二进制方式,而是以效率不高的文本格式来发送命令和标题。因此,如果在无线通信环境中采用普通的 HTTP 协议,将会导致会话速度慢、成本高等问题。而且 TCP/IP 和 HTTP 协议并没有针对无线网络信号不连续覆盖的问题提出解决方案,对长时间延时和有限带宽的问题也未进行优化处理。另外,无线电传输的延时还会产生成其他问题。

为了解决上述问题,WAP 采取了很多技术进行优化处理。例如,使用二进制来传输经过高度压缩的数据,并对中低带宽和长延时进行优化。同时,WAP 的会话功能可以对信号不连续覆盖的问题进行处理,并能在 IP 不可用时自动地改用其他协议来进行各类信息传输。此外 WAP 使用 WML 语言进行网页编写,这样可以解决互联网页面无法在移动设备上正常显示的问题,而且运用 WML 编写的网页可以在手机的微浏览器上产生图形、按钮及超链接等功能,还可以提供数据输入、信息浏览、表格显示、文本和图像显示等功能,极大地减小了在移动通信设备上浏览网页的复杂程度。表 9.1 对 WWW 和 WAP 的特点进行了比较。

表 9.1　WWW 和 WAP 协议特点的比较

协　议	WWW	WAP
数据传输	文本格式数据	二进制数据(高度压缩)
网页格式	HTML	WML
脚本语言	JavaScript 等	WMLScript
对中低带宽的优化	无	有
对信号不连续问题的处理	无	有

9.1.2　WAP 的应用模型和结构

1. WAP 应用模型

一个典型的 WAP 应用模型主要由 3 类实体组成:移动终端(如手机)、WAP 网关和内容服务器(如 Web 服务器),如图 9.2 所示。各实体功能如下:

图 9.2　WAP 应用模型

(1) 移动终端:典型的移动终端是手机。手机应用程序中内嵌支持 WAP 技术的浏览器,例如 Opera 等。用户可以在浏览器上进行简单的操作来实现基于 WAP 的业务请求,以无线方式发送和接收信息。WAP 终端通常采用 WML(无线标记语言)语言来显示文字和图像。WML 类似于构建网页的 HTML 语言。

(2) WAP 网关:即 WAP 代理,主要用来把客户端与 WAP 网关之间传递的信息进行编码和解码(包括请求和响应信息),压缩 WAP 数据以减少网络数据流量等。WAP 网关使用代理技术同时连接无线网络和 Internet,具有协议转换功能,该功能负责把 WWW 协议栈的请求转换为 WAP 协议栈的请求,或者将 WAP 协议栈的请求转换为 WWW 协议栈的请求。

(3) 内容服务器:如支持 WAP 访问的 Web 网站,此类 Web 站点的服务器支持 WAP 应用,可以根据用户请求而被访问。

WAP 应用基本工作流程可以描述为以下 4 个阶段:

(1) 用户使用移动终端将编码后的 HTTP 请求通过移动信息网络发送给 WAP 网关。

(2) WAP 网关接收到请求,将其解码并转换为标准的 HTTP 请求提交给内容服务器。

(3) 内容服务器将响应信息返回给 WAP 网关。

(4) WAP 网关再将响应信息解码并返回给用户。

提示:目前许多大型网站专门制作了适合手机访问的 WAP 网站,这些网站的域名中一般有 wap,如 http://wap.163.com,但要注意的是,无论手机访问哪种网站,包括普通网站,如 http://www.163.com,都需要通过 WAP 协议访问。

WAP 能支持 HTML 和 XML,但 WML(Wireless Markup Language,无线标记语言)才是专门为小屏幕和无键盘手持设备服务的语言。WAP 也支持 WMLScript。这种脚本语言类似于 JavaScript,但对内存和 CPU 的要求更低,因为它基本上没有其他脚本语言所包含的无用功能。

2. WAP 的体系结构

WAP 也采用分层的体系结构,并且与 Internet 的体系结构(TCP/IP)及 OSI 模型有着清晰的对应关系,如图 9.3 所示。通过分层设计,每层协议实现相对独立的功能,每一

图 9.3　WAP 协议栈结构

层都可以被上一层或其他应用通过定义好的标准接口调用。这样设计的体系结构具有更好的伸缩性和可扩展性。下面分别介绍每层的功能。

1) 无线应用环境(WAE)

无线应用环境(Wireless Application Environment,WAE)是一个融合了 WWW 和移动电话技术的通用的应用开发环境。WAE 的主要目标是建立一个兼容的环境,以便能够在各种无线平台上高效和实用地开发和运行各种应用程序和服务。通俗地说,就是把目前 Internet 上 HTML 语言的信息转换成用 WML 描述的信息,显示在 WAP 手机的显示屏上。

WAE 包括一个微型浏览器环境,功能包括无线标记语言(Wireless Markup Language,WML)、WML 脚本语言(WMLScript,一种与 JavaScript 相似的轻量级脚本语言)、无线电话应用(Wireless Telephony Application,WTA)、无线电话业务和编程接口(WTAI)、内容生成器。

(1) WML 是以 XML 为基础的标记语言,类似于 HTML。用 WML 编写的页面专门用来在手机等屏幕较小的移动终端上显示,供人们阅读,并可通过 WMLScript 向使用者提供人机交互界面。WML 支持文字和图片显示。在内容组织上,一个页面为一个 Card,而一组 Card 则构成一个 Deck。当使用者向服务器提出浏览要求后,WML 会将整个 Deck 发送至客户端的浏览器,使用者就可以浏览 Deck 里面所有 Card 的内容,而不需要从网络上单独下载每个 Card。

(2) 内容生成器:WAE 利用万维网中的 Web 服务器当作内容生成器。WAE 使用 WML 和 WMLScript 两种语言作为其表现层语言。为了提高系统效率和带宽利用率,WAE 定义了 WML 的压缩编码、WMLScript 的字节码和其他内容的编码格式。

(3) 用户代理:在移动设备上用于解释并执行请求内容的客户端软件,包括 WML 用户代理、WTA 用户代理以及其他用户代理。

(4) 无线电话应用:一组对电话呼叫以及特征控制机制所做的特定扩展,向内容创建者和最终用户提供高级移动网络服务。

2) 无线会话协议(WSP)

无线会话协议(Wireless Session Protocol,WSP)向 WAE 提供两种会话服务的统一接口,并特别针对低带宽和高时延的承载网络进行了优化。两种会话服务分别是:面向连接的服务,它工作在事务层协议 WTP 之上;无连接的服务,它工作在安全的或非安全的数据报服务(WDP)之上。

WSP 从某种意义上讲基本上是 HTTP 的二进制形式,由提供某些参数的 WSP 原语实际上都被映射到 HTTP 协议头中,以便和 HTTP 兼容,以尽可能地利用现有资源。

3) 无线事务协议(WTP)

无线事务协议(Wireless Transaction Protocol,WTP)用来在 WDP 层(或可选的 WTLS 层)之上实现可靠和不可靠事务的服务。它支持带宽优化和重传机制。WTP 无线事务的连接、建立和断开过程是面向报文的,它定义了 3 种报文传输服务:

• 类别 0:不可靠服务,即一种不需要确认的单向推送信息的服务。
• 类别 1:可靠的请求,即一种简单的发送-确认服务,用于实现 WAP 中的推送服务。

- 类别 2：带有结果消息的可靠请求，即发送-确认-回应。它是一种三次握手的服务。

另外，WTP 还具有可选的采用类似于 TCP/IP 的方式对数据进行分段和重组、超时重发等机制，并且支持异步事物处理和协议数据单元的级联和延迟确认，以减少发送消息的数量。

4）无线传输链路安全（WTLS）

无线传输安全链路协议（WTLS）用于保证 WAP 的安全性，提供端到端的加密、授权和数据完整性功能，类似于 Internet 上的 SSL 协议。WTLS 运行在不可靠的传输层上。WTLS 层是可选的。

5）无线数据报协议（WDP）

无线数据报协议（Wireless Datagram Protocol，WDP）工作在有数据承载能力的各种类型的网络之上。作为一种通用的数据报服务，WDP 通过端口号来标识上层的 WAP 实体，并在承载业务上支持同时发生多个通信事件。WDP 是仿照 TCP/IP 中的 UDP 协议设计的，它具有将数据报分段与重组的功能。

WDP 把由网络提供的承载服务与上一层协议隔开，允许应用数据在不同的承载商之间透明地传送。这就使得 WDP 可以工作在诸如 3G、GPRS、CDMA 等承载层之上。WDP 可以针对当前不同承载网络的不同网络服务质量提供不同服务等级间的补偿平衡，使位于上面的 WAP 协议层无须考虑不同网络层服务性能（如延时、误码率和网络吞吐量等）带来的差异。

3. WAP 技术的特点

过去，无线 Internet 的接入一直受到手机设备和无线网络的限制。WAP 充分利用了诸如 XML、UDP 和 IP 等 Internet 标准，它的许多规程建立在 HTTP 和 TLS 等 Internet 标准之上，但进行了优化，克服了原来无线网络环境下低带宽、高延迟和连接稳定性差的制约。

传统的 Internet 标准，诸如 HTML、HTTP、SSL 和 TCP 是远远不能满足移动网络要求的，因为大量的文本数据信息需要传送。标准的 HTML 内容已不可能有效地显示在袖珍手机和 PDA 等狭小的屏幕上。

WAP 采用二进制传输以更大程度地压缩数据，同时它的优化功能适于更长的等待时间（long latency）和低带宽。WAP 的会话系统可以处理间歇覆盖（intermittent coverage），同时可在无线传输的各种变化条件下进行操作。

WML 和 WMLScript 用于制作 WAP 内容，这样可最大限度地利用小屏幕显示。WAP 的内容可从一个最新式的智能电话或其他通信器的两行文字的屏幕上显示出来，也可以转变为一个全图像屏幕显示。

轻巧的 WAP 规程栈式存储器的设计可使需要的带宽达到最小化，同时使能够提供 WAP 内容的无线网络类型达到最多。它适用于多种网络，诸如全球移动通信系统 GSM900、GSM1800 和 GSM 1900，欧洲制式 DECT，时分多址接入，个人通信业务、高速寻呼(FLEX)和码分多址 CDMA 等。同时它也支持所有的网络技术和承载业务,包括短消息业务(SMS)、非结构式辅助业务数据(USSD)和通用分组无线业务(GPRS)等。由于 WAP 建立在可升级的分层结构基础上,每一个分层可独立于其他分层而发展,这使得它在不需要对其他分层作改变的情况下就可以引进其他承载业务或使用新的传输规程。

WAP 标准没有规定 WAP 设备应为何种形态,这对设备制造商极为有利,可使他们能够生产出各种不同类型的设备以满足不同需要。在不久的将来,市场对 WAP 设备的要求会以浏览器的显示屏尺寸、输入装置及内存大小等不同为根据,从而促使 WAP 设备在新技术及解决方案上得以发展进步。

9.1.3　移动网络技术

WAP 解决了移动网络访问 Internet 信息资源的问题。但移动网络本身还有许多方面与有线网络不同,需要采用一些特殊的技术解决。下面介绍移动网络常用的一些技术。

1. 移动 IP 技术

在传统网络技术中,主机使用固定的 IP 地址和 TCP 端口号进行相互通信,在通信期间它们的 IP 和 TCP 端口号必须保持不变,否则主机之间的通信将无法继续。而移动网络的基本问题是主机在通信期间可能需要在网络上移动,它的 IP 地址也许会经常发生变化,而 IP 地址的变化最终会导致通信的中断。为了解决节点移动(即 IP 地址变化)而导致通信中断的问题,就出现了移动 IP 技术。

移动 IP 技术是对 IP 协议进行扩展,用来支持终端的移动性,使得移动节点能以固定网络的 IP 地址,实现跨越不同网段的移动漫游功能,并保证基于网络 IP 的移动节点权限在漫游过程中不发生任何改变。移动 IP 技术是移动通信和 IP 协议的深层融合,为移动节点提供了一个高质量的实现技术,可应用于用户需要经常移动的所有领域。

移动 IP 技术最重要的功能是能够保证计算机在移动的过程中,在不改变 IP 地址、不中断正在进行的网络通信及正在执行的网络应用的前提下,实现对网络的不间断访问。移动 IP 的首要目标显然是解决节点移动的问题,但与节点移动相对应的另一个关键问题是如何实现对移动节点身份认证。移动 IP 安全注册协议就是解决移动节点身份认证的主要技术。总之,解决移动 IP 问题的基本思路是使用漫游位置登记、隧道技术、认证等技术。从而使移动节点使用固定不变的 IP 地址,一次登录后即可实现任意位置的子网漫游到另一个子网时保持与 IP 主机的单一链路层连接,从而使通信持续进行。

2. IEEE 802.11 标准

IEEE 802 工作组建立了很多局域网的标准,其中,IEEE 802.11 协议是第一个被国际上认可的无线局域网标准。主要用于解决局域网中用户与用户终端的无线接入问题,它的功能局限于数据存取,速率最高只能达到 2Mb/s。由于 IEEE 802.11 在速率和传输距离上都不能满足人们的需要,因此,IEEE 小组又相继推出了 IEEE 802.11b 和 IEEE 802.11a 两个新标准。三者之间技术上的主要差别在于 MAC 子层和物理层。

IEEE 802.11b 是所有无线局域网标准中最著名、最为普及的标准,被人们称为 WiFi。其载波的频率为 2.4GHz,传输速率为 11Mb/s,IEEE 802.11b 定义了两种运作模式:点对点(Ad hoc)模式和基础(Infrastructure)模式。

3. 蓝牙技术

蓝牙(Blue Tooth)是一种短距离(一般在 10m 内,如果增加功率或是加上某些外设,也可达到 100m 的传输距离)的无线局域网技术,旨在提供一个低成本、低功率、高可靠性并且可以进行高质量语音传输的无线网络。

蓝牙采用分散式网络结构以及跳频技术,支持点对点及点对多点通信。采用时分双工传输方案实现全双工传输,工作在全球通用的 2.4GHz 频段,数据速率为 1Mb/s,能在包括手机、PDA、蓝牙耳机、笔记本电脑和相关外设等众多设备之间进行无线信息交换。

蓝牙技术使得不同厂家的设备间可以在无线连接的状态下进行信息交换和操作。目前主要应用在汽车电子、办公打印设备和医疗设备等领域。蓝牙技术是一种全球规范,并且是开放性的,用于无线数据和语音通信,实质内容是在设备间通过建立无线接口实现近距离的、方便安全的数据信息传输和语音传输。

蓝牙共有 6 个版本,目前通用的是 2.1 版本,业内正在推动 3.0 版本新规范的实施,设备制造商也开始研究对应蓝牙版本的解决方案。3.0 新版本传输速度很快,包括运用了无线 IEEE 802.11 协议,可以传输更大数据量的内容信息,并在功耗方面加入了对电源耗电量的控制,使蓝牙设备的功耗会降得更低。

4. 3G 系统

第三代移动通信系统(3G),是相对于第一代模拟制式手机、第二代 GSM 数字手机以及第 2.5 代 GPRS 手机而言,将无线网络和多媒体技术有机结合的新一代系统,可以处理有关图像、视频和语音等媒体信息,能提供高速数据业务。

3G 主要的特点是能够实现全球无缝漫游,是可以在全球范围内使用的系统。支持统一标准,使用相同频段进行通信。当前移动通信主要是语音电话业务,而真正把多媒体和高速传输效率服务于用户则是 3G 系统所体现出的特点。全球范围内的 3G 标准有 WCDMA、CDMA2000 和 TD-SCDMA。其中 WCDMA 和 CDMA2000 是已经比较成熟的技术标准,TD-SCDMA 是我国具有自主知识产权的标准,特点是可以节约频带资源,升级成本较低,但相对 WCDMA 和 CDMA2000 而言,通信质量会差一些。

3G 时代通信系统更加关注数据信息的传输速率,而非传统的通话质量和通信网络稳定性的问题。3G 移动上网速度基本可以和当前移动带宽相当,相比于 2G 和 2.5G 时代而言,可以提供更丰富的视频和图像。

3G 服务通过无线通信和互联网等多媒体通信结合,能同时传送语音和数据信息。3G 手机具有移动支付、手机银行等功能,手机变成了移动电子钱包,通过话费直接可以支付,不需要第三方支付平台。随着 3G 上网资费的下降,会吸引更多的客户参与到电子商务活动中来。

9.2 移动电子商务面临的安全威胁

随着无线通信技术的发展,移动电子商务的条件日益成熟,安全问题作为移动电子商务发展的门槛,急需得到解决。移动电子商务需要在移动终端和有线网络中进行信息通信,这使得整个交易过程承受着无线网和有线网通信中的双重安全风险,因此要求移动电子商务具有特殊的安全机制。其中的 WAP 安全机制是开展移动电子商务的典范,也是当前绝大多数安全移动电子商务的实现基础。

移动电子商务是传统电子商务和无线互联网技术的结合,所以分析移动电子商务存在的安全威胁,须从电子商务和无线网络两方面存在的安全问题进行分析。另外,移动商务由于移动终端的特殊性,在安全上与普通电子商务有显著的不同。例如,移动终端由于运行环境有限,增加了移动电子商务安全认证的困难。

9.2.1 无线网络面临的安全威胁

无线网络同样面临着窃听、假冒、拒绝服务、篡改等安全威胁,但其危害方式和危害的后果与有线网络相比有其自身的特点。

1. 窃听

窃听是获取非加密网络信息的方式,这种方式同样可以(而且更容易)应用于无线网络,攻击者使用具有定向功能的天线等接收装置,让无线网络接口对准接收某个方向的信号,就可以很容易地监听无线局域网。

传统的有线网络是利用通信电缆作为传播介质,这些介质大部分处于地下或室内等相对安全的场所,因此中间的传输区域相对是受控制的。而在无线通信网络中,所有的通信内容都是通过无线信道传送的,无线信道是一个开放性信道,是利用无线电波进行传播的,在空中的无线信号很容易受到拦截并被解码,只要具有适当的无线接收设备就可以很容易实现无线监听,而且很难被发现。

对于无线局域网来说,它传输的通信内容更容易被窃听,因为无线局域网标准工作在全球统一的公开的频带,任何个人和组织都可以利用这个频带进行通信。而且,很多无线局域网采用广播通信方式来相互通信,即每个移动站发送的通信信息其他移动站都可以接收,这就使得网络外部人员也可以很容易地接收到网络内部信息。

无线窃听可以导致信息泄露,如果移动用户的身份信息和位置信息泄露,可能导致移动用户被无线跟踪。另外,无线窃听可以导致其他一些攻击,如数据流分析,即攻击者可能并不知道消息的真正内容,但他知道这个消息的存在,并知道消息的发送方和接收方地址,从而可以根据消息传输的信息分析通信目的,并可以猜测通信内容。

2. 冒充

在无线网络中,移动基站与网络控制中心以及其他移动基站之间不存在固定的物理连接,移动基站必须通过无线信道传送用户的身份信息。由于无线信道信息传送过程可能被窃听,当攻击者截获到一个合法用户的身份信息时,就可以冒充合法用户接入无线网络,访问网络资源或者使用一些收费的通信服务等。另外,攻击者还可以假冒网络控制中心,冒充网络端基站来欺骗移动用户,以此手段获得移动用户的身份信息,从而冒充合法的移动用户身份。

除了冒充移动终端外,移动接入点也容易被冒充,这就是欺诈性接入点:攻击者故意设置 WiFi 的接入点,并且为这些接入点设置一个假冒的具有诱惑性的名称(如"中国电信"),并且不需要密码就可以接入网络,以此来引诱一些用户接入网络来上网。当用户接入这些无线接入点后,就和攻击者的电脑处于同一个无线局域网之内,攻击者接下来可以很容易地截获用户在网络中传输的敏感数据信息。

所谓欺诈性接入点是指在未获得无线网络所有者的许可或知晓的情况下就设置或存在的接入点。一些雇员有时安装欺诈性接入点,其目的是为了避开公司已安装的安全手段,创建隐蔽的无线网络。这种秘密网络虽然基本上无害,但它却可以构造出一个无保护措施的网络,并进而充当了入侵者进入企业网络的开放门户。

正如在有线网络中一样,劫持和监视通过无线网络的网络通信是完全可能的。它包括两种情况,一是无线数据包分析,即熟练的攻击者用类似于有线网络的技术捕获无线通信。其中有许多工具可以捕获连接会话的最初部分,而其数据一般会包含用户名和口令。攻击者然后就可以用所捕获的信息来冒充一个合法用户,并劫持用户会话和执行一些非授权的命令等。第二种情况是广播包监视,这种监视依赖于集线器,所以很少见。

可见,对于无线网络来说,接入点、无线终端、服务器都很可能被假冒,因此,无线网络中一般要求双向身份认证。

3. 拒绝服务攻击

拒绝服务攻击(DoS)是使无线通信网络或服务器丧失服务功能和资源能力的一种攻击行为,由于无线网络现有的带宽非常有限,DoS 对无线网络带来的破坏性远比对 Internet 大,而且无线网络对终端接入的管理也比较困难,因此无线通信网络更容易遭受拒绝服务攻击。

4. 访问控制面临的威胁

无线网络一般使用 MAC 地址访问控制表进行访问控制,在理论上,访问控制表能提供一个合理的安全等级。然而,实际上并不能达到目的。其中有两个原因:其一是 MAC 地址在无线网络中很容易就会被攻击者嗅探到,这是因为即使激活了 WEP,MAC 地址也必须暴露在外;其二是大多数的无线网卡都可以使用软件来改变它的 MAC 地址,因此,攻击者可以窃听到有效的 MAC 地址,然后进行编程将有效地址写到无线网卡中,从而伪装成一个有效 MAC 地址,越过访问控制,连接到"受保护"的网络上。

5. 重放攻击

所谓重放攻击是指攻击者将窃听得到的有效信息经过一段时间后再传给信息接收

者,目的是企图利用曾经有效的信息在改变了的情形下达到同样的目的。例如,攻击者利用截获的合法用户口令来获得网络控制中心的授权,从而访问网络资源。

6. 插入和修改数据

攻击者劫持了正常的通信连接后,可能在原来的数据上进行修改或者恶意地插入一些数据和命令,还可以造成拒绝服务。攻击者可以利用虚假的连接信息使得接入点或基站误以为已达到连接上限,从而拒绝合法用户的正常访问请求。

攻击者还可能会伪装成网络实体,拦截客户端发起的连接并完成代理通信,这时,攻击者可以在客户端和网络资源中间任意地插入和修改数据,破坏正常的通信。

7. 无线网络标准的缺陷

移动电子商务涉及很多无线网络标准,其中使用比较广泛的是实现无线手机访问Internet 的 WAP 标准和构建无线局域网(WLAN)的 IEEE 802.11 标准。在 WAP 安全体系中,WTLS 协议仅仅加密由 WAP 设备到 WAP 网关的数据;从 WAP 网关到内容服务器时,信息是通过标准 SSL 传送的。因为数据要由 WTLS 转换到 SSL,所以数据在WAP 网关上有短暂的时间处于明文状态,其安全漏洞给移动电子商务的使用带来了很大的安全隐患。

IEEE 802.11 无线局域网的安全问题主要包括以下几个:

(1) IEEE 802.11 标准使用的 WEP(有线等效加密)安全机制存在缺陷,公钥容易泄露且难以管理,容易造成数据被拦截和窃取。

(2) WLAN 的设备容易被黑客所控制和盗用来向网络传送有害的数据。

(3) 网络操作容易受到堵塞传输通道的拒绝服务攻击。

(4) 许多 WLAN 在跨越不同子网的时候往往不进行第二次的登录认证检查。

9.2.2 移动终端面临的安全威胁

移动终端的安全问题包括终端被盗用、终端加密能力弱和手机病毒威胁等方面。

1. 终端被盗用

由于移动终端体积小、轻便,因此容易遗失和被盗,或被非授权使用。盗用者利用偷来的移动终端可以冒充合法用户的身份,窃取终端内储存的机密信息,还可利用终端上合法的 SIM 卡来访问已开通的系统服务,终端内的数据和 SIM 卡中的数据也可能被破坏或修改等。

2. 终端弱加密能力

移动终端出于移动应用便捷性的考虑,其体积和功率都较小,导致其运算能力和存储能力相对较弱。加上无线网络带宽小,容易丢失数据,所以无法运行太复杂的加密算法,造成了数据保密系数低,也无法传输大量的数据。

3. 病毒和黑客威胁

国内关于手机病毒事件的报道层出不穷。例如,新华网哈尔滨专电发布了一则有关手机中毒的报道,受害人是黑龙江某大学的学生,据他描述:前些天他通过 WAP 上网下载了彩铃,但是收到的回复却是一条不明号码发来的彩信,当时也没多想就打开运行了,结果手机开始死机,重启后运行速度也明显降低。而他随后便收到一些定制各种服务的确认短信,更加奇怪的是,手机竟然自动地向外发送信息。后来经服务人员分析,手机一旦中了这种病毒,不仅会自动发送定制信息到增值业务运营商,还会将病毒以彩信或短信的形式向手机通讯录中的电话号码群发,造成更大范围的影响。目前还没有专杀这种病毒的软件,因此解决办法只能是重装手机的操作系统。

手机病毒也是一种计算机病毒,只不过它以手机为主要感染对象,以移动网络或计算机网络为传播平台。通过病毒彩信等形式对手机进行攻击,从而造成手机异常的一种新型病毒。手机病毒具有类似计算机病毒的如下特点:

(1) 手机病毒也是由计算机程序编写而成的。

(2) 手机病毒同样具有传播和感染功能,可以利用发送彩信、上网浏览、下载软件、铃声等方式实现网络到手机的传播,或者在手机之间传播。

(3) 手机病毒同样具有危害后果。包括删除手机存储资料,向外发送垃圾邮件、自动拨打某个电话号码等,由于病毒占用大量系统资源,还会导致手机出现死机、自动重启等现象。

手机病毒有以下 3 种攻击方式:

(1) 直接攻击手机本身,使手机无法正常工作。这种手机病毒是最初的形式,也是目前手机病毒最主要的攻击手段,主要以"病毒短信"的方式攻击手机。

(2) 攻击 WAP 服务器,使 WAP 手机无法接收正常信息。WAP 的目的是使移动终端可以方便地接入 Internet,完成一些网络浏览、下载等功能。而手机的 WAP 功能需要专门的 WAP 服务器来提供服务,一旦攻击者发现 WAP 服务器的安全漏洞,并对其进行攻击,WAP 服务器将无法向 WAP 手机提供服务。

(3) 攻击和控制 WAP 网关,向手机发送垃圾信息。网关是无线网络和有线网络之间的联系纽带,利用网关漏洞同样可以对整个移动网络造成影响,使 WAP 手机不能获得服务。

病毒不但可以影响移动终端,甚至可以影响无线网络。虽然目前发现的手机病毒还不足以对移动电子商务造成本质的损害,但随着移动终端功能的完善,病毒对移动安全的影响将会加剧,同时,蠕虫对无线网络的可用性也会产生破坏。

首先,携带病毒的移动终端不仅可以感染无线网络,还可以感染固定网络,由于无线用户之间交互的频率很高,病毒可以通过无线网络迅速传播,再加上有些跨平台的病毒可以通过固定网络传播,这样传播的速度就会进一步加快。其次,移动终端的运算能力有限,PC 上的杀毒软件很难在移动终端上使用,而且很多无线网络都没有相应的防毒措施。另外,移动设备的多样化以及使用软件平台的多样化,使其病毒感染的方式也随之多样化,这给采取防范措施带来很大的困难。

9.2.3　移动商务管理面临的安全威胁

移动电子商务的安全也需要依靠技术与管理的紧密结合来保障,在管理上面临的安全问题主要有以下几个。

1. 手机号码实名制还没有完全执行

由于手机号码实名制尚未正式实施,给一些不法人员提供了可乘之机,他们通过购买不记名的手机卡发送一些欺诈短信或彩信,诱骗用户上当。

2. 服务提供商的安全管理问题

服务提供商通过移动运营商提供的增值接口,可以使用短信、彩信、无线应用协议(WAP)等方式为手机用户发送产品广告,提供各种移动增值服务。由于服务提供商与移动运营商之间是合作关系,因此移动运营商很难充当监督管理的角色,部分不法服务提供商受利益驱动,利用手机的上网功能向用户发送虚假信息和广告,或者自动为用户开通某种包月服务,以此骗取信息费。

3. 移动信息安全管理的标准化问题

目前移动电子商务产业刚刚起步,这个领域还没有国际标准,我国也没有自己的国家标准和统一管理机构。设备厂商在无线局域网设备安全性能的实现方式上各行其道,使得移动用户既不能获得真正等效于有线互联网的安全保证,也难以在保证通信安全的基础上实现互通互联和信息共享。由于没有安全标准的评测依据,又缺乏有关信息安全的管理法规,主管部门很难对信息安全标准做出规范要求,这也给移动电子商务信息安全的审查和管理工作带来了很大困难。

4. 口令攻击与协议安全

移动终端由于输入没有 PC 方便,用户往往倾向于设置更简单的口令,同时无线网络为了减少系统开销,使用的安全协议也比较简单,而过于简单的口令和不完善的安全协议都会给攻击者提供便利,这些系统的脆弱性容易导致系统被攻破。

总的来看,政府要在管理上保障移动电子商务安全,就应加强对于移动服务市场的安全监管工作,对于利用手机等移动终端设备进行通信的用户要进行实名身份认证。运营商对于用户注册信息需做好保密工作,不得利用用户信息进行其他用途。一个成熟的商务系统安全方案包含很多专业领域内容,需要各方面通力合作,需要制定并执行信息系统安全管理制度,政府和安全机构需做好安全监督和审查工作。

9.3　移动电子商务的安全需求

通过分析移动电子商务各方面存在的安全威胁,便可看出安全需求对于移动商务的重要性。基于移动电子商务自身的特点,移动电子商务安全主要要考虑以下安全需求。

1. 双向身份认证

双向身份认证指移动终端与移动通信网络之间相互认证身份,这是在移动通信中被普遍认同的一个安全需求,但是在第二代移动通信系统中却存在很多安全问题,其中之一就是缺少用户对移动网络的身份认证,导致"中间人攻击"等威胁的存在。

2. 密钥协商与双向密钥控制

密钥协商与双向密钥控制指移动用户与移动网络之间通过安全参数协商确定会话密钥,而不能由一方单独确定,并保证一次一密。这一方面是为了防止由于一个旧的会话密钥泄露而导致的重放攻击,另一方面也是为了防止由一方指定一个特定的会话密钥而带来的安全隐患(如假冒者自己产生会话密钥就可进行中间人攻击)。

3. 双向密钥确认

移动用户与移动网络系统要进行相互确认,确保对方和自己拥有相同的会话密钥,以保证接下来的会话中经过自己加密的信息在被对方接收后能够正确进行解密。

4. 能够检测到 DoS 攻击和重放攻击

保证信息的接收方能识别出信息的发送状态,确定是否是信息重放。识别出信息重放是否由于人为的恶意攻击而造成,以及判断出是否存在拒服务攻击,并进行抵御。

5. 较高的容错能力和较低的资源消耗

当无线网络中的通信线路或者网关和服务器出现故障时,安全机制不会因此而失效,即系统安全性不依赖于网络的可靠性。而同时系统的资源消耗不会因为系统安全性的增强而大大增加,应尽量减少安全机制所带来的系统资源开销。

6. 容错能力

信息在网络中传输,设备和线路经常会发生故障,要保证在故障产生时系统不会长时间出于停滞状态,要有备用方案去处理,还要保证更新系统时对于原有软硬件的兼容能力。

7. 经济性

移动商务系统对于安全的经济性也得适当考虑,希望在增强系统安全性的同时,能够尽量降低所花费用,合理的加密技术是增强安全的最有力措施,目前已有不少加密算法可以实现的安全方案,要从算法的可实践性上来适当选择。

综上,移动电子商务由于是通过无线接入 Internet,与传统电子商务通过有线网络传输相比,安全性降低。移动商务系统要实现安全解决方案应从终端、无线传输网络以及网络服务系统 3 部分共同实现。无线网络是信息传输的通路,需要保证传输安全,终端设备和服务器系统要有较强的业务处理和纠错兼容能力。

9.4　移动电子商务安全技术

移动电子商务是以 WAP 协议为基础平台的,在 WAP 平台上的安全技术主要有无线公钥基础设施(WPKI)和 WTLS 协议。除此之外,无线局域网的安全技术也是移动电子商务安全技术的一部分。

9.4.1　无线公钥基础设施(WPKI)

无线公钥基础设施(WPKI)是将 Internet 中的 PKI 安全机制引入到无线网络环境中的一套遵循既定标准的密钥及证书管理平台体系,用它来管理在移动网络环境中使用的公开密钥和数字证书,WPKI 能有效建立安全和值得信赖的无线网络环境,主要功能是为基于移动网络的各类移动终端用户以及移动数据服务提供商的业务系统提供基于WPKI 体系的各种安全服务,如认证、加密、完整性保证等。

WPKI 并不是一个全新的 PKI 标准,而是传统的 PKI 技术应用于无线网络环境的优化扩展。WPKI 协议的主要特点有:引入新的压缩证书格式(WTLS 证书),减少证书数据量;引入椭圆曲线密码算法,减少密钥长度;引入证书 URL,移动终端可只存储证书的URL,而非证书本身,减少了对存储量的需求。WPKI 同样采用证书管理公钥,通过第三方可信机构 CA 来验证用户的身份,从而实现认证和信息的安全传输。

1. WPKI 的体系结构

WPKI 在体系结构上和 PKI 有明显区别,表现在:RA 由 PKI 门户(PKI Portal)代替,来完成类似的功能,即 PKI 门户可看成是 WPKI 的 RA。终端实体是 WAP 手机等移动设备,而 WAP 网关则是新增的用于连接无线网络和有线网络的接口。WPKI 的系统架构如图 9.4 所示。

图 9.4　WPKI 的系统架构

与 PKI 系统的组成方式类似,WPKI 也是由终端实体、CA 认证中心、PKI 门户(RA)、证书目录数据库等几个重要部分组成的。WPKI 中,RA 的建立和在客户端和服务器端实现的具体应用与传统 PKI 不太相同,需要一个全新的组件——PKI 门户。

1) CA 认证中心

WPKI 的 CA 功能与传统的 CA 相似,主要负责生成签名、颁发证书、更新证书、密钥恢复、注销证书、随时更新证书撤销列表的内容并及时向外发布等,是 WPKI 体系中最基础的组成部分。在构建 WPKI 体系时,其 CA 需要根据无线应用环境做出适当的调整,

具体表现在以下两点:

(1) 无线网络的带宽较低,移动终端的处理能力也较低,这就意味着 WPKI 的 CA 证书格式不能太长、太复杂,所以 WPKI 的证书一般使用 WTLS 格式。同时,还必须可以签发 X. 509 V3 格式的证书,以便对有线网络中的服务器等实体进行认证。

(2) 鉴于无线网络和移动终端的局限性,用户在查询证书状态时,需要一种更简洁有效的查询方式,而不能像传统 PKI 一样,需要下载整个证书撤销列表(CRL)。

2) PKI 门户

与传统 PKI 不同,WPKI 的 RA 需要使用 PKI 门户来实现。PKI 门户可以为 WAP 客户端发送证书申请等请求给 PKI 中的 CA,也可以提供移动终端访问有线网络资源的途径。可见 PKI 门户融合了 RA 和 WAP 网关的功能,可以看作是移动终端和现有 PKI 之间的连接桥梁,它是运行在有线网络上的服务器,实现了对用户注册信息的管理。

3) 证书目录数据库

证书目录数据库主要用来提供下载证书、查询证书、储存证书等工作,并提供证书查询、证书下载的对外接口。目录服务器采用主从结构,主目录服务器和证书签发服务器放在一起,从目录服务器和证书发布系统一起向外发布,发布系统可以提供证书的查询、证书的下载。还可提供 CRL 的访问和下载。

4) 密钥管理中心(KMC)

密钥管理中心主要提供密钥对的生成、备份和司法恢复。在 PKI 体系中,对于服务器的 WTLS 格式的证书,其密钥对可以由 KMC 来生成。KMC 负责对应用服务器和 WAP 网关的公钥的存储,以便其后进行公钥的恢复。但是对于签名私钥,KMC 必须销毁,用以保证用户签名的唯一性。

5) WAP 网关

WAP 网关主要实现无线接入的功能。一方面要实现 WAP 协议堆栈到 WWW 协议堆栈的转化,即把数据流由 WAP 协议格式转化成 HTTP 协议格式。另一方面还要能实现传输内容格式上的转化,例如 WML 语言到 HTML 语言,然后将转化结束的数据流交给 WAP 服务器,或者把 WAP 服务器应答的信息,编码成 WAP 手机可以识别的紧凑的二进制格式,再传递给 WAP 手机。

6) 移动终端

移动终端是指可以访问无线网络的手持移动设备(如 PDA、智能手机等)。它包含 WIM 卡。WIM 卡具有自己的处理器,可以在卡上的芯片中实现加解密算法和散列功能,目的是将安全功能从手机转移到防篡改的设备中来,这种设备可以是智能卡或者 SIM 卡。移动终端除了具有传统 PKI 的功能外,它还依赖 WMLSCrypt(WML Script Crypto API)提供的密钥服务和加密操作。在进行 WPKI 应用时,CA 根证书、个人数字证书(证书 URL)等重要信息都是存放在 SIM 卡或 WIM 卡中的,移动终端需要根据这些信息完成数字签名服务。另外,移动终端还要能运行必需的应用程序并且能进行简单的加解密等运算。

提示:在传统的 PKI 中,所签发的数字证书存放在硬盘或智能卡中。另外,智能卡还可自己产生密钥对,提交给认证中心签发对应的数字证书;并且可很好地保证私钥的安全,在私钥不出卡的情况下完成解密和签名服务。智能卡还可实现证书与用户的绑定,而不是证书和应用终端的绑定。

在 WPKI 中也需要这样一种设备实现上述功能。WIM(Wireless Identify Module)是无线应用协议中一个独立的安全应用模块。它可以同时应用于应用层和安全层,主要用于增强应用层和安全层的某些安全特性,用于存储用户身份识别和认证的信息。WIM 在移动设备终端中常以 SIM 卡的形式出现,WIM 可实现以下功能:

(1) 保证私钥的安全和唯一性。移动终端使用 WIM 卡产生公私密钥对,将公钥发送给认证中心签发证书,私钥自身安全保存。这就避免了多个私钥的备份,保证私钥的唯一性。

(2) 保证证书和证书用户的对应性,实现证书与用户绑定,而不是与移动设备绑定。

7) 移动终端应用程序

移动终端应用程序是为适应无线网络环境而特别优化的应用程序,主要用来运行 WPKI 提供的各种功能,如生成并提交申请证书请求、生成更新证书请求、生成撤销证书请求、生成签名、验证签名、简单的加解密运算等。

8) 内容服务器

内容服务器向用户提供内容服务,如 CA 的网站服务器。它可用来提供移动终端需要下载的终端应用程序、CA 根证书和公布 WPKI 体系的相关政策、法规。移动终端下载移动终端程序可以有两种方式:①移动终端通过 WAP 网关直接无线下载;②通过本地有线网络将移动终端应用程序下载到 PC,再通过数据线导入到移动终端设备中。

2. WPKI 的工作过程

WPKI 的工作过程如图 9.5 所示,它又可分为注册过程和安全通信(交易)过程两个阶段。

图 9.5　WPKI 体系结构的工作过程

WPKI 的注册过程的主要步骤如下:

(1) 终端用户通过移动终端向 PKI 门户递交证书申请请求。

(2) PKI 门户对用户的申请进行审查,审查合格则将申请转发给 CA。

(3) CA 为用户生成一对公私钥并制作证书,将证书交给 PKI 门户。

（4）CA 同时将证书存储到目录服务器中，供有线网络服务器查询证书。

（5）PKI 门户保存用户的证书，针对每一份证书产生一个证书 URL，将该 URL 发送给移动终端。这个证书 URL 就是证书在证书目录服务器中的地址。

接下来，移动终端就可与电子商务服务器进行安全通信（交易）了。WPKI 的安全通信过程步骤如下：

（6）内容服务器（比如移动电子商务服务器）从 PKI 目录服务器中下载证书及证书撤销信息备用。

（7）移动终端和 WAP 网关利用 CA 颁发的证书建立安全 WTLS 连接。

（8）WAP 网关与内容服务器进行安全的 SSL/TLS 连接。

（9）移动终端和内容服务器实现安全信息传送。如果服务器需要用户的证书验证用户签名，那么用户将证书 URL 告诉服务器，服务器根据这个 URL，自己到网络上下载用户证书。如果用户需要服务器的证书验证服务器的签名，那么服务器将证书通过无线网络下载，存储到用户的移动终端中。

9.4.2　WPKI 与 PKI 的技术对比

WPKI 是为了适应无线环境而对传统 PKI 技术的优化。两者的实现原理和业务流程基本一致，它们的区别来源于 WAP 终端处理能力弱，以及无线网络传输带宽有限等问题，为此 WPKI 必须采用更简洁高效的协议和技术。表 9.2 将 WPKI 与 PKI 进行了比较。

表 9.2　WPKI 与 PKI 的比较

技　　术	WPKI	PKI
应用环境	无线网络	有线网络
证书	WTLS 证书/X.509 证书	X.509 证书
密码算法	ECC（椭圆曲线密码）算法	RSA
安全连接协议	WTLS	SSL/TLS
证书撤销	短时证书	CRL、OCSP 等协议
本地证书保存	证书 URL	证书
CA 交叉认证	不支持	支持
弹性 CA	不支持	支持

1. 证书格式优化

WPKI 证书格式就是要使公钥证书尽量少地占用存储空间。传统 PKI 采用的证书标准是 X.509 格式，这样的证书代码最大可能多达 10KB，在移动设备的有限空间中难以存放。如何安全、便捷地交换用户数字证书，是 WPKI 必须解决的问题，在 WPKI 机制下使用 WTLS 证书，它的功能与 X.509 证书相同，但更小、更简化，以利于在资源受限的移动终端中处理，而且 WTLS 证书格式是 X.509 证书格式的子集，所以可以在标准 PKI 中保持互操作性。表 9.3 对比了两种证书。

表 9.3　X.509 证书与 WTLS 证书的格式比较

证 书 名 称	X.509	WTLS
版本（Version）	有	有
序列号（Serial Number）	有	—
算法标识（Algorithm Identifier）	有	有
签发者名称（Name of Issuer）	有	有
有效期（Period of Validity）	有	有
所有者（Subject）	有	有
所有者的公钥（Subject's Public Key）	有	有
发行者 ID（Issuer ID）	有	—
所有者 ID（Subject ID）	有	—
发行者的签名（Issuer's Signature）	有	有
签名算法标识（Signature Algorithm）	有	—
扩展（Extensions）	有	—

从表中可以看出，WTLS 舍弃了 X.509 证书中的序列号、发行者 ID、所有者 ID、扩展和发行者签名前的签名算法标识，大大减少了存储证书所需的空间。除此之外，WPKI 还限制了 IETF PKIX 证书格式中某些数据域的大小，使得证书的存储空间进一步减少。

2. 本地证书保存方式优化

证书 URL 方法是指 WPKI 规定本地存储的可以只是证书的 URL。这是因为对证书的下载、存储都需要花费移动终端本身十分有限的资源，因此可采用存储证书 URL 的形式，证书保存在证书目录服务器中，网关需要与终端建立安全连接时，终端将证书的 URL 发送给网关，网关可根据证书 URL，自行到证书目录服务器取出用户的证书并进行验证。证书 URL 有两种格式：LDAP URL 格式和 HTTP URL 格式。由于移动终端并不需要解析证书 URL，因此两种格式的选择和使用只是影响 PKI 所选择的服务器类型。

在 WPKI 中建议采用的证书模式如下：① 存储在移动终端中的 WTLS 服务器证书和根 CA 证书使用 WTLS 格式；② 存储在服务器中的客户端证书（包括 WTLS 层和应用层证书）、CA 证书采用 X.509 格式；③ 需经无线传输或存储在 WAP 终端的客户证书（包括 WTLS 层和应用层证书）CA 证书采用 X.509 格式；④ X.509 客户端证书一般不存储在终端设备中，除非客户端提供这个功能，如采用 WIM 卡；⑤ 推荐客户端使用证书 URL 方式。

3. 证书撤销方式优化

在使用 PKI 系统时,客户端最大的负荷在于验证对方的证书,而验证中最关键的问题是验证证书的有效期。在 PKI 中这项任务可由两种方式完成。一种是证书撤销列表(CRL)。CRL 可由 LDAP 目录服务器发布,用户将 CRL 下载到本地后进行验证,开销远大于其他 CA 操作。另一种是在线证书状态协议 OCSP 方式。OSCP 服务器对外公开证书状态查询端口,收到查询请求包后,在系统证书状态表中检查证书是否作废,将查询结果按 OCSP 协议生成响应包后回送给客户端。

因定期下载 CRL 所需要的时间和费用以及无线带宽限制等原因,上述两种方法不适合 WPKI。目前一种解决办法是在 WPKI 中采用短时网关(Short-Lived Gateway,SLC)证书。WAP 网关生成密钥对,产生一个 PKCS 标准的证书请求,发给 CA(要求 CA 支持 WTLS 格式证书),CA 验证有效后颁发 WTLS 证书给 WAP 网关。这个证书使用有效期很短,例如一天。当 CA 想撤回该服务器证书或者网关证书时,只要简单地不再继续发放短期证书就可以了,客户端将再也无法得到有效的证书,因此也会停止认为这个服务器或网关的证书是有效的,这样使移动终端能方便地识别那些证书已经失效的网关或服务器,其效果就相当于 CA 维护了一个每天更新一次的 CRL。

注意:

(1) CA 只需要给 WAP 网关和应用服务器颁发短时证书,而不必给移动终端颁发短时证书,因为移动终端的证书存放在目录服务器中(移动终端内只保存证书 URL),而 WAP 网关、应用服务器、目录服务器之间是通过有线网络连接的,因此,WAP 网关和应用服务器可以采用传统的方式从目录服务器中下载 CRL 来判断终端的证书是否被撤销。另一方面,移动终端的数量往往非常多,如果 CA 要每天给这么多移动终端颁发短时证书,CA 的负担也是非常重的,因此这种做法不可行。

(2) 短时证书方式的缺点是:CA 每天要对所有用户颁发新的证书,CA 增加了很多负担。

(3) 采用短时证书方式时,一个新短时证书和一个旧的短时证书的有效期必须有一个重叠期,即在这期间这两个短时证书都是有效的,否则客户端在两个短时证书的有效期之间找不到证书,会认为证书已经被撤销。

(4) 由于不需要进行证书撤销,因此 WTLS 证书可以不需要序列号字段。

4. 公钥加密算法优化

加密算法越复杂,加密密钥越长,则安全性越高,但执行运算所需的时间也越长(或需要计算能力更强的芯片),所以,支持 RSA 算法的智能卡通常需要高性能的具有协处理器的芯片。而椭圆曲线加密体制(ECC)使用较短的密钥就可以达到与 RSA 算法相同的加密强度,因为在当今公钥密码体制中,ECC 具有每比特最高的安全强度,所以 WPKI 采用椭圆曲线加密体制。在同等安全程度的情况下,相比 RSA 算法,椭圆曲线密码体制使用的密钥长度要短得多,这可以让证书存储公钥所用的空间减少 100B 左右。

5. WPKI 协议优化

处理 PKI 服务请求的传统方法依赖于 ASN. 1 标准的 BER(Basic Encoding Rules，基本编码规则)和 DER(Distinguished Encoding Rules，可辨别编码规则)，但 BER/DER 都要占用很多的资源，并不适合于 WAP 终端。而 WPKI 协议是通过 WML 和 WML 脚本加密接口和脚本加密库来实现的。WML 和 WMLSCrypt 的 signText 功能在编码和提交 PKI 设备请求时能节约大量的资源。

6. 证书管理不同

PKI 中的证书可选择多种方式储存，如本机硬盘、USB Key、智能卡等，而 WPKI 中的移动终端证书一般储存在证书目录服务器中，仅将证书的 URL 储存在移动终端中。

WPKI 技术虽然有着广泛的应用前景，但在技术实现和应用方面仍面临着一些问题：

(1) 相对于有线终端，无线终端的资源有限，它处理能力低，存储能力小，需要尽量减少证书的数据长度和处理难度。

(2) 无线网络和有线网络的通信模式不同，由于 WPKI 证书是 IETF PKIX 证书的一个分支，还需要考虑 WPKI 与标准 PKI 之间的互通性。

(3) 无线信道资源短缺，带宽成本高，时延长，连接可靠性较低，因而技术实现上需要保证各项安全操作的速度，这是 WPKI 技术成功的关键之一。

(4) 为了能够吸引更多的人利用 WPKI 技术从事移动商务等活动，必须提供方便可靠和具备多种功能的移动设备，因此，必须改进移动终端的设计，以满足技术和应用的需要。

9.4.3 WTLS 协议

WAP 的安全策略主要由 WTLS 协议实现。WTLS 工作在 WAP 协议的安全层(security layer)，适合在窄带通信信道上使用。WTLS 的功能类似于 Internet 使用的 SSL 协议，WTLS 将 Internet 的安全扩展到了无线环境，从而带来了移动电子商务的繁荣。WTLS 为了适应无线网络较低的数据传输率，对 SSL 进行了一定程度的改进，同样可实现数据完整性、数据加密、身份认证三大功能。

1. WAP 的会话模式和业务流程

WAP 的安全会话模式如图 9.6 所示，一个安全的 WAP 会话通过两个阶段实现。

图 9.6 WAP 的安全会话模式

（1）WAP 网关与 Web 服务器之间通过 SSL 进行安全通信,确保了保密性、完整性和对服务器的认证。

（2）WAP 网关和移动终端之间的安全通信使用 WTLS 协议。

提示：从图 9.6 可以看出,WAP 网关会将 WTLS 协议加密的数据解密后再用 SSL 协议加密,在此期间,数据会以明文形式在 WAP 网关中存在一段时间,此时数据的安全性无法得到保证。更为严重的是,在 WAP 协议中,暗示着移动用户信任 WAP 网关的假设,所有敏感数据都在 WAP 网关中被解密。这是 WAP 协议的一个安全问题。

用户利用 WAP 访问 Internet 的过程如下,该过程如图 9.7 所示。

图 9.7　典型 WAP 业务流程——拉模式

（1）用户在 WAP 设备输入 URL(如 http://wap.sina.com),WAP 设备编码 URL 为一个 WAP 请求,并通过无线链路发送给 WAP 网关。

（2）WAP 网关收到请求后,对请求进行解码转换为 HTTP 请求,然后把请求传送给 Internet 上的内容服务器。

（3）内容服务器返回 WML/WMLScript 页面给 WAP 网关。

（4）WAP 网关对返回的页面进行解码,并编码为 WAP 格式(WBXML),然后把它发送给 WAP 设备。

图 9.7 是 WAP 业务模型的拉(pull)模式,即移动终端主动向服务器发送请求。另一种 WAP 业务模型是推(push)模式,即服务器也可直接向移动终端推送信息。

由上述过程可见,移动用户通过移动终端访问网络的过程会涉及有线网络和无线网络两种网络环境,需要通过 WAP 网关实现协议转换,完成有线网络与无线网络的连接。因此,移动电子商务中实现端到端(客户端与服务器端)的安全连接比有线网络中的处理方式更加复杂。

WAP 网关的主要功能之一就是对请求和响应进行编码解码,这是因为,WAP 协议传输的是二进制数据,而 HTTP 协议传输的是文本数据,两种数据格式不同,需要编码和解码。

2. WTLS 协议安全认证级别

WTLS 协议是在 SSL 协议基础上针对移动网络的特点改进而成的,改进时主要考虑的因素有以下几个：

（1）底层协议不同。TLS 工作在 TCP 之上,WTLS 是工作在 WDP 之上,需要处理丢包、重复和乱序等问题,而 TLS 中这些问题由 TCP 来处理。

（2）无线承载延迟较大,WTLS 需要在保证安全的情况下尽可能地减小通信双方的协议交互。

（3）无线承载带宽较低,协议开销必须最小化。

（4）终端能力受限，保证可靠性的同时尽可能选择计算量和内存需求量小的算法。

根据服务器和客户端相互认证的情况，可以把 WTLS 的应用分为 3 个等级（class）：

（1）等级 1：服务器和客户端不需要相互认证。这称为匿名加密模式，这种方式可以建立安全通信的通道，但没有对通信双方的身份进行认证。

（2）等级 2：服务器被客户端认证，但客户端不被服务器端认证。等级 2 支持服务器证书，也就是客户端可通过服务器证书验证服务器的身份。

（3）等级 3：服务器和客户端相互都进行认证。等级 3 支持客户端证书，也就是客户端和服务器可通过对方的证书相互进行身份认证。

可见，等级 1 即匿名加密模式是 WTLS 协议独有的，SSL 协议没有这种模式。

WTLS 允许通过匿名方式或证书对客户端与服务器端进行认证，一般需要客户端或服务器端在建立会话信自、中提供他们的公钥。在这 3 类 WTLS 中，有些特性是必备的（M），有些是可选的（O），还有些是不需要的，具体区别如表 9.4 所示。

表 9.4　WTLS 的 3 个认证等级

特　征	等级 1	等级 2	等级 3	特　征	等级 1	等级 2	等级 3
公钥交换	M	M	M	服务器端认证	—	O	O
加密	O	M	M	压缩	M	M	M
MAC	O	O	M	共享密钥握手	M	M	M
客户端认证	O	O	O	智能卡接口	—	O	O

3. WTLS 握手协议流程

在 WTLS 握手协议中，当 WTLS 客户端和服务器建立通信后，双方就协议版本达成一致，选择加密算法，利用证书进行身份认证，并且使用公钥加密技术分配双方共享的会话密钥。图 9.8 描述了 WTLS 的握手协议流程。

图 9.8　WTLS 握手协议流程

握手协议的信号信息流的具体描述如下：

（1）客户端向服务器发送 Client Hello 消息，服务器响应一个 Server Hello 消息。这两个 Hello 消息协商了如下信息：协议版本、密钥交换算法、加密算法、压缩算法、密钥更新频率、序列号模式及一对随机数：ClientHello. random 和 ServerHello. random。

（2）在 Server Hello 消息之后。服务器可能会发送自己的证书给客户端，让客户端认证自己，如果服务器没有证书或者证书只能用于签名，则服务器就会发送 Server Key Exchange 消息，其中包含其公钥信息。如果服务器发送了证书，它就可能发送 Certificate Request 消息来请求客户端证书，然后服务器发送 Server Hello Done 消息。如果服务器发送了 Certificate Request 消息，则客户端必须发送自己的证书给服务器。

（3）客户端对服务器的证书进行验证（如果服务器发来证书的话），如果验证通过，客户端向服务器发送的报文包括：如果服务器请求客户端的证书，则客户端发送自己的证书；若没有合适的证书，则发送 no_alert 报警代替。然后客户端产生一个随机数作为预主密钥，再用服务器证书中的公钥加密该预主密钥后发给服务器。根据需要，客户端可能会用它的私钥签名一些信息发送给服务器，表明它是该证书的拥有者：

这是我的证书，里面有我的名字和公钥，你可以用来验证我的身份（把证书发给 A）。

（4）服务器对客户端的证书进行验证，用自己的签名私钥解密消息，得到预主密钥，采用与客户端同样的方法生成消息的加密密钥。

（5）完成以上客户端和服务器双方的认证和密钥交换过程后，客户端发送一个 ChangeCipherSpec 消息，且马上把这些预生效的加密算法参数设置为当前加密算法参数，然后发送一个基于新算法、新密钥和本次 WTLS 消息序列的 MAC 值的 Finished 消息。服务器收到 ChangeCipherSpec 消息后的响应是同样发送一个 ChangeCipherSpec 消息，并同客户端一样设置新的密码规范，然后同样发送 Finished 消息。至此整个握手过程完成，双方可以开始应用层数据的交换。

经过上述过程，用户和服务器确认了对方的身份，确定了建立安全通信所需的数据处理方法、消息的加密密钥及加解密算法，一个安全的通信信道就已建立。

4. WTLS 握手协议的一个实例

下面以一次安全连接为例来描述安全认证的流程。假设参与交易的各方都已获得相应的 WPKI 证书，并且该连接要求第三类安全服务：

（1）客户端发起连接请求，提供加密算法、认证算法以及压缩算法候选列表，并提供安全性需求、客户随机数等数字化信息到服务器。

（2）服务器通过选择适合自己的算法信息并发送服务器随机数，接着发送服务器证书到客户端，此时，WPKI 证书以证书链的形式存在。

（3）服务器发送获取客户证书的请求。

（4）客户端利用存储在 WIM 卡中的 CA 中心公钥验证证书链，以检验服务器证书的有效性。

（5）客户端发送自己的证书 URL 到服务器。服务器向证书中心申请客户证书进行验证。

（6）客户端生成预主密钥并用服务器端公钥加密后传送到服务器，通知服务器应该采用协商好的会话密钥,并发送结束握手报文以结束整个流程。

5. WTLS 与 SSL 协议的主要区别

WTLS 与 SSL 的主要区别在于 SSL 无法在 UDP 上工作,它需要一个可靠的传输层——TCP。由于 WAP 协议栈没有提供可靠的传输层,在分组网络上优先选择了UDP,它只在协议栈的上层通过 WTP 和 WSP 实现了可靠性,WTLS 工作在 WDP 和UDP 之上。WTLS 帧中定义了序列号,该序列号确保 WTLS 可以工作在不可靠的传输层上,而这在 SSL 中是不存在的。

提示:SSL 中的序列号只在记录层计算 MAC 值时作为 MAC 输入的一部分,以防止重放攻击;WTLS 中的序号除了 SSL 中的序列号的作用外,还用来监测记录的丢失、重复和乱序。

WTLS 比 SSL 增加了序号模式:

(1) 隐式模式。序号作用和 SSL 中相同,仅做 MAC 计算输入。

(2) 显式序号模式。除了做 MAC 计算输入,还以明文形式随记录层消息发送,当WTLS 工作在数据报传输协议之上时,必须使用这种序号模式,此时只能保证序号是单向增加的,但不能保证序号是连续的。

(3) 关闭模式。不使用序号,任何时候都不推荐,无法抵御重放攻击。

可见,WTLS 实现了对不可靠的、非连接的数据报的支持,连接状态序号是实现对数据报支持的重要因素。

WTLS 不支持数据的分组和重装,它将这个工作交给下层协议处理,与此不同的是,SSL 可以对上层协议的数据包进行分组。表 9.5 对 WTLS 和 SSL 协议进行了比较。

表 9.5　WTLS 和 SSL 的比较

协　　议	SSL	WTLS
支持数字证书类型	X.509 格式证书	X.509 格式证书、证书 URL、WTLS 格式证书、X.968(draft)格式证书
是否必须进行身份认证	是,至少单向身份认证	否,支持匿名模式
握手协议	DH-DSS、DH-RSA、RSA	DH anon、RSA anon、ECDH anon、RSA、ECDH-ECDSA
证书是否包含序列号	要求包含	不要求包含
对称加密算法	RC4、DES、3DES、IDEA	RC5、DES、3DES、IDEA
报警信息校验和	无	有
是否支持 UDP 服务	不支持	支持

相对于 SSL 协议,WTLS 在协议算法实现细节上做了许多优化,以下列举几点:

(1) 在 WTLS 记录协议规范中,多个记录可以被连接成一个传送业务数据单元(SDU),有利于手持设备的传送(如 GSM 短消息)。

(2) WTLS 连接状态的一些参数,如主密钥、客户端和服务器随机数长度分别为 20B

（目前无线环境中以 20B 长度为宜）、16B 和 16B；而 TLS 连接状态安全参数的对应值分别为 48B、32B 和 32B。

（3）记录层 WTLS 从上层非空块接收的消息为长度不大于 $2^{16}-1B$ 的未解释数据，且不对消息块进行分块。SSL 中记录层则从上层接收任意长度的未解释数据，将信息分为小于或等于 $2^{14}B$ 的块。

（4）在握手协议中，WTLS 安全对话协商的内容包括几个 SSL 中没有的部分，如安全连接序列编号、密钥更新频率、是否可恢复。

（5）WTLS 握手协议中许多并发的安全连接可以由同一个安全会话产生，允许基于同一会话的安全连接共享某些系统参数。

（6）WTLS 采用了优化和缩短的握手过程。

WTLS 告警消息中特别设计了一个 4B 的校验字段，用于防止协议攻击者通过发送虚假的告警消息来对 WTLS 实体实施拒绝服务攻击。

WTLS 的这些优化及新功能，如动态密钥刷新、数据报支持、优化的握手协议等，都是为了适应无线移动环境的特点，以方便为两个通信对端间的应用提供鉴权、私有性、数据完整性及拒绝服务保护。

6. WTLS 握手协议安全漏洞

WTLS 握手协议的思想是通过 EC-DH 算法生成公共信道的密钥，并通过 ECDSA 算法来验证客户端的身份。该协议存在以下的安全漏洞：

（1）缺乏前向保密性和用户匿名保护。在 WTLS 握手协议消息流中，发送给服务器的用户证书没有经过任何加密处理，容易造成信息的内部泄漏问题，同时也不满足用户匿名性要求。另外，缺少这些安全属性而只有用户签名的握手协议是不能提供互认证服务的。

（2）拒绝服务攻击。WTLS 协议以无连接的数据报协议（UDP）代替 TCP，容易造成拒绝服务攻击。

（3）密钥生成速度慢。ECC 的效率和加密签名结果长度虽然远小于 RSA，但是密钥生成速度却比 RSA 算法要慢几个数量级，对证书的生成和管理产生一定影响。在确定椭圆曲线方程时，稍有不慎就会导致整个系统的安全性降低，例如超奇异和不规则椭圆曲线就不符合安全性要求。

9.4.4 无线网络的物理安全技术

1. 跳频技术

蓝牙技术中，保证物理层数据安全的主要手段是采用跳频扩展技术，这使得窃听变得极为困难。蓝牙设备工作在 2.402~2.480GHz 的频带，整个频带被分为 79 个 1MHz 带宽的子信道，如果射频单元在某个频带遇到干扰，则会在下一步自动跳到另一频率点重新传输受到干扰的信号，因此总的干扰可以变得很低。

为了保证数据传输的完整性，蓝牙技术使用了以下 3 种纠错方案：①1/3 比例前向纠错码；②2/3 比例前向纠错码；③数据的自动重发请求（ARQ）方案。

蓝牙产品的认证和加密服务一般由数据链路层提供，认证采用挑战-应答方式进行。在连接过程中往往需要 1～2 次认证。为了确保通信安全，对蓝牙产品进行认证是十分必要的，通过认证以后，用户可以自行添加可信任的蓝牙设备。例如，用户的笔记本电脑通过认证后，能够确保只有用户自己的这台电脑才可以借助用户的手机进行通信。

2. SSID 访问控制

SSID 是 Service Set Identifier（服务集标识符）的缩写。SSID 技术可以将一个无线局域网分为几个需要不同身份验证的子网络，每一个子网络都需要独立的身份验证，只有通过身份验证的用户才可以进入相应的子网络，防止未被授权的用户进入本网络。同时对资源的访问权限进行区别限制。

SSID 是相邻的无线接入点（AP）区分的标志，无线接入用户必须设定 SSID 才能和AP 通信。通常 SSID 须事先设置于所有使用者的无线网卡及 AP 中。尝试连接到无线网络的主机在被允许进入之前必须提供 SSID，这是唯一标识网络的字符串。

通俗地说，SSID 便是用户给自己的无线网络所取的名字。需要注意的是，同一生产商推出的无线路由器或 AP 都使用了相同的 SSID，一旦那些企图非法连接的攻击者利用通用的初始化字符串来连接无线网络，就极易建立起一条非法的连接，从而给用户的无线网络带来威胁。因此，建议最好能够将 SSID 命名为一些较有个性的名字。

但是 SSID 对于网络中所有用户都使用相同的字符串，其安全性差，人们可以轻易地从每个信息包的明文里窃取到它。

提示：无线路由器一般都会提供"允许 SSID 广播"功能。如果不想让自己的无线网络被别人通过 SSID 名称搜索到，那么最好选择"禁止 SSID 广播"，这样，自己的无线网络仍然可以使用，只是不会出现在其他人可搜索到的可用网络列表中。通过禁止 SSID 广播设置后，无线网络的传输效率会受到一定的影响，但以此换取安全性的提高还是值得的。

3. WEP 与 WPA

在无线局域网 WLAN 安全标准定义领域，IEEE 802.11b 标准中首先定义了有线等效保密协议（Wired Equivalent Privacy，WEP），WEP 基于流密码算法 RC4 和采用预共享密钥机制实现对实体认证和数据保密通信，但后来研究人员发现 WEP 存在诸多安全缺陷。

WiFi 组织针对 WEP 存在的安全性问题提出了 WEP 的改进协议：WiFi 保护访问协议（WiFi Protected Access，WPA），WPA 引入了 IEEE 802.1X 访问控制协议、扩展认证协议（Extensible Authentication Protocol，EAP），临时密钥完整性协议（Temporal Key Integrity Protocol，TKIP），并增加了 RC4 算法密钥长度及初始向量长度，改进了密钥混合方式，采用了消息完整性认证码（Message Integrity Code，MIC）等安全机制。

因此可以说：WPA＝IEEE 802.1X＋EAP＋TKIP＋MIC。

习　　题

1. 在移动互联网中,(　　)的证书不需要使用短时证书形式。
   A. Web 服务器　　　B. WAP 网关　　　C. 移动终端　　　D. CA
2. 移动终端要访问 Internet 主要通过(　　)。
   A. 目录服务器　　　B. WAP 网关　　　C. PKI 门户　　　D. RA
3. 在 WPKI 模型中,PKI 门户具有_____和_____的功能。
4. 简述 PKI 与 WPKI 的区别。
5. 简述 SSL 协议与 WTLS 协议的区别。

第 10 章

物联网的安全

1999 年,美国麻省理工学院的自动标识中心提出了物联网(Internet of Things,IoT)的概念。物联网,即物物相连的互联网,是指通过装置在物体上的各种信息传感设备,如射频识别(Radio-Frequency Identification,RFID)装置、红外感应器、全球定位系统、激光扫描器等,按照约定的协议,并通过相应的接口,把物品与互联网相连,进行信息交换和通信,从而实现智能化识别、定位跟踪、监控和管理的一种巨大网络。

物联网实质是 RFID 技术与无线传感器网络的结合应用。简单地说,物联网是建立在物品编码标签、RFID 技术和无线 Internet 基础上,把所有物品通过相应的信息传感设备与 Internet 联接起来,实现智能化识别、监控与管理。例如现在电视机、空调等都可使用微信进行远程操控,就是物联网在人们生活中的应用。国际电信联盟(ITU)预测,未来世界将是无处不在的物联网世界。美国 FORRESTER 机构预测:至 2020 年,世界上物物互联的业务与人和人通信的业务相比将达到 30∶1。因此,物联网将成为下一个万亿级的通信业务。

10.1 物联网的组成和工作原理

物联网就是通过射频识别(RFID)、红外感应器、全球定位系统(GPS)、激光扫描器等信息传感设备,按约定的协议,以有线或无线的方式把任何物品与互联网连接起来,以计算、存储等处理方式构成所关心事物静态与动态的信息的知识网络,用以实现智能化识别、定位、跟踪、监控和管理的一种网络。

从技术层面理解,物联网是指物体通过智能感应装置,经过传输网络,到达指定的信息处理中心,最终实现人和物、物与物之间的自动化信息交互与处理的智能网络。

从应用层面理解,物联网是指把世界上所有的物体都联接到一个网络中,形成"物联网",然后"物联网"又与现有的互联网结合,实现人类社会与物理系统的整合,达到以更加精细和动态的方式管理生产和生活。

10.1.1 物联网的组成

根据物联网的本质属性和应用特征,物联网的体系架构可分为 3 层:感知层、网络层和应用层。各层的关键技术如图 10.1 所示。各层的作用如下。

图 10.1 物联网的体系结构

1. 感知层

感知层是物联网的皮肤和五官,主要功能是信息感知和采集,包括传感器等数据采集设备以及数据接入到网关之前的传感器网络。感知层是物联网发展和应用的基础,RFID 技术、传感和控制技术、短距离无线通信技术是感知层涉及的主要技术。

2. 网络层

网络层是物联网的神经中枢和大脑,用于传递信息和处理信息。物联网的网络层将建立在现有的移动通信网和互联网基础上。网络层中的感知数据管理与处理技术是实现以数据为中心的物联网的核心技术,其包括传感网数据的存储、查询、分析、挖掘、理解及基于感知数据决策和行为的理论和技术。

3. 应用层

应用层是物联网的"社会分工",是物联网与行业专业技术的深度融合,结合行业需求实现行业智能化。物联网的应用层利用经过分析处理的感知数据,为用户提供丰富的特定服务。应用层是物联网发展的目的。

物联网技术是一项综合性的技术,是一项系统工程。物联网的实施步骤主要如下:

(1) 对物体属性进行标识,属性包括静态属性和动态属性。

(2) 需要识别设备完成对物体属性的读取,并将信息转换为适合网络传输的数据格式。

(3) 将物体的信息通过网络传输到信息处理中心。

总的来说,物联网有两大特征:其一是泛在化,即物联网的覆盖范围可无处不在;其二是智能化,即对物品按照实际需求赋予智能。

物联网还具有以下 3 个基本要素：

第一个要素是在信息感知方面，全面信息采集是实现物联网的基础。这是感知层需要完成的要素。

第二个要素就是传送网。无所不在、泛在化的无线通信网络是实现物联网的重要设施。

第三个要素就是信息处理。其中最重要的就是如何低成本地处理海量信息，因此云计算常常被用在物联网信息处理领域。

10.1.2　RFID 系统的组成

作为物联网感知层的关键技术，RFID 发展相当迅速，由于其非接触性、防污染、高灵活性、高数据储存量、快识别速度和长使用寿命等优点，已被广泛应用于智能交通、环境保护、政府工作、公共安全、智能消防、工业检测、农业管理和数字家庭等众多领域的数据收集和处理。然而，RFID 系统的广泛应用使其隐私安全面临巨大挑战，源于当初"系统开放"的设计理念，攻击者也可以通过电子标签与移动读写器之间的不安全信道截获、干扰和篡改 RFID 标签中的用户信息，甚至是军事机密或商业机密。因此，一个完善的 RFID 系统解决方案应当充分考虑如何实现数据的保密性、完整性、真实性和用户隐私性等安全要素，而由于 RFID 标签自身的处理能力、存储空间和电源供给都十分有限等问题，使得设计 RFID 安全协议的基本要求是同时具有高安全和低成本特性。

在物联网的构想中，RFID 标签中存储着规范且具有互用性的信息，通过无线通信网络把它们自动采集到中央信息系统，实现物品（商品）的自动识别，进而通过开放性的计算机网络实现信息交换和共享，实现对物品的"透明"管理。

典型的 RFID 系统由电子标签（electronic tag）、阅读器（reader）和数据处理子系统（应用系统）3 部分组成，如图 10.2 所示。对于无源系统，阅读器通过耦合元件发送出一定频率的射频信号，当标签进入该区域时，通过耦合元件从中获得能量以驱动后级芯片与阅读器进行通信。阅读器读取标签的自身编码等信息并解码后送至数据处理子系统。而对于有源系统，标签进入阅读器工作区域后，由自身内嵌的电池为后级芯片供电以完成与阅读器间的相应通信过程。

图 10.2　RFID 系统的组成

1. 电子标签

电子标签也称为智能标签(smart tag),是由 IC 芯片和无线通信天线组成的超微型的小标签,其内置的射频天线用于和阅读器进行通信。电子标签是 RFID 系统中真正的数据载体,系统工作时,阅读器发出查询(能量)信号,标签(无源)在接收到查询(能量)信号后将其一部分整流为直流电源供电子标签内的电路工作,另一部分能量信号被电子标签内保存的数据信息调制后反射回阅读器。

电子标签结构如图 10.3 所示,其内部各模块的功能如下:

图 10.3　RFID 电子标签的结构

(1) 天线:用来接收由阅读器发送的信号,并把要求的数据传送回阅读器。

(2) 电压调节器:把由阅读器发送的射频信号转换为直流电源,并经大电容存储能量,再通过稳压电路以提供稳定的电源。

(3) 调制器:逻辑控制电路送出的数据经调制电路调制后加载到天线返回给阅读器。

(4) 解调器:去除载波信号,取出调制信号。

(5) 逻辑控制单元:译码阅读器送来的信号,并依据要求返回数据给阅读器。

(6) 存储单元:包括 EEPROM 和 ROM,用于系统运行及存放识别数据。

2. 阅读器

阅读器(reader)又称为读写器,主要负责与电子标签的双向通信,同时接收来自主机系统的控制指令。阅读器的频率决定了 RFID 系统工作的频段,其功率决定了射频识别的有效距离。阅读器根据使用的结构和技术的不同可以是只读或读/写装置,它是 RFID系统的信息控制和处理中心。阅读器通常由射频接口、逻辑控制单元和天线 3 部分组成,如图 10.4 所示。

1) 射频接口

射频接口模块的主要任务和功能如下:

(1) 产生高频发射能量,激活电子标签并为其提供能量。

(2) 对发射信号进行调制,将数据传输给电子标签。

(3) 接收并调制来自电子标签的射频信号。

图 10.4　标签阅读器的结构

在射频接口中有两个分隔开的信号通道,分别承担电子标签和阅读器之间两个方向的数据传输。

2) 逻辑控制单元

逻辑控制单元也称读写模块,主要任务和功能如下:

(1) 与应用系统软件进行通信,并执行从应用系统软件发送来的指令。

(2) 控制阅读器与电子标签的通信过程。

(3) 信号的编码与解码。

(4) 对阅读器和标签之间传输的数据进行加密和解密。

(5) 执行防碰撞算法。

(6) 对阅读器和标签的身份进行验证。

3) 天线

天线是一种能将接收到的电磁波转换为电流信号,或者将电流信号转换成电磁波发射出去的装置。在 RFID 系统中,阅读器必须通过天线来发射能量,以形成电磁场,通过电磁场对电子标签进行识别。因此,阅读器天线所形成的电磁场范围即为阅读器的可读区域。

3. 数据处理子系统

数据处理子系统包括中间件、信息处理系统和数据库。在 RFID 系统的应用支撑软件中,除了运行在标签和阅读器上的部分软件外,介于阅读器与企业应用之间的中间件(middleware)是其一个重要组成部分。RFID 系统中间件的作用是将底层 RFID 硬件和上层企业应用软件结合在一起。中间件的主要任务是对阅读器发送的与标签相关的事件、数据进行过滤、汇集和计算,减少从阅读器传往企业应用的海量原始数据,增加抽象出的有意义的信息量。除通常的功能外,中间件层还具有以下特定功能:

(1) 使阅读/写入更加可靠。

(2) 把数据通过阅读器网络推(push)或者拉(pull)到正确位置(类似路由器)。

(3) 监测和控制阅读器;提供安全读写操作。

(4) 降低射频干扰。

（5）处理标签型和阅读器型事件。

（6）应用通知。

（7）接收并且转发来自应用的中断指令。

（8）向用户提供异常告警。

从体系结构上讲，RFID 中间件还可以分为多个子层，包括边缘层和集成层。边缘层与集成层的分离可以提高可伸缩性并降低客户成本，因为边缘层既是轻量级的，又是成本低的。

4. RFID 系统的关键技术

1）低功耗技术

无论是有源还是无源工作的 RFID 模块，其最基本的要求都是具备低功耗的特点，以提高标签的寿命、扩大应用场合和提高标签的识别距离。在实际应用中，降低功耗和保证一定的有效通信距离是同等重要的，因此标签内的芯片一般都采用低功耗工艺和高效节能技术。例如，在电路设计中采用"休眠模式"的设计技术，在硬件电路中采用 SMIC $0.18\mu m$ 标准 CMOS 工艺设计实现存储器和全 CMOS 结构的电流受限型环形振荡器等。

2）封装技术

由于 RFID 标签中需要安装天线、芯片和其他特殊部件，为确保标签的大小、厚度、柔韧性和高温高压工艺中芯片电路的安全性，需要特殊的封装技术和专门设备。标签的封装不但不受标准形状和尺寸的限制，而且其构成也是千差万别的，甚至需要根据各种不同需求进行特殊的设计。

10.1.3　RFID 系统的防碰撞方法

如果在 RFID 系统中有多个阅读器和多个标签，就可能会发生碰撞。碰撞可分为两种形式：一种是同一标签同时收到来自不同阅读器发出的命令，这种碰撞称为阅读器碰撞，相应的防碰撞算法称为阅读器防碰撞算法；另一种是同一阅读器同时收到不同标签发出的响应，这种碰撞称为标签碰撞，相应的防碰撞算法称为标签防碰撞算法。由于阅读器碰撞发生的概率较小且阅读器本身的处理能力较强，因此阅读器碰撞问题较容易解决，RFID 系统需要防范的主要是标签防碰撞。

当阅读器识别范围内有多个待识别标签时，针对阅读器发出的查询指令，每个标签都会作出响应。标签的响应信息在阅读器的接收端会产生混叠现象，从而使阅读器无法正确识别任意一个标签的信息。RFID 系统必须采用一定的策略或算法来避免碰撞现象的发生，常用的策略是：控制标签的响应信息逐个通过射频信道与阅读器通信。防碰撞算法主要解决的问题是如何快速和准确地从多个标签中选出一个与阅读器进行数据通信，并在一定时间内完成对所有标签的识别。

为了解决无线通信系统中多信道存取的问题，常用的方法有空分多路法（Space Division Multiplexing，SDM）、频分多路法（Frequency Division Multiplexing，FDM）、时分多路法（Time Division Multiplexing，TDM）和码分多路法（Code Division Multiplexing，CDM）4 种，RFID 系统的标签防碰撞算法也可相应地分为 4 种。但由于受

技术和成本的限制,尤其是标签生产成本的限制,一般以时分多路法最为常用。RFID系统主要分为基于 Aloha 的防碰撞算法、基于树的防碰撞算法以及基于树和 Aloha 的混合防碰撞算法 3 类。

Aloha 算法是一种随机接入方法,属于时分多路法,其基本思想是采取标签先发言的方式,当标签进入阅读器的识别区域时自动向读写器发送其自身的 ID 号,在标签发送数据的过程中,若有其他标签也在发送数据,那么发生信号重叠会导致完全碰撞或部分碰撞,读写器检测接收到的信号是否存在碰撞,一旦发生碰撞,读写器就发送命令让标签停止发送,随机等待一段时间后再重新发送以减少碰撞。

基于树的防碰撞算法又称为读写器控制法,其前提是要辨认出阅读器中数据碰撞的准确位置,因此,选用合适的位编码方法很重要。曼彻斯特编码的位窗值由于上升/下降沿叠加抵消,读写器只收到载波信号,这样就能准确地找到碰撞位,所以为二进制树搜索算法所采用。其算法要点如下:①读写器发送作为查询标(REQUEST)的参考 ID(序列号),标签将自己的 ID 与之相比较,若自己的 ID 小于或等于参考 ID 就回送自己的 ID;②读写器从最高位开始按位判断是否发生碰撞,将标准 ID 的碰撞位清零。重复若干次之后就可以找到一个确定的 ID;③将确定的 ID 用 SELECT 发送给所有的电子标签,只有选中的标签回应 READ_DATA,将数据发送给读写器,读完数据后,执行 UNSELECT不再响应任何命令。这样就完成了一次防碰撞,重复几次就能将所有的电子标签识别出来。

10.2　RFID 系统的安全

由于 RFID 系统特殊的非接触性,使得标签和读写器之间的通信信道存在着很大的安全隐患,数据的真实性、完整性和用户隐私性等都得不到保障。而受 RFID 系统硬件条件与成本限制,使 RFID 安全认证机制不能简单借鉴一般计算机网络的安全认证协议。

10.2.1　RFID 的安全性隐患

RFID 系统存在的主要安全隐患包括:①标签信息被未经授权的用户访问,使标签数据的机密性丧失,导致用户的隐私泄露;②通过重写标签以篡改物品的信息;③使用特制设备伪造标签应答,以欺骗阅读器,从而制造物品存在的假象;④根据 RFID 前后向信道的不对称性远距离窃听标签信息;⑤通过干扰 RFID 工作频率实施拒绝服务攻击,破坏系统的可用性;⑥通过发射特定电磁波破坏标签等;⑦由于 RFID 系统的读取速度快,使得攻击者可以迅速对商场中所有商品进行扫描并跟踪变化,从而用来窃取用户的商业机密。

10.2.2　RFID 系统安全需求

RFID 标签与读写器之间的通信可能会受到很多因素的干扰,RFID 系统面临的安全问题主要包括如下几个方面:

（1）数据保密性需求。RFID 标签不应当向未经授权的非法读写器泄露任何机密信息，完善的 RFID 系统安全认证协议最基本的功能就是，保障标签中所包含的敏感信息仅能被系统合法的读写器读取并进行相应处理操作。而目前除 ISO14443 标准的高端系统外，普通的读写器和标签之间的无线通信都是没有安全保护的，这些没有安全机制保障的 RFID 电子标签会很轻易地向通信范围内的读写器泄漏标签内容和其中的机密数据。

（2）数据完整性问题。是指安全协议必须保证数据在传输过程中不会被攻击者偶然或蓄意地篡改、删除、插入和替换等。该特性用于保障在标签和读写器的通信过程中信息的内在关联一致性。在 RFID 系统中，通常使用带有共享密钥的散列算法，使得对原有明文数据的任何细微篡改或更换都会得到一个完全不同的结果，从而不能通过协议的安全验证。

（3）数据真实性问题。是指要求读写器在安全协议的框架下获得的标签信息是真实的，可以保证该标签是合法的授权标签，获得的信息也是真实可靠的信息。攻击者可以从截获的标签和读写器间的通信信息中获取机密数据，从而重构电子标签进行非法操作。如利用有伪造标签的物品替代实际物品，或通过重写原电子标签的数据，把低价商品标签的信息替换成高价商品标签的信息以获取非法利益。同时，攻击者也可以通过某些方式隐藏标签，使读写器无法正常接入读写标签，从而成功地进行物品转移。读写器只有通过身份验证才能确保数据是从授权的标签发过来的，反之，标签也必须对读写器进行身份验证。

（4）用户隐私性问题。攻击者可以通过非法读写器监听携带私密数据的 RFID 电子标签，将这些信息截获后进行分析，以获取当前标签用户的隐秘数据。安全的 RFID 系统应该能够保障用户的隐私信息不被泄漏，或者相关经济实体的实际商业利益不被破坏。

（5）前向与后向安全性问题。由于低成本标签无法抵御攻击者的强力破解，因此攻击者可能获得标签的内部信息，但强力破解必然付出高昂的时间代价。即使攻击者侥幸获取了当前隐私，若对之前或之后的信息加以保护，攻击者将得不到完整信息链，以较大代价却只能得到过期、一次性、无用的信息，这种攻击显然得不偿失，因此前向与后向安全性极其重要。前向与后向安全性分别指攻击者即使掌握了标签当前的内部信息，他也不能够解析出该标签以后或以前的信息，从而无法通过对比标签的当前数据和历史数据来分析使用者的隐私。

10.2.3　RFID 系统攻击模式

RFID 面临的主要攻击手段分为主动攻击和被动攻击两大类。

主动攻击是使 RFID 应用系统处于非正常使用的状态。主要包括以下几类：

（1）版图重构攻击：通过分析 RFID 芯片上的连接模式和跟踪金属连线，穿过可见模块的边界，攻击者可快速识别 RFID 芯片的基本结构。

（2）探测攻击：攻击者利用微探针跟踪总线上的信号，从而有可能截获有用信息。

（3）故障攻击：通过瞬态时钟、瞬态电源盒以及瞬态外部电场等技术使一个或多个触发器处于病态，进一步破坏传输到寄存器和存储器中的数据。

（4）拒绝服务攻击：是使用某种手段使电子标签或后台数据库两者或两者之一处于

忙状态,从而阻断正常的数据通信。

被动攻击是指通过非法手段获取 RFID 标签中的隐私信息或物品信息,但并不影响 RFID 系统自身的正常运行。主要包括以下几类:

(1) 重放攻击(reply attack):攻击者伪装成读写器,重放读写器对标签的认证请求,或伪装成电子标签,重放标签对读写器的认证响应。

(2) 跟踪攻击(tracking attack):攻击者可以伪装成读写器发送虚假认证请求,诱骗标签发送相应的认证响应,并根据各次响应的内容来跟踪标签的行为。基于密钥阵列的安全认证协议可以有效地抵御这种跟踪攻击。

(3) 篡改攻击(blocking and proofing attack):是指攻击者部分或全部篡改了通信内容。但由于不知道认证密钥,攻击者无法将原通信信息修改成加密后的另外一条合法信息,所以篡改攻击一般只会造成认证响应失败,而不会引起认证结果错误。

(4) 系统内攻击(inner attack):系统内合法授权的电子标签或读写器之间的假冒、伪造和篡改操作被称为系统内攻击。

10.2.4 RFID 系统现有的安全机制

1. EPC Global Glass-1 Gen-2 协议

RFID 系统,特别是低成本被动标签(如 EPC global Class1 Gen2 标签),因工作在开放无线网络环境中,容易受到两类隐私侵犯:位置隐私侵犯和信息隐私侵犯。位置隐私侵犯是读写器未经 RFID 标签识别客体授权,非法跟踪、分析标签客体行为的侵犯行为。信息隐私侵犯是指阅读器未经 RFID 标签识别客体授权,非法获取标签数据的侵犯行为。EPC Global Class-1 Gen-2 协议中规定了标签和读写器之间的通信过程。读写器采用选择、存盘、访问 3 个操作管理标签群,而标签对应读写器的操作有就绪、仲裁、应答、确认、开放、保护、销毁 7 种状态。

上电后标签处于就绪状态,读写器发出请求时通过防碰撞算法选择对应的唯一的标签进行访问,标签进入仲裁状态。如果读写器继续发出有效的命令请求,标签就进入应答状态,并返回一个随机数 rnd,读写器将会发送包含所有 {rnd} 的命令,标签比较接收到的 {rnd} 与自身的 rnd,如果相等则反向散射其存储的 PC(协议-控制字)、EPC(产品电子编码)等信息,进入确认状态。读写器可以继续向标签发送请求使之进入开放状态,通过 Read、Write 等命令对标签进行读写,如果读写器持有者拥有访问密码,还可以使标签进入保护状态,或者通过销毁命令进入永久失效的状态。

EPC 协议对标签数据的读取操作都是以明文方式传送的,故会将其中保存的信息轻易泄露给攻击者。虽然读写器在对标签进行写操作时传送的是句柄 {rnd} 与待写入信息的异或数据,但攻击者很容易截获该句柄信息以计算出实际的写入信息,甚至可以冒充合法读写器对标签进行非法操作。所以,EPC 协议并不能满足 RFID 系统的各项安全需求,仅能满足读写器和标签之间安全性不高的简易认证需求。

2. 物理安全机制

物理安全机制是利用 RFID 系统中各部分的物理特性保证系统安全的一种安全方法,主要保护系统中最薄弱的标签的安全性。

比较典型的物理机制的方法有静电屏蔽、主动干扰、Kill 命令机制、裁剪标签、休眠与激活、距离检测手段、删除标签和阻塞标签等。基于物理方法的硬件安全机制也存在很多问题,如主动干扰方法可能在无意间破坏其他正常合法的报警和读写器之间的通信。通过 Kill 命令机制对标签的销毁操作是不可逆的,因此标签不能继续使用;超出阻塞标签隐私保护范围的标签通信也是得不到保障的。

3. 基于密码技术的安全机制

在 RFID 系统的应用中,信息的保密性、完整性以及前向安全性等都涉及密码技术。密码技术主要可实现信息的传输保护、认证、数字签名以及访问控制等,其中信息的传输保护主要存在于 RFID 基本系统中,可保护读写器和电子标签之间传输的命令和数据,而信息的认证及访问控制则侧重保护与电子标签相关的应用。RFID 应用系统主要使用了以下几种方式来实现信息的传输保护:

(1) 认证方式。在读写器和电子标签之间传输的信息加上相应的消息认证码,传输的是明文,不具保密性,但是附加的消息认证码具有信息认证和检错纠错等功能。

(2) 加密方式。使用一定的算法对信息加密后再进行传输,具有保密性,但不具备检错纠错等功能。

(3) 混合方式。一般采用先认证后加密的方式进行。

根据不同的安全性和复杂性以及实现的成本,可以将应用于 RFID 系统的安全认证协议分为轻量级、中量级和重量级认证协议。

(1) 轻量级协议。具有代表性的是 SASI 协议(Strong Authentication and Strong Integrity,强认证和强完整性)和 T2MAP 协议(Two-Message Mutual Authentication Protocol,两消息互认证协议)。轻量级认证协议因为主要考虑系统的成本,所以安全性较低,主要应用在商品零售和物流领域。

(2) 中量级认证协议。主要包括散列锁(Hash-lock)协议、随机散列锁协议、散列链(hash-chain)协议、基于散列的 ID 变化协议、LCAP 协议、分布式 RFID 询问-应答协议、数字图书馆安全协议等。其中,前 3 种协议易受攻击,无法满足较高的安全需求;中间两种协议虽能满足基本的安全要求,但是应用场合有限,例如不适合分布式应用环境;后两种协议也能满足安全需求,并适用于分布式应用环境,但是成本较高。

在"Hash-Lock"协议中,通过使用元标识(meta ID)来代替真实的标签 ID 以避免信息泄漏,每个标签都拥有一个自己的访问密钥 key 和一个单向散列函数 H,其中 meta ID $= H$(key);当阅读器询问标签时,标签发送 meta ID 作为响应,然后阅读器通过查询后台数据库找到与 meta ID 匹配的(meta ID,ID,key)记录,再将 key 发送至标签,标签在验证 key 之后再将自己的真实 ID 发送给阅读器;该方法的缺陷在于 key、ID 均以明文形式发送,因此容易被窃听。

在"随机 Hash-Lock"协议中,当阅读器询问标签时,标签发送一个随机数以及其标签 ID 与该随机数的散列值给阅读器,然后阅读器通过后端数据库获得所有的标签 ID 并通过计算这些标签 ID 与该随机数的散列值来获知对应的标签 ID,最后将计算得到的标签 ID 发送给标签进行验证,若验证通过,则标签将自己的真实 ID 发送给阅读器。该方法的缺陷是最后的 ID 也是以明文的形式发送,容易被窃听者获取。

在散列链协议中,需要标签与后台数据库共享一个初始的秘密值 $S_{t,1}$,当阅读器第 j 次询问标签时,标签使用当前秘密值 $S_{t,j}$ 计算 $a_{t,j} = G(S_{t,j})$ 并更新其秘密值为 $S_{t,j+1} = H(S_{t,j})$,然后将 $a_{t,j}$ 发送给阅读器,阅读器转发 $a_{t,j}$ 给后端数据库,再由后端数据库来计算是否存在一个 j 与标签 ID_t 满足 $a_{t,j} = G(H^{j-1}(S_{t,1}))$,若存在这样的 j 与标签 ID_t,则通过验证并将 ID_t 发送给阅读器,其中 G 和 H 是单向散列函数;该方法的优点是标签具有自主更新能力,避免了标签隐私信息的泄漏;缺陷是只要攻击者截获了 $a_{t,j}$ 就可伪装标签通过验证,因此易受重放和假冒攻击。

(3)重量级认证协议。最具代表性的是基于 DES 等对称加密算法的"三通互相鉴别"协议和基于 RSA 算法的认证协议。其中,"三通互相鉴别"协议虽可有效抵抗来自系统外部的伪造和攻击,但是读写器之间的伪造和篡改等系统内部的问题还是没有得到解决;而基于 RSA 算法的认证协议虽有较高的安全强度,但是采用这种协议的 RFID 系统标签电路需要 10 000 个以上的逻辑门,成本过高。另外,国外文献中提出了基于椭圆曲线离散对数难题的 Schnorr 协议、Okamoto 协议以及 EC-RAC 协议。其中,Schnorr 协议和 Okamoto 协议均属于离线验证协议,都被证明存在着无法抵御追踪攻击的问题。只要攻击者截获了基点,就可以通过计算得到公钥,从而对标签进行追踪。EC-RAC 协议在 Schnorr 协议和 Okamoto 协议的基础之上提出,本是为了解决追踪问题,但随后仍被证明可以通过连续两次向电子标签发送认证请求的方式,求出能够唯一确定电子标签身份的关键值,故追踪风险依然存在。表 10.1 对各种 RFID 安全认证协议的安全性进行了比较。

表 10.1　各种 RFID 安全认证协议的安全性比较

协议名称	重放攻击	跟踪攻击	篡改攻击	内部攻击	认证方向
SASI 协议	×	×	×	×	单向
散列锁协议	×	×	×	×	单向
随机 Hash-lock	×	√	×	×	单向
散列链协议	×	√	×	×	单向
分布式 RFID 询问-应答协议	√	√	√	×	双向
LCAP 协议	√	√	√	×	双向
Schnorr 协议、Okamoto 协议	√	×	√	×	单向
"三通互相鉴别"协议	√	√	√	×	双向
基于 RSA 算法的协议	√	√	√	√	双向

由表 10.1 各协议的对比可知：SASI 协议、T2MAP 协议和散列锁协议无法应对各类攻击；随机散列锁协议和散列链协议只解决了跟踪攻击的威胁；分布式 RFID 询问-应答协议、LCAP 协议和"三通互相鉴别"协议虽可满足基本的安全需求，但面对内部攻击却无能为力；Schnorr、Okamoto 和 EC-RAC 协议均无法抵御追踪攻击。而具有高安全性的基于 RSA 的认证协议则在加解密速度和存储开销上存在严重不足。

10.3　无线传感器网络的安全

国际电信联盟(ITU)在其发布的物联网报告中指出，无线传感器网络(Wireless Sensor Network, WSN)是物联网的第二个关键技术。RFID 的主要功能是对物体进行识别；而无线传感器网络的主要功能则是感知物体的状态变化。通俗地说，传感器是可以感知外部环境参数的小型计算节点，是一种能把物理量或化学量转变成便于利用的电信号的器件。传感器网络是大量传感器节点构成的网络，用于不同地点、不同种类参数的感知或数据的采集；而无线传感器网络则是利用无线通信技术来传递感知数据的网络，它可实现大范围、多位置的感知。

无线传感器网络是一种分布式传感网络，它的末梢是可以感知和检查外部世界的传感器。散列中的传感器通过无线方式通信，因此网络设置灵活，设备位置可以随时更改，还可以与互联网进行有线或无线方式的连接。

10.3.1　无线传感器网络概述

无线传感器网络是集成了传感器技术、微机电系统(Micro-Electro-Mechanical System, MEMS)技术、无线通信技术以及分布式信息处理技术于一体的新型网络。随着科技的发展，信息的获取变得更加纷繁复杂。所有保存事物状态、过程和结果的物理量都可以用信息来描述。传感器的发明和应用极大地提高了人类获取信息的能力。传感器信息获取从单一化到集成化、微型化，进而实现智能化、网络化，成为获取信息的一个重要手段。无线传感器网络在很多场合(如军事感知战场、环境监控、道路交通监控、勘探、医疗等)都承担着重要的作用。

散列一般由部署在监测区域内的大量廉价微型传感器节点组成，通过无线通信方式形成一个多跳的自组织网络系统，其目的是协作地感知、采集和处理网络覆盖区域中被感知对象的信息，并发送给观察者。传感器、感知对象和观察者构成了无线传感器网络的 3 个要素。

无线传感器网络一般具有众多类型的传感器，它们可探测包括地震、电磁、温度、湿度、噪声、光强度、压力、土壤成分、移动物体的大小、速度和方向等周边环境中各种各样的现象。基于 MEMS 的微传感技术和无线互联网技术为无线传感器网络赋予了广阔的应用前景。这些潜在的应用领域可以归纳为军事、航空、反恐、防爆、救灾、环境、医疗、保健、家居、工业、商业等各个领域。

1. 传感器节点的物理结构

在不同的应用场景中,传感器节点的组成不尽相同,但是从结构上来说一般包括 4 个部分:数据采集、数据处理、数据传输和电源。感知信号的形式通常决定了传感器的类型,而现有的传感器节点的处理器通常包括嵌入式 CPU,如 ARM 公司的 ARM 系列、Motorola 的 68HC16 和 Intel 公司的 8086 等。数据传输单元主要由低功耗、短距离的无线模块组成,如 RFM 公司的 TR1000 等。另外运行于传感器网络上的微型化操作系统主要负责复杂任务的系统调度与管理,比较常见的有 UC Berkeley 开发的 TinyOS 以及 μCOS-Ⅱ 嵌入式 Linux。

图 10.5 是一种典型的传感器体系结构,传感器模块负责数据的感知和产生及数模转化,信息处理模块负责进行信号处理,最后经由无线通信模块发射出去。

图 10.5　传感器节点体系结构

传感器网络节点的技术参数包括如下几项。

(1) 电池能量。传感器的能量一般由电池提供,一次性电池原则上可工作几年时间。

(2) 传输范围。由于传感器节点的能量有限,节点的传输范围只能被限制在一个很小的范围之内(通常是 100m 以内,一般为 1～10m),否则会造成传感器的能量枯竭。一些技术(比如数据聚集传输技术)通过先将数据进行聚集,然后传输聚集的结果(而不是每个数据)来减少能量的消耗,帮助减少传感器节点的传输能耗。

(3) 网络带宽。传感器网络的带宽通常只有几十 kb/s,如使用蓝牙协议时小于 723kb/s,使用 IEEE 802.15.4 标准的 ZigBee 协议时为 250kb/s。

(4) 内存大小。传感器节点的内存大小一般只有 6～8Kb,而且大部分内存被传感器网络的操作系统所占据,例如 TinyOS。内存大小通常会影响密钥管理方案的可行性,即密钥管理方案必须能够有效地利用剩余的存储空间,完成密钥的存储、缓存消息等。

(5) 预先部署的内容。通常,传感器网络具有随机性和动态性,因此不可能获取应用环境的所有情况。预先在传感器节点上配置的信息通常是密钥类的信息。例如,通过预先在节点中存储一些秘密共享密钥,使得网络在部署之后能够实现节点间的安全通信。

2. 无线传感器网络的网络结构

无线传感器网络在不同的应用场景中的网络拓扑结构可能不同。比较典型的应用方式是:无线传感器节点被任意地散落在监测区域,然后节点间以自组织的形式构建网络,对感知参数进行监测并生成感知数据,最后通过短距离无线通信(如 ZigBee)经过多次转发将数据传送到网关(汇聚(sink)节点),网关通过远距离无线通信网络(如 3G、LTE)将数据发到控制中心。也有传感器节点直接将感知的数据发给控制中心的,这便是一种典型的 M2M(Machine-to-Machine)通信场景。一般而言,无线传感器网络从结构上可分为分布式网络和集中式网络两种。

1) 分布式无线传感器网络

分布式无线传感器网络因为没有固定的网络结构,网络在部署前无法获知其拓扑结构,只能在部署后采用邻居节点探测的方式互相建立拓扑关系。传感器节点通常随机部署在目标区域中。一旦节点被部署,它们就开始在自己的通信范围内寻找邻居节点,建立数据传输路径。因为每个节点的通信范围有限,每个节点只能发现网络节点集合中的某个子集。这种方式建立的拓扑网络具有一定的鲁棒性,网络伸缩性好,因为当少量传感器节点失效时,将不会引起整个网络的瘫痪或者分割。图 10.6 为分布式网络结构的示意图。

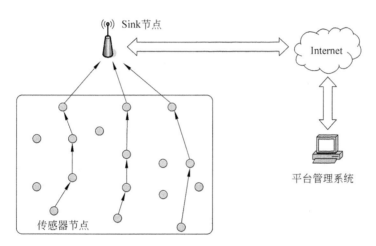

图 10.6   无线传感器网络的分布式结构

2) 集中式无线传感器网络

在集中式无线传感器网络(也称为层簇式无线传感器网络)中,依据节点处理能力的不同可以分为基站、簇头(cluster head)节点和普通节点,如图 10.7 所示。基站是一个控制中心,它通常具有很高的计算和存储能力,可以实施多种控制命令。基站的功能包括以下几种:①典型的网络应用中的网关;②具有强大的数据存储/处理能力的节点;③用户的访问接口。基站通常被认为是抗攻击、可信赖的,因而基站可成为网络中的密钥分发中心(KDC)。节点通常部署在与基站一跳或多跳的范围内,多跳节点形成一个簇结构(簇结构即包含一个簇头节点和多个普通节点或孩子节点的树状结构)。基站具有很强的传输能力,通常可以与任意一个网络内的节点通信,而节点的通信能力则取决于节点自身的能量水平和位置。依据通信方式的不同,网络内的数据流可以分为点对点通信、组播通信、基站到节点的广播通信。

无线传感器网络具有如下特点,在设计安全方案时需要考虑到这些特点。

图 10.7 无线传感器网络的集中式结构

（1）网络节点数量众多，节点密度大（即单位面积内的节点数量较多）。

（2）网络拓扑结构不稳定，拓扑结构随时可能发生变化。

（3）传感器节点受到应用环境和节点成本的限制，计算和通信能力有限。

（4）能量受限。无线传感器网络由于部署在特定环境中，通常没有持续的外接电能供应，多以电池作为能量源。

10.3.2 无线传感器网络的安全需求

通常无线传感器网络会被部署在不易控制、无人看守、边远、易于遭到恶劣环境破坏或者人为破坏和攻击的环境当中，因而无线传感器网络的安全问题成为研究的热点。由于传感器节点本身计算能力和能量受限的特点，寻找轻量级（计算量小、能耗低）的、适合于无线传感器网络特点的安全手段是安全应用的主要目标。

无线传感器网站的安全需求可归纳为以下几方面：

（1）数据机密性需求。在无线传感器网络中，数据通信不应当向敌手泄露任何敏感信息。在许多应用中，节点之间传递的是高度敏感的数据或者控制信息。节点保存的感知数据、会话密钥及其他传感器网络中的机密信息（如传感器的身份标识等）必须只有授权用户才能访问。同时，因密钥泄露造成的影响应当尽可能控制在一个小的范围内，从而使得一个密钥的泄露不至于影响整个网络的安全。解决通信机密性主要依靠使用通信双方共享的会话密钥来加密待传递的消息，解决存储机密性主要依靠加密数据的访问控制。

（2）节点身份认证和消息认证。无线传感器网络中的传感器节点应能够相互进行身份认证，如接收传感器节点能够验证发送传感器节点的身份，节点身份认证在无线传感器网络的许多应用中是非常重要的。因为攻击者很容易向网络注入信息，接收者只有通过身份认证才能确信消息是从正确的节点传送过来的。而且传统的数字签名方法通常不适用于通信能力、计算速度和存储空间都相当有限的传感器节点。因此传感器网络通常使用基于对称密码体制的认证方法，即判断对方是否拥有共享的对称密钥来完成身份的认证。

（3）通信数据和存储数据的完整性。资源有限的传感器无法支持高计算量的数字签名算法，通常使用对称密钥体制和消息鉴别码来进行数据完整性检验。

（4）新鲜性。在无线传感器网络中，基站和簇头需要处理很多节点发送过来的采集信息，为防止攻击者进行任何形式的重放攻击（将过去窃听的消息重复发送给接收者，耗费其资源使其不能提供正常服务），必须保证每条消息的新鲜性。由于密钥可能需要进行更新，因而新鲜性还体现在密钥建立过程中，即通信双方所共享的密钥是最新的。

（5）可扩展性（scalability）。这是无线传感器网络的特色之一，由于传感器节点数量大，分布范围广，环境条件、恶意攻击或任务的变化可能会影响传感器网络的配置。同时，节点的经常加入、物理破坏或电量耗尽等也会使得网络的拓扑结构不断发生变化。可扩展性是指网络能够自适应这些情况的变化。

（6）可用性（availability）。无线传感器网络的安全解决方案所提供的各种服务能被授权用户使用，并能有效防止非法攻击者企图中断传感器网络服务的恶意攻击。

（7）健壮性（robustness）。无线传感器网络一般配置在恶劣环境或无人区域，环境条件、现实威胁和当前任务具有很大的不确定性。无线传感器网络及其节点必须能抵御各种外部恶劣环境的影响。

（8）自组织性（self-organization）。由于无线传感器网络是由一组传感器以自组织的（Ad Hoc）方式构成的无线网络，这就决定了相应的安全解决方案也应当是自组织的，即在无线传感器网络配置之前通常无法假定节点的任何位置信息和网络的拓扑结构，也无法确定某个节点的邻近节点集。

10.3.3 无线传感器网络的攻击与防御

由于传感器网络采用无线通信，开放的数据链路是不安全的，攻击者可以窃听通信的内容，实施干扰。而且传感器节点通常工作在无人区域，缺乏物理保护，容易损坏，且攻击者可以获取节点，读取存储内容甚至写入恶意代码。下面介绍常见的攻击手段和防御方法：

（1）拥塞（jamming）攻击。这是一种针对无线通信的 DoS 攻击。攻击方法是干扰正常节点通信所使用的无线电波频率，达到干扰正常通信的目的。攻击者只需要在节点数为 N 的网络中随机布置 $K(K<<N)$ 个攻击节点，使它们的干扰范围覆盖全网，就可以使整个网络瘫痪。

对于物理层的攻击（如拥塞攻击）使用扩频通信可以有效地防止。另一对策是，如果被攻击节点附近的节点觉察到拥塞攻击，就让它进入睡眠状态，保持低能耗。然后定期检查拥塞是否已经消失，如果消失则进入活动状态，向网络通报拥塞的发生。

（2）耗尽（exhaustion）攻击。恶意节点侦听附近节点的通信，当一帧快发送完时，恶意节点发送干扰信号。传统的 MAC 层协议中的控制算法往往会重传该帧，反复重传造成被干扰节点电源很快被耗尽。自杀式的攻击节点甚至一直对被攻击节点发送请求（request）信号，使得对方必须回答，这样两个节点都耗尽电源。这一攻击的原理可能与具体 MAC 层协议（如 IEEE 802.15.4 协议）有关。

（3）非公平竞争攻击。由于无线信道是单一访问的共享信道，采取竞争方式进行信道的分配。非公平竞争攻击是指在网络中，某些恶意节点故意长时间占用链路信道，采用一些设置，如较短的等待时间进行重传重试、预留较长的信道占用时间等，达到不公平占用信道的目的。这一攻击的原理与 MAC 层协议有关。

（4）汇聚节点（homing）攻击。传感器网络中有些节点执行路由转发功能，汇聚节点攻击针对这一类节点。攻击者只需要监听网络通信，就可以知道簇头的位置，然后对其发动攻击。簇头瘫痪后，在一段时间内整个簇都不能工作。它也属于 DoS 攻击的一种。

（5）怠慢和贪婪（neglect and greed）攻击。其含义是少转发、不转发或多转发收到的数据包。攻击者处于路由转发路径上，但是随机地对收到的数据包不予转发处理。例如向消息源发送收包确认，但是把数据包丢弃不予转发，该攻击称为怠慢（neglect）。如果被攻击者改装的节点对自己产生的数据包设定很高的优先级，使得这些恶意信息在网络中被优先转发，则这样的攻击称为贪婪（greed）。

对于怠慢和贪婪攻击，可用身份认证机制来确认路由节点的合法性；或者使用多路径路由来传输数据包，使得数据包在某条路径被丢弃后，数据包仍可以被传送到目的节点。

（6）方向误导（misdirection）攻击。这里的方向是指数据包转发的方向。如果被敌人所控制的路由节点将收到的数据包发给错误的目标，则数据源节点受到攻击；如果将所有数据包都转发给同一个正常节点，则该节点很快因接收包而耗尽电源。方向误导攻击的一个变种是 Smurf 攻击。

（7）黑洞（black holes）攻击，又称为排水洞（sinkholes）攻击。攻击者（用 A 表示）声称自己具有一条高质量的路由到基站，比如广播"我到基站的距离为零"。如果 A 能发送到很远的无线通信距离，则收到该信息的大量节点会向 A 发送数据。大量数据到达 A 的邻居节点，它们都要给 A 发送数据，造成信道的竞争。由于竞争，邻居节点的电源很快被耗尽，这一区域就成了黑洞，通信无法传递过去。对于收到的数据，A 可能会不予处理。黑洞攻击破坏性很强，基于距离向量（distance vector）的路由算法容易受到黑洞攻击，因为这些路由算法将距离较短的路径作为优先传递数据包的路径。

抵抗黑洞攻击可采用基于地理位置的路由协议。因为拓扑结构建立在局部信息和通信上，通信通过接收节点的实际位置自然地寻址，所以在别的位置成为黑洞就变得很困难了。

（8）虫洞（wormholes）攻击：通常由两个移动主机攻击者合作进行。一个主机 A 在网络的一边收到一条消息，比如基站的查询请求，通过低延迟链路传给距离很远的另一个主机 B，B 就可以直接广播出去。这样，收到 B 广播的节点就会把传感的数据发给 B，因为收到 B 广播的节点认为这是一条到达 A 的捷径。

(9) Hello 泛洪(Hello flood)攻击：在许多协议中,节点通过发送一条 Hello 消息表明自己的身份,而收到该消息的节点认为发送者是自己的邻居(因为数据包可以到达)。但移动主机攻击者可以将 Hello 消息传播得很远,远处的正常节点收到消息之后,把攻击者当成自己的邻居。这些节点会与"邻居"(移动主机攻击者)通信,导致网络流量的混乱。传感器网络中的几个路由协议,如 LEACH 和 TEEN,易受这类攻击,特别是当 Hello 包中含有路由信息或定位信息时更是如此。

(10) 女巫(sybil)攻击。是指利用单个攻击节点伪造并冒充多个合法节点,或者偷窃网络中合法节点的 ID,进而实现了一个节点有多个身份(ID)的恶意行为。而网络中正常节点无法分辨这些虚假的节点,当正常节点将虚假节点加入到邻居列表中后,实际是与恶意节点直接通信。这样,该恶意节点吸引了网络中的大部分数据流,从而独立完成了该区域内的路由。实质上,恶意节点及其产生的虚假节点在物理设备上共享同一节点的资源。这些并不存在的虚假节点被定义为 女巫节点。女巫攻击能破坏传感器网络的路由算法,还能降低数据汇聚算法的有效性。这种攻击是针对 WSN 认证机制不成熟的弱点进行的攻击。

对付女巫攻击有两种探测方法,一种是资源探测法,即检测每个节点是否都具有应该具备的硬件资源。女巫节点不具有任何硬件资源,所以容易被检测出来。但是当攻击者的计算和存储能力都比正常传感器节点大得多时,则攻击者可以利用丰富的资源伪装成多个女巫节点。另一种是无线电资源探测法,通过判断某个节点是否有某种无线电发射装置来判断是否为女巫节点,但这种无线电探测非常耗电。

(11) 破坏同步(desynchronization)攻击。在两个节点正常通信时,攻击者监听并向双方发送带有错误序列号的包,使得双方误以为发生了丢失而要求对方重传。攻击者使正常通信双方不停地重传消息,从而耗尽电源。

(12) 泛洪攻击(flooding)。指攻击者不断地要求与邻居节点建立新的连接,从而耗尽邻居节点用来建立连接的资源,使得其他合法的对邻居节点的请求不得不被忽略。

对于传输层的攻击(如泛洪),一种对策是使用客户谜题(client puzzle),即如果客户要和服务器建立一个连接,必须首先证明自己已经为连接分配了一定的资源,然后服务器才为连接分配资源,这样就增大了攻击者发起攻击的代价。这一防御机制对于攻击者同样是传感器节点时很有效,但是合法节点在请求建立连接时也增大了开销。

(13) 应用层攻击。例如,对感知得到数据进行窃听、篡改、重放、伪造等;节点不合作行为;对应用层功能如节点定位、节点数据收集和融合等的攻击,使得这些功能出现错误。

对于其他形式的攻击,通常采用加密和认证机制提供解决方案。例如,对于分簇节点的数据层层聚集,可使用同态加密、秘密共享的方法。对于节点定位安全,可采取门限密码学以及容错计算的方法等。然而在无线传感器网络中,传感器节点的计算资源非常有限,通常公钥加密和签名算法因计算量太大而不适用,所以对称密钥加密方案使用得较多,而为了应用对称密钥加密方法,首先需要解决会话密钥的密钥管理问题。

表 10.2 对无线传感器网络的攻击与防御方法进行了总结。

表 10.2 无线传感器网络的攻击与防御

网络层	攻 击	防 御
物理层	拥塞攻击	宽频或跳频、优先级消息、区域映射、模式转换
	物理破坏	破坏攻击者感知节点的伪装和隐藏
链路层	碰撞攻击	纠错码
	耗尽攻击	设置竞争门限
	非公平竞争攻击	使用短帧策略,非优先级策略
网络层	怠慢和贪婪攻击	使用冗余途径、探测机制
	汇聚节点攻击	使用加密和逐跳认证机制
	方向误导攻击	出口过滤,认证、监视机制
	黑洞攻击	认证、监视、冗余机制
传输层	泛洪攻击	客户谜题
	破坏同步攻击	认证

10.3.4 无线传感器网络的密钥管理

密钥管理是无线传感器网络需要首先解决的安全问题,因为密钥的建立与分发是保密通信的前提。同时,由于传感器节点具有数量庞大、随机布置(具有随机网络拓扑结构)和节点资源受限(计算、存储和能量有限)等特点,节点可能因断电、被损坏、被捕获而失效或泄露密钥,使得密钥管理问题变得更加棘手。因而,密钥管理的可扩展性、自组织性、鲁棒性等要求较高,成为无线传感器网络中一个独具特色的研究问题。

密钥分配协议可分为预先配置密钥协议、有仲裁的密钥协议、分组分簇密钥协议等。预先配置密钥协议即在传感器节点部署之前预先分配和安装将来要使用的密钥。这种方法简单,但是在动态无线传感器网络中增加或移除节点的时候就会不灵活。而有仲裁的密钥协议需要一个密钥分配中心(KDC)或可信第三方(TTP)负责建立密钥,KDC 或TTP 可以是一个节点或者分散在一组可信任的节点中。分组分簇密钥协议中节点被划分成多个簇,每个簇有能力较强(表现在剩余能量上)的一个或者多个簇头,协助密钥分配中心或者基站共同管理整个无线传感器网络。密钥的初始化分发和管理一般由簇头主持,协同簇内节点共同完成。

下面介绍几类无线传感器网络中常见的密钥分配方案。

1. 预先配置密钥

预先配置密钥方案可分为两种:

(1) 网络预分配密钥方法。整个无线传感器网络共享一个秘密密钥,所有节点在配置前都要装载同样的密钥。这种方法简单,但是若某个节点的密钥被敌人知道,则整个网络中使用的密钥就暴露了,从而整个网络的通信都失去了保密性。

（2）节点间预分配密钥方法。在这种方法中，网络中的每个节点需要知道与其通信的所有其他节点的 ID 号，在每两个节点之间共享一个独立的秘密密钥。如果每个节点都可能与网络中的其他节点通信，则需分别建立一个共享的秘密密钥，假定节点总量为 n 个，则每个节点要存储 $n-1$ 个密钥，整个网络需要的密钥总量为 $n(n-1)/2$ 个。当节点数量达到几千个时，该方法需要管理的密钥数量就很大了。

2. 有仲裁的密钥协议

有仲裁协议假设存在建立密钥的可信第三方（TTP）。根据密钥建立的类型，可分为对称密钥分发协议和公钥分发协议。对称密钥分发通常由密钥分发中心（KDC）分发，对公钥的分发通常比较容易。

密钥建立协议支持组节点的密钥建立，即建立一组节点之间通信需要使用的密钥。还有一种分等级的密钥确立协议叫作分层逻辑密钥，在具有相同层次的节点之间的建立密钥关系，例如 Blom 等人提出的基于矩阵的密钥分配方案。

3. 确定密钥分配方案 Blundo

根据节点选取密钥的方法不同，无线传感器网络密钥管理又可分为随机性密钥管理方案和确定性密钥管理方案。在随机密钥管理方案中，节点从密钥池中随机选择若干密钥作为自己的密钥；而在确定性密钥管理方案中，节点是通过计算确定概率来获得自己的密钥。随机密钥管理方案的优点是获取密钥方法比较简单，部署灵活；缺点是经常出现存储信息的冗余，不能较好地保证连通性。确定性密钥管理方案的优点是能保证连通性；缺点是节点部署的灵活性较差。确定密钥管理方案又可分为以下两种形式。

1）节点间共享密钥

该模型保证了每个节点之间存在一对共享密钥，节点间会话密钥的建立可以利用该密钥生成。其优点是：由于要求每个节点必须存储所有其他节点的共享密钥，因而任意两个节点间总可以建立共同的密钥；任何两个节点间的密钥对是独享的，其他节点不知道其密钥信息，任何一个节点被捕获不会泄露非直接连接的节点的密钥信息；模型简单，实现容易。其缺点是：扩展性不好，新节点的加入需要更新整个网络中所有的节点所存储的密钥信息；一旦某个节点被捕获，敌人可以从该节点存储的密钥信息获得该节点与网络所有节点的密钥信息；由于节点需要存储所有其他节点的密钥信息，所以网络规模有限制。

2）节点与基站共享主密钥

网络中的每个节点与基站间共享一对主密钥，每个节点只需要很少的密钥存储空间，基站需要较高的计算和资源开销。其优点是：对节点的资源和计算能力要求较低，计算复杂度低；密钥建立的成功率高，只要能与基站通信的节点都可以进行安全通信；支持节点的动态更新。其缺点是：过分依赖基站的能力，基站是单一失效点，即一旦基站被捕获，整个网络即陷入瘫痪；网络的规模取决于基站的通信能力；基站会成为整个网络的通信瓶颈；多跳通信时，节点只负责透明地转发数据包，没有办法对信息报进行任何认证，恶意节点容易利用这一特点进行 DoS 攻击。

为减少节点间共享主密钥的存储空间,Blundo 在 1993 年提出了基于对称二元多项式的密钥分配方案,该方案可以便捷地建立网络中所有节点之间的密钥对。该方案的思想是:在有限域 F_q 上构造一个 t 阶的对称多项式:

$$f(x,y) = \sum_{i,j=0}^{t} a_{ij}x^iy^j, \quad \text{其中 } a_{ij} = a_{ji}$$

该多项式具有对称性 $f(x,y) = f(y,x)$,系数 $a_{ij} \in F_q$ 可以随机选择。节点在部署前,基站为每个节点分配一个 ID,如节点 U 和节点 V 的 ID 分别为 ID_U 和 ID_V。基站计算 $f(ID_U, y)$ 和 $f(x, ID_V)$,分别存入节点 U 和节点 V 中。节点部署后,节点 U 和节点 V 交换各种 ID 即可利用对称多项式计算两节点间的对密钥:

$$f(ID_U, ID_V) = f(ID_V, ID_U)$$

对称多项式密钥管理方案具有 λ 安全性,即当被捕获节点的数量小于 λ 时,攻击者不能利用拉格朗日插值多项式计算出对称多项式。对称多项式密钥管理方案的缺点是:当 λ 增加时,网络中节点的存储代价、计算代价和通信代价将相应的快速增加。

Blundo 方案的巧妙之处是利用了关于 x 和 y 的多项式的对称性:对于所有的 x、y,$f(x,y) = f(y,x)$,这一性质可被用来构造共享的密钥。

4. 密钥管理协议的评价指标

评价一种密钥管理技术的好坏,不能仅从能否保障传输数据安全来进行评价,还必须满足如下准则:

(1) 抗攻击性(resistance)。主要指抗节点妥协的能力。在无线传感器网络中,攻击者可能捕获部分节点并复制这些节点来发起新的攻击。针对这种情况,无线传感器网络必须能够抵抗一定数量的节点被捕获而发起的新的攻击。

(2) 密钥可回收性(revocation)。如果一个节点被敌人控制,对网络产生破坏行为时,密钥管理机制应能采取有效的方式从网络中撤销(revoke)该节点。撤销机制必须是轻量级的,即不会消耗太多的网络通信资源和节点能量。

(3) 容侵性(resilience)。如果节点被捕获,密钥管理机制应能够保证其他节点的密钥信息不会被泄露。即可以容忍网络中被捕获的节点数小于一定的阈值。同时,新节点能够方便地加入网络,参与安全通信。

10.3.5　无线传感器网络安全协议 SPINS

无线传感器网络安全协议 SPINS 是无线传感器网络安全框架之一,由 Adrian Perrig 等人提出。该协议利用汇聚节点作为网络的可信密钥分发中心,来为网络节点建立会话密钥并实现对广播数据包的认证。

SPINS 包含两个子协议:SNEP(Security Network Encryption Protocol)和 uTESLA(Timed Effeient Stream Loss-tolerant Authentication)。SNEP 可用来实现机密性、完整性、新鲜性和点到点的认证;而 uTESLA 则用于实现点到多点的认证广播。SPINS 的通信开销很低,且能够高效实现无线传感器网络安全需求,是在传感网中应用最广的安全协议。

1. SNEP 实现机密性

SNEP 主要通过使用计数器、消息认证码等机制来实现数据的机密性及数据认证。通信双方的密钥可通过使用从汇聚节点获取的主密钥及伪随机函数生成。

SNEP 实现的机密性不仅具有加密功能,还具有语义安全性。语义安全性是指即使经过相同的密钥和加密算法,相同的数据信息在不同的时间、不同的上下文中产生的密文是不同的。语义安全特性可以有效抑制已知明密文对攻击。密码分组链(Cipher Block Chaining,CBC)加密模式具有先天的语义安全特性,因为 CBC 模式下,每块数据的密文都是将自身与前段密文迭代异或产生的;计数器(CounTeR,CTR)模式是实现语义安全性的另一种方式,因为每个数据的密文都与其加密时的计数器值相关。CTR 模式下,通信双方共享一个计数器,计数器值作为每次通信加密的初始化向量(Initial Vector,IV),因为每次通信时的计数器值不同,相同的明文产生的密文必定也不同。SNEP 是采取 CTR 模式的加密方法实现语义安全机制的,其加密公式如下:

$$E = K_e(m \parallel C)$$

其中,E 是加密后的密文,m 是明文,K_e 为加密密钥,C 是计数器值。

2. SNEP 实现数据完整性和点到点认证

SNEP 协议实现数据完整性是通过消息鉴别码(MAC)完成的,其公式如下:

$$\mathrm{MAC} = K_{mac}(C \parallel E)$$

其中,C 是计数器值,E 是密文,K_{mac} 是数据完整密钥。SNEP 采用密文认证模式,因为如果是明文认证,接收节点必须先对报文内容进行解密,而后再认证,只有解密才能知道数据包是否错误和是否需要丢弃,这样浪费节点计算资源,同时对 DoS 攻击也更敏感。反之,密文认证方式可以在节点收到数据包后立刻对密文进行认证,发现问题就直接丢弃,无须对数据包进行解密,从而节省节点资源。

加密密钥 K_e 和数据完整密钥 K_{mac} 都是从主密钥 K_{master} 生成的,生成的方式可以依据具体情况而定,只要通信双方均可实现该生成算法即可。例如,可利用 uTESLA 中定义的单向密钥生成函数 F 来生成这两个密钥:

$$K_e = F^{(1)}(K_{master}) \qquad K_{mac} = F^{(2)}(K_{master})$$

节点 A 到节点 B 之间完整的 SNEP 交换过程如下面的公式所示:

$$\mathrm{A} \to \mathrm{B}: K_e(m \parallel C), \quad \mathrm{MAC} = K_{mac}(C \parallel K_e(m \parallel C))$$

3. SNEP 消息新鲜性的实现

为了防御重放攻击,SNEP 采用了强新鲜性认证,该认证使用随机数(Nonce)机制,Nonce 是一个只使用一次且无法预测的随机值,通常由伪随机数生成器产生。在节点 A 发送给节点 B 的消息中包含了 Nonce 值 N_A,在 B 对该消息的应答中,需要包含该值。节点 A 与 B 之间的通信过程如下:

$$\mathrm{A} \to \mathrm{B}: N_A, \{\mathrm{RQST}\}(K_e, C), \{C \parallel \{\mathrm{RQST}\}(K_e, C)\} K_{mac}$$
$$\mathrm{B} \to \mathrm{A}: \{\mathrm{RPLY}\}(K_e, C'), \{N_A \parallel C' \parallel \{\mathrm{RPLY}\}(K_e, C')\} K_{mac}$$

其中,RQST 是请求包,RPLY 是应答包。节点 A 在发送给节点 B 的消息中增加了 Nonce 字段 N_A,节点 B 在应答该消息时将 N_A 加入响应包的消息认证运算,并将其结果返回给节点 A。这样,消息发回节点 A 时,节点 A 就可以通过响应包中的 N_A 值知道这个应答是针对 N_A 标识的请求消息的应答。

4. 用 SNEP 完成节点间通信

SPINS 中每个节点与基站(或者是汇聚节点、网关等)之间共享一个主密钥,对于节点上传数据到基站的应用,可用该密钥生成的加密密钥来加密信息。但在有些应用中,节点之间或者簇内也需要通信,如果都经过基站转发则效率很低。解决的办法是通过基站建立节点间的临时通信密钥,这样基站就起到了密钥分配中心(KDC)的作用。例如,节点 A 和 B 之间需要通信,因为最初 A 和 B 之间没有共享密钥,所以选择通过通信双方都信任的基站 S 来建立安全通道。假设节点 A 和节点 B 都与基站 S 存在共享密钥 K_{AS} 和 K_{BS}。那么安全通道的建立过程如下:

(1) 节点 A 向节点 B 发送请求:
$$A \rightarrow B: N_A, A$$

(2) 节点 B 收到请求包后向基站 S 发送数据包:
$$B \rightarrow S: N_A, N_B, A, B, MAC(K_{BS}, N_A \parallel N_B \parallel A \parallel B)$$

(3) 基站 S 验证收到的数据包,验证通过后生成 SK_{AB},并分别向节点 A、B 发送数据包:
$$S \rightarrow A: K_{AS}\{SK_{AB}\}, \quad MAC(K_{AS}, N_A \parallel B \parallel K_{AS}\{SK_{AB}\})$$
$$S \rightarrow B: K_{BS}\{SK_{AB}\}, \quad MAC(K_{BS}, N_B \parallel A \parallel K_{BS}\{SK_{AB}\})$$

其中,SK_{AB} 是基站 S 为节点 A 和节点 B 设定的临时通信密钥,N_A 和 N_B 是强新鲜性认证的随机数。节点 A 和 B 之间通信完成后,通信双方可以直接丢弃 SK_{AB}。需要再次通信时,按照上述步骤重新协商密钥即可。

提示:SNEP 的密钥协商过程过分依赖于基站,一旦基站被俘获,整个网络就被攻破了,即使基站不被俘,也会成为通信的瓶颈。而且无线传感网是一种多跳网络,SNEP 这样的协议对于 DoS 攻击没有任何防御能力。因为在节点与基站的通信过程中,中间转发节点无法对数据包进行任何认证判断,只能透明转发。恶意节点可以利用这一点伪造错误的数据包发送给基站,数据包在中间节点透明转发后,到达基站才能被识别出来。这种情况下,基站会因为过多的错误包而不能提供正常的服务。

5. uTESLA 协议实现广播认证

无线传感器网络中,基站要向网络中所有的 WSN 节点发送查询命令,节点收到广播包后,需要对广播包的来源进行认证,如果通过认证,再进行回复。若采取对称密钥进行认证,则广播认证和单播认证的区别在于:单播包的认证依赖于收、发节点之间共享一个密钥,而广播认证需要全网络共享一个公共密钥。这导致安全性较差,即任何一个节点被俘获将会泄露整个网络的广播认证密钥。

如果采取密钥更新的方法来更新广播认证密钥,则会增加通信开销。因此传统的广播认证通常采用公钥认证,即发送者对广播包进行签名,所有接收者用公钥进行验证。但是公钥运算对于传感器网络而言开销太大,签名和验证签名的计算量较大,签名的传递也导致额外的通信负担。针对传感器网络的广播认证问题,Adrian Perrig 等人对流媒体广播认证协议 TESLA 进行修改,设计了 uTESLA 协议。该协议使用对称密钥机制实现了一个轻量级的广播认证。

uTESLA 协议的主要思想是:先广播一个通过密钥 K_{mac} 认证的数据包,即基站用 K_{mac} 计算该包的 MAC 值,然后将该认证包广播给所有节点。当一个节点收到该广播认证包时,它还没有收到验证该包的 K_{mac} 密钥。这样就保证了基站在公布 K_{mac} 前,任何人都不能得到认证密钥的信息,阻止了攻击者在正确认证广播数据包之前伪造出正确的广播数据包。

然后节点将该数据包存储在缓存中,等待基站透露验证 MAC 的密钥 K_{mac}。基站于是广播 K_{mac} 密钥给所有的接收者,节点接收到该密钥后,便可以验证缓存中的那个广播包的 MAC 的正确性。

MAC 密钥 K_{mac} 都是单向散列链中的一个密钥,散列链是通过一个单向函数 F 生成的。基站预先生成这样一个密钥链,方法是:使用单向函数 F 计算 $K_i = F(K_i + 1)$。当基站周期性地公布密钥时,可以从散列链中最后一个密钥开始公布,即先公布 K_i。这样,即使每个节点都存放了 $H(M)$,它也只能计算出 K_{i+1},不能计算出 K_i 以前的密钥,而 K_{i+1} 不在基站的密钥池中,所以节点无法知道下一个将要公布的密钥,保证了密钥的安全性。

密钥链中的每个密钥都对应一个时间段,所有在同一时间间隔的广播包都使用同一个密钥进行认证。在两个时间间隔后,相应的密钥才透露。密钥透露是一个独立的广播数据包。

假设接收节点大体上与基站时间同步,并知道初始密钥 K_0,数据包 P_1、P_2 中的 MAC 由密钥 K_1 生成,在时间间隔 1 内发送。数据包 P_3 中的 MAC 由 K_2 生成,在时间间隔 2 发送。此时接收者不能认证任何数据包,因为 K_1 要到时间间隔 3 才透露。类似地,数据包 P_4 和 P_5 的 MAC 由 K_3 生成,在时间间隔 3 发送。假设数据包 P_4 和 P_5 丢失了,同时透露密钥 K_1 的包也丢失了,则接收者仍然不能验证 P_1 和 P_2 的完整性(因为没有 K_1)。在时间间隔 4,基站广播了密钥 K_2,节点可通过验证 $K_0 = F(F(K_2))$,并得到 $K_1 = F(K_2)$,这时可用 K_1 来验证 P_1 和 P_2 的完整性,利用 K_2 来验证 P_3 的完整性。

习　　题

1. (　　　)不是物联网的组成之一。

　　A. 感知层　　　　　　B. 网络层　　　　　　C. 传输层　　　　　　D. 应用层

2. 无线传感器网络中,女巫攻击是属于(　　　)层的攻击。

　　A. 物理层　　　　　　B. 链路层　　　　　　C. 应用层　　　　　　D. 网络层

3. 在 SPINS 协议中,(　　　)协议用来提供广播认证。

　　A. SNEP　　　　　　B. uTESLA　　　　　　C. 散列锁　　　　　　D. SASI

4. 如何使用物理途径来保护 RFID 标签的安全性？

5. 如何采用密码机制解决 RFID 的安全问题？举两三个例子对 RFID 安全协议进行说明。

6. RFID 的攻击模式有哪几种？

7. RFID 系统方面面临的攻击手段有哪些？

8. 无线传感器网络面临的攻击手段有哪些？

第 11 章

信息安全管理

信息安全必须从管理和技术两方面着手。技术层面和管理层面的良好配合,才是企业实现信息安全的有效途径。其中,安全技术通过建立安全的主机系统和安全的网络系统,并配备适当的安全产品来实现;在管理层面,则通过构建信息安全管理体系来实现。

据 Ernst & Young 分析,在整个系统安全工作中,管理(包括管理和法律法规方面)所占的比重应达到 70%,而技术(包括技术和实体)应占 30%。信息管理相对于信息安全技术来说是"软技术"(如果说信息安全技术是"硬技术"的话)。但实际上,在信息安全领域,人们的注意力往往集中在技术和设备方面,而忽视了人的因素。例如,安全风险较高的"社交工程"就经常被人们忽略,社交工程利用诱导、欺骗、伪装等非技术的、传统的犯罪方式而导致人们实施各种不安全的行为。对社交工程的防范只能由安全管理措施来应对。

目前管理和技术脱节仍然是信息安全的通病。信息安全不仅仅是一个技术问题,在很大程度上已经表现为管理问题,但是长久以来,信息安全却一直被人们视为单纯的技术问题,归于信息技术部门独立处理,由此产生 3 个方面的问题:首先,信息安全策略与管理战略脱节;其次,在"业务持续性计划"与"信息技术灾难恢复计划"之间划等号;第三,各类机构的信息安全意识培训和教育也不够。

由此可见,进行信息安全管理对于保证信息安全的重要性。要全面实现信息安全,应该从可能出现风险的各个层面来考虑问题,依据"三分技术、七分管理"的安全原则,建立正规的信息安全管理体系,以实现系统的、全面的安全。

11.1 信息安全管理体系

安全管理是组织在既定的目标驱动下,开展风险管理活动,力求实现组织的 4 类目标:①战略目标,它是组织最高层次的目标,与使命相关联并支撑使命;②业务目标,高效利用组织资源达到高效益;③保护资产目标,保证组织资产的安全可靠;④合规性目标,遵守适用的法律和法规。

战略目标源于企业的使命,是最高层次的目标;业务目标、保护资产目标与合规性目标与战略目标协调一致,为战略目标服务。

安全管理的一个重要目标是降低风险,风险就是有害事件发生的可能性。一个有害事件由 3 部分组成:威胁、脆弱性和影响。脆弱性是指资产的脆弱性并可被威胁利用的资产性质。如果不存在脆弱性和威胁,则不存在有害事件,也就不存在风险。风险管理是调查和量化风险的过程,并建立了组织对风险的承受级别。它是安全管理的一个重要部分。

11.1.1　信息安全管理的内容

信息安全管理就是跟踪、评估、监测和管理整个商务过程中所形成的风险,尽力避免信息风险给企业带来经济损失、商业干扰和商业信誉丧失等,以确保企业电子商务的顺利进行。企业要做好信息安全管理,首先,要提高企业内部对信息风险的管理意识,掌握信息风险管理知识;其次,电子商务是商务过程的信息技术实现,因此应将企业商务战略与信息技术战略整合在一起,形成企业的整体战略。信息安全管理主要内容如下。

1. 信息系统安全漏洞的识别与评估

这里指的安全漏洞既包括信息系统中硬件与软件上的安全漏洞,也包括公司组织制度上的漏洞。例如,对离职员工的用户名和口令没有及时吊销,某些员工的访问权限未设置成最小等。这些漏洞的识别一般要聘请专门的评估机构对系统进行全面检查。

2. 对人的因素的控制

在安全管理中,最活跃的因素是人,对人的管理包括法律、法规与政策的约束,安全指南的帮助,安全意识的提高,安全技能的培训,人力资源管理措施,以及企业文化的熏陶等。

信息安全管理在行政上应遵循以下 4 条原则:

(1) 多人负责的原则。在人员条件许可的情况下,由领导指派两名或者多名可靠的而且能够胜任工作的专业人员,共同参与每项与安全相关的活动,并且通过签字、记录和注册等方式证明。

(2) 任期有限的原则。这是指任何人都不能在一个与安全有关的岗位上工作太长时间,工作人员应该经常轮换工作,这种轮换依赖于全体人员的诚实度。

(3) 职责有限、责任分离原则。这是指在工作人员素质和数量有限的情况下,不集中于一个人实施全部与安全有关的职能,而应由不同的人或小组来执行。

(4) 最小权限原则。这是指在企业网络安全管理中,为员工仅仅提供完成其本职工作所需要的最小权限,而不提供其他额外的权限。在实际工作中,有不少管理者会为了方便管理而忽视这个原则,例如,张三的本职工作是网络管理员,不应该有发布网站信息的权限,但领导有时为了工作方便,而给予其访问敏感信息系统的权限,这是应该避免的。

3. 运行控制

运行控制是对日常的操作步骤和流程进行定义,防止、纠正操作中的不规范行为。

运行控制既包括对普通用户的使用规范,也包括对相关安全人员的操作进行定义。因此,在监视安全策略实施、保证企业防入侵和攻击策略能够合理地执行和贯彻上,运行控制扮演了重要的角色。

运行控制要结合具体情况,根据已采用的技术控制手段,清晰地定义、规范执行的步骤和方法。具体如下:

(1) 计算机使用规定。如对普通用户规定不能将自带的外来软件引入内部系统,不能随意卸载软件,规定安全维护人员对用户的技术支持、日志的维护和定期查看等。

(2) 网络访问规定。是指使用内部网连接 Internet 或者远程访问企业内部网(如 VPN)时应遵守的规范,如不得在未授权的情况下安装调制解调器或无线网卡连接外部网,如需在家通过 VPN 访问企业网络时,必须在家里的 PC 上安装防病毒软件并实施相应的扫描策略。

(3) 用户口令的规则。口令规则是身份认证及应对各种安全威胁都很重要的一个方面,通过强制实施保障用户使用强度高的口令。例如,规定口令的最小长度,禁止使用用户名、某些特定词作为口令。

(4) 安全设备使用规则。是指为了使各种安全设备发挥最大的效用而必须遵守的规定。安全设备包括防病毒软件、防火墙、IDS 等。例如,规定打开实时病毒监视器,定时进行特征码升级,定期检查日志,对防火墙和 IDS 的配置是否最合理定期进行评估。

11.1.2 信息安全管理策略

制订信息安全管理策略的目的是为了能够保证信息系统安全、完整、正常地运行而不受破坏和干扰;能够有序地、客观地鉴别和测试信息系统的安全状态;能够对可能存在的风险有一个基本的评估;而当信息系统遭受破坏后能够采取及时有效的恢复措施和手段,并且对其所需的代价有一定的估计。

信息安全管理策略就是针对信息系统中所要保护的信息、被攻击的可能性、投入的资金状况等,在安全管理的整个过程中,根据实际情况对各种信息安全措施进行选择。有效的信息安全策略可以说是在一定条件下成本和效率的平衡。虽然具体的信息应用可能不同,但制定安全策略时应遵循如下一些总的原则。

(1) 需求、风险、代价平衡的原则。绝对安全的信息系统是不可能达到的。因此,在对信息系统所面临的威胁和可能产生的风险进行充分研究后,结合目前的技术和资金条件制定相应的安全措施以达到安全与价值的平衡,即保护成本与被保护信息的价值平衡。

(2) 综合性、整体性原则。必须运用系统工程的观点、方法,从整体的角度看待和分析安全问题,综合各方面情况后制定相应的具体可行的安全措施。

(3) 易操作性原则。安全措施要由人来完成,如果措施过于复杂,对人的要求过高,本身就降低了安全性。其次,采取的措施不能影响系统的正常运行。

(4) 适应性、灵活性原则。安全措施必须能随着网络性能及安全需求的变化而变化,要容易适应、容易修改。

(5) 多重保护的原则。任何安全保护措施都不是绝对安全的,都可能被攻破。因此,应建立一个多重保护系统,各层保护相互补充,当一层保护被攻破时,其他层保护仍可保护信息的安全。

建立好的安全策略必须包括制定操作人员行为规则和培训用户安全意识这两方面的管理措施。当然,在强调安全管理重要性的同时也不能忽视安全技术的作用,安全管理各项措施的执行要以安全技术为基础。

11.1.3 安全管理的 PDCA 模型

PDCA 循环的概念最早由美国质量管理学家戴明提出,在质量管理中应用广泛。PDCA 这 4 个英文字母的含义如下:

(1) P(Plan)——计划,确定方针和目标,确定活动计划。

(2) D(Do)——实施,实际去做,实现计划中的内容。

(3) C(Check)——检查,总结执行计划的结果,注意效果,找出问题。

(4) A(Action)——行动,对总结检查的结果进行处理。对成功的经验加以肯定并适当推广、标准化;对失败的教训加以总结,杜绝再次重现;未解决的问题放到下一个PDCA 循环中。

PDCA 循环的具体阶段如图 11.1 所示。

图 11.1　安全管理的 PDCA 模型

(1) 计划阶段:制订具体的工作计划,提出总的目标。具体又分为 4 个步骤:

首先,分析信息安全的现状,找出存在的问题;其次,分析产生问题的各种原因及影响因素;再次,分析并找出管理中的主要问题;最后,根据找到的主要原因来制定管理计划,确定管理要点。也就是说,根据安全管理中出现的主要问题,制订管理的措施、方案,明确管理的重点。制订方案时要注意整体的详细性、全面性、多选性。

(2) 实施阶段:按照制订的方案去执行。管理方案在管理工作中的落实情况直接影响全过程,所以在实施阶段要坚决按照制订的方案去执行。

(3) 检查阶段:即检查实施计划的结果。这是比较重要的一个阶段,是对实施方案是否合理、是否可行、有何不妥的检查,是为下一阶段改进工作创造条件。

(4) 处理阶段:根据调查的效果进行处理。在处理阶段,对已解决的问题加以标准化,把已成功的可行的条文进行标准化,将这些纳入到制度中,防止以后再发生类似的问题；另外，找出尚未解决的问题，转入下一循环中，以便以后解决。

11.2 信息安全评估

系统安全评估在信息安全体系建设中具有重要的意义。它是了解系统安全现状、提出安全解决方案、加强安全监督管理的有效手段。本节介绍各国制订的计算机系统及产品安全评估准则与标准。

11.2.1 信息安全评估的内容

信息安全评估是运用系统的方法，对信息系统、各种信息安全保护措施、管理机制以及结合所产生的客观效果作出是否安全的结论。信息系统的安全有时并不是所有者自己可以进行判断的，所以经常需要请专业的评估机构或专家来对本部门的网络安全进行评估，从而有利于把未来可能的风险降到最低。

安全评估的主要内容包括以下几方面：

（1）环境安全。这分为 3 个部分：实体的、操作系统的及管理的。实体的如机房温度控制。

（2）应用安全。主要内容有输入输出控制、系统内部控制、责任划分、输出的用途、程序的敏感性和脆弱性、用户满意度等。

（3）管理机制。如规章制度、紧急恢复措施、人事制度（如防止因工作人员调入、调离对安全的影响）等。

（4）通信安全。如加密、数字签名等措施。

（5）审计机制，即系统审计跟踪的功能和成效。

11.2.2 安全评估标准

标准是技术性法规，作为一种依据和尺度。建立评估标准的目的是建立一个业界能广泛接受的通用的信息安全产品和系统的安全性评价原则。对评估标准的要求是具有良好的可操作性，明确的要求。

目前信息安全领域比较流行的评估标准是美国国防部开发的计算机安全标准——可信计算机标准评价准则（Trusted Computer Standards Evaluation Criteria，TCSEC），也称为网络安全橙皮书（由于采用橙色封皮）。

TCSEC 中定义的准则主要涉及商用可信计算机及数据处理系统。准则中描述了不同安全级别的最低要求、特点和可信措施。其目的有 3 个：一是为生产厂家提供一种安全标准，二是为国防部评估信息产品可信度提供一种安全量度，三是为产品规格中规定的安全要求提供基准。TCSEC 将安全等级分为 A、B、C、D 四级。其中 A 为最高级，D 为最低级。每级的具体划分确定按安全策略、可计算性、可信赖性和文件编制 4 个方面进行。表 11.1 给出了 TCSEC 中确定的安全级别及其功能说明。

表 11.1　TCSEC 的安全级别及特征

类 别	级 别	名　称	主　要　特　征
D	D	低级保护	没有安全保护
C	C1	自主安全保护	自主存储控制
	C2	受控存储控制	单独的可查性,安全标识
B	B1	标记安全保护	强制存取控制,安全标识
	B2	结构化保护	面向安全的体系结构,较好的抗渗透能力
	B3	安全区域	存取监控、高抗渗透能力
A	A	验证设计	形式化的最高级描述和验证

注:表中灰色背景部分表示应用最广泛的安全级别

(1) D 级是最低的安全级别,经评估后所有达不到 C1 级的系统都属于这个级别。拥有这个级别的操作系统几乎没有任何安全保护措施,就像一个门户大开的房子,任何人都可以自由进出,是完全不可信任的。这种系统没有身份认证和访问控制机制,任何人不需要任何口令就可以进入系统,不受任何限制可以访问他人的数据文件。属于这个级别的操作系统有 MS-DOS。

(2) C1 级是 C 类的一个安全子级。C1 级又称自主安全保护(discretionary security protection)级,它能实现粗粒度的自主访问控制机制,并能通过账户、口令对用户进行身份认证,系统能把用户与数据隔离,通过拥有者自定义和控制,防止自己的数据被别的用户破坏。属于这个级别的操作系统是 Windows 9x 系列。

(3) C2 级实现更细粒度的可控自主访问控制,保护粒度要求达到单个主体和客体一级,就是可以针对每个主体或客体设置单独的访问控制策略,这可防止自主访问权失控扩散;其次,要求消除残留信息(内存、外存、寄存器中的信息)泄露;再次,要求具有审计功能,这是 C2 级与 C1 级的主要区别,审计粒度要能够跟踪每个主体对每个客体的每一次访问。对审计记录应该提供保护,防止非法修改。能够达到 C2 级标准的典型操作系统有 Windows 2000/XP、Windows 2003 及 UNIX。

(4) B1 级称为带标记的访问控制保护级。B1 级采用强制访问控制 MAC,它规定主客体都必须带有标记(如秘密、绝密),并准确体现其安全级别,保护机制根据标记对主体和客体实施强制访问控制及审计等安全机制。B1 级能够较好地满足大型企业或一般政府部门对于数据的安全需求,B1 级的安全产品可称得上是真正意义上的安全产品。

(5) B2 级称为结构化保护级。它为系统建立形式化的安全策略模型,并要求把系统内部结构化地划分成独立的模块,B2 级不仅要求对所有主体和客体加标记,而且要求给设备(磁盘、磁带或终端)分配一个或多个安全级别(实现设备标记)。必须对所有的主体与客体(包括设备)实施强制性访问控制保护,必须要有专职人员负责实施访问控制策略,其他用户无权管理。

(6) B3 级,又称为安全域(security domain)级别,使用安装硬件的方式来加强域的安全。该级别要求用户通过一条可信任途径连接到系统上。

（7）A级，又称验证设计（verified design）级，它包含了一个严格的设计、控制和验证过程。要求建立系统的安全模型，且可形式化验证的系统设计。设计必须从数学角度进行验证，而且必须进行秘密通道和可信任分布分析。可信任分布分析的含义是：硬件和软件在物理传输过程中已经受到保护，以防止破坏安全系统。A级系统的要求极高，达到这种要求的系统很少，我国的标准去掉了A级标准。

提示：TCSEC的安全级别中最常见的是C1、C2和B1级。如果一个系统具有身份认证和粗粒度的自主访问控制机制，那么它能达到C1级。如果系统不具备审计功能，则肯定不能达到C2级。如果系统不具备强制访问控制机制，则肯定不能达到B1级。

11.2.3　信息管理评估标准

在信息管理领域的评估标准有3种，分别如下：

（1）CC（Common Criteria，通用标准）是ISO/IEC 15408（信息技术、安全技术、信息技术安全性评价准则）的简称。它是第一个世界通过的信息技术安全评价标准。1985年，美国首先发表了TCSEC标准，随后，欧洲各国也相继发表了自己的安全评估标准，从而出现标准不统一、各自为政的现象。为了改变这种状况，1993年，英国、法国、德国、荷兰、加拿大和美国的标准技术研究所（NIST）、国家安全局（NSA）在TCSEC等评估标准基础上，指定了国际通用的安全技术评估标准CC。

（2）BS7799是以安全管理为基础，提供一个完整的切入、实施和维护的文档化组织内部的信息安全的框架。BS7799充分反映了PDCA（Plan-Do-Check-Act）循环的思想。具体体现在：确定信息安全管理的方针和范围，在风险评估的基础上选择适宜的控制目标与控制方式并进行控制，制定商务持续性计划，建立并实施信息安全管理体系。

（3）系统安全工程能力成熟度模型SSE-CMM（System Security Engineering Capability Maturity Mode）描述了一个组织的安全工程过程必须包含的本质特征，这些特征是完善的安全工程的保证。尽管SSE-CMM没有规定一个特定的过程和步骤，但是汇集了工业界常见的实施方法。

CMM最初是软件工程中的概念，是对于软件组织在定义、实施、度量、控制和改善其软件过程的实践中各个发展阶段的描述。后来经过美国专家组深入研究、多方实验验证，CMM可用于安全工程，并于1996年推出了SSE-CMM的第1个版本。2002年，SSE-CMM被ISO组织接纳为国际标准ISO/IEC 21872。

近年来我国很多电子政务、信息网站迅速崛起并运行，然而大多数的网站规划建设主要从硬件和应用平台去考虑系统的安全，缺乏统一的安全规划，缺乏对网站整个生命周期的安全性的全面考虑，导致系统的建设过程和投入运行存在许多安全隐患。

信息网站的安全工程，要求建设人员和管理部门用系统工程的概念、理论和方法来研究，从全局出发对网站的信息安全进行全面规划，组织实施各种安全技术保护，构建合理的安全保障体系。

信息网站安全体系建设的效果主要体现在它具备什么样的安全能力。安全能力的高低等同于安全工程过程的成熟度水平。网站的安全过程是针对Web站点信息工程的安全生命周期而设计的，它通过对各系统的安全任务进行抽象并划分为过程后进行管理的途径,将系统安全工程过程转变为完好定义的、成熟的、可测量的工作。

统计过程控制理论发现,所有成功的管理共同的特点是都具有一组定义严格、管理完善、可测可控、高度有效的工作过程。Web 站点安全工程必须采用一种过程性控制方法来保证工程的质量以及可信度,SSE-CMM 模型就是这样一种能够满足需求的面向工程过程的安全管理模型,它从安全工程中抽取出一组关键的工作过程并定义了过程的能力,一个过程的能力是通过执行这一过程所可能得到结果的质量的变化范围。其变化范围越小,过程的能力越成熟。

11.3　信息安全风险管理

风险管理是降低各种风险的发生概率,或当某种风险降临时减少损失程度的管理过程。

11.3.1　风险管理概述

1. 什么是风险

安全威胁是指某个人、物、事件或概念对某一资源的机密性、完整性、真实性、可用性等所造成的危险。安全威胁是由系统中固有的脆弱性造成的。脆弱性是指在执行防护措施或在缺少防护措施时系统所具有的弱点。

系统存在许多弱点,这些不同的弱点在引发攻击时所造成的损失是不同的。人们常用风险来衡量脆弱性所导致的安全威胁的大小。风险是关于某个已知的、可能引发某种攻击的脆弱性的代价的测度。

当某个脆弱的资源价值较高,且发送成功攻击的概率较高时,风险也就高;当某个脆弱的资源价值较低,且发生成功攻击的概率较低时,风险也就低。

企业在生产经营的各个方面都存在着风险:由于市场竞争导致的各类竞争风险,由于社会发展与技术创新而产生的变革风险,与各类合作伙伴之间的各类风险,金融与财务风险等。

信息的出现使企业不仅面临着上述各种传统风险,同时还带来了一些新的风险:信息活动依赖于网络和信息系统环境的支持,而开放的网络环境和复杂的企业商务活动会产生更多的风险。因此,在考察电子商务运行环境,提供信息安全解决方案的同时,有必要重点评估电子商务系统面临的风险问题以及对风险有效的管理和控制方法。

2. 风险的特征

风险是由于人们没有能力预见未来而产生的,风险具有如下特征:

(1) 客观性。首先表现为它的存在不以人的意志为转移。其次,还表现在它是无时不有、无所不在的,存在于人类任何时候从事的任何活动之中。

(2) 不确定性。是指风险的发生是不确定的,即风险的程度有多大,风险何时何地由可能转变为现实均是不确定的。这是由于人们对客观世界的认识受到各种条件的限制,不可能准确预测风险的发生。

（3）不利性。风险一旦转变为现实，就会对风险承担者带来不利影响和损失，这对风险主体是极为不利的。风险的不利性要求人们在承认风险、认识风险的基础上，做好决策，尽可能避免风险，将风险的不利性降到最低。

（4）可变性。风险在一定条件下可以转化。风险的可变性包括：风险性质的变化，风险量的变化，某些风险在一定时间和空间范围内被消除，新的风险产生。

（5）相对性。对于风险主体来说，即使风险是相同的，不同风险主体对风险的承受能力也是不同的，这主要与收益的大小、投入的大小和风险主体拥有的资源量和地位有关。

3. 风险管理的内容和过程

风险管理由 3 部分组成：风险评估、风险处理以及基于风险的决策。风险评估将全面评估企业的资产、威胁、脆弱性以及现有的安全措施，分析安全事件发生的可能性以及可能的损失，从而确定企业的风险，并判断风险的优先级，建议处理风险的措施。

基于风险评估的结果，风险处理过程将考察企业安全措施的成本，选择合适的方法处理风险，将风险控制在可接受的程度。

基于风险的决策旨在由企业的管理者判断残余的风险是否处在可接受的水平之内，基于这一判断，管理者将作出决策，决定是否进行某项电子商务活动。

11.3.2　风险评估

风险评估是确定一个信息系统面临的风险级别的过程，是风险管理的基础。通过风险评估确定系统中的剩余风险，并判断该风险级别是否可以接受或需要实施附加措施来进一步降低。风险取决于威胁发生的概率和相应的影响。风险评估实施的流程图如图 11.2 所示。

图 11.2　风险评估实施流程图

1. 风险评估准备

风险评估的准备是整个风险评估过程有效性的保证。风险评估准备包括以下几项工作：

（1）确定目标。明确风险评估的目标，为风险评估的过程提供导向。

（2）确定范围。基于风险评估目标确定风险评估范围是完成风险评估的前提。

（3）选择方法。应考虑评估的目的、范围、时间、效果、人员素质等因素来选择具体的风险判断方法，并组建风险评估管理的实施团队。

2. 资产识别

企业信息资产是企业直接赋予了价值而需要保护的东西，它分为有形资产和无形资产两大类，包括硬件、软件、文档、代码以及服务和企业形象等。在企业风险评估的资产识别阶段，首先要对信息资产进行恰当的分类，如下所示：

（1）硬件，包括服务器、PC、路由器、交换机、硬件防火墙、入侵检测系统、安全网关、备份存储设备、硬件垃圾邮件过滤系统、硬件网络安全审计系统。

（2）软件，包括系统软件、中间件、数据库软件、网站信息发布系统、网站邮件系统、网站监控与恢复系统和其他应用软件等。

（3）数据，包括软硬件运行中的中间数据、备份资料、系统状态、审计日志、数据库资料等。

（4）文档，包括系统文档、运行管理规程、计划和报告等。

（5）人员，包括网络管理员、应用维护人员、一般用户等。

（6）无形资产，包括企业形象、客户资源等。

3. 威胁识别

威胁是一种对组织及其资产构成潜在破坏的可能性因素，是客观存在的。造成威胁的因素可分为人为因素和环境因素，根据威胁的动机，人为因素又可分为恶意和无意两种。

威胁强度取决于两方面，一是攻击者的攻击技术级别，二是对企业内部知识的了解程度。也就是说，一个低技能的外部攻击者对系统的威胁是低级别的威胁，而一个高技能的内部员工则是最危险的威胁。

4. 脆弱性识别

脆弱性识别也称为弱点识别，弱点是资产本身存在的，威胁总是要利用资产的弱点才可能造成危害。脆弱性识别可根据每个资产分别识别其存在的弱点，然后综合评价该资产的脆弱性，也可分物理、网络、系统、应用等层次进行识别，然后与资产、威胁结合起来。

脆弱性识别主要从技术和管理两个方面进行。技术脆弱性涉及物理层、网络层、系统层和应用层等各个层面的安全问题。管理脆弱性又可分为技术管理和组织管理两方面，前者与技术活动有关，后者与管理环境相关。表11.2提供了一种脆弱性识别内容的参考。

表 11.2　脆弱性识别内容表

类　型	识别对象	识　别　内　容
技术脆弱性	物理环境	机房场地、机房防火、防雷、防静电、防鼠害、电磁防护、通信线路的保护、机房设备管理
	服务器	用户账号和口令保护、资源共享、事件审计、访问控制、系统配置、注册表、网络安全、系统管理等
	网络结构	网络结构设计、边界保护、外部访问控制策略、内部访问控制策略、网络设备安全配置等
	数据库	认证机制、口令、访问控制、网络和服务设置、备份恢复机制、审计机制
	应用系统	认证机制、访问控制策略、审计机制、数据完整性
管理脆弱性	技术管理	环境安全、通信与操作管理、访问控制、系统开发与维护、业务连续性
	组织管理	安全策略、组织安全、资产分类与控制、人员安全、符合性

5. 风险计算

在完成了资产识别、威胁识别和脆弱性识别后,将采用风险计算公式计算威胁利用脆弱性导致安全事件发生的可能性,以及在发生安全事故时对组织造成损失的程度。风险计算公式如下:

$$风险值 = R(A, T, V) = R(L(T, V), \quad F(I_a, V_a))$$

其中,R 表示风险计算函数,A、T、V 分别表示资产、威胁和脆弱性,L 表示安全事件发生的可能性,F 表示安全事件发生后造成的损失,I_a 表示资产重要程度,V_a 表示脆弱性的严重程度。

根据风险计算的结果对风险结果进行判定,风险可划分为 5 个等级,等级越高,风险越高。风险评估完成后,应将评估过程记录成相关文件。

习　　题

1. (　　)不是风险管理的四阶段之一。

   A. 计划　　　　　　B. 开发　　　　　　C. 评估　　　　　　D. 执行

2. 风险评估不包含(　　)的内容。

   A. 风险识别　　　　B. 脆弱性识别　　　C. 威胁识别　　　　D. 人员识别

3. (　　)属于电子商务的信用风险。

   A. 信息传输　　　　B. 交易抵赖　　　　C. 交易流程　　　　D. 系统安全

4. 什么是风险管理? 它对保障信息系统安全有何作用?

5. 简述制定信息安全策略的原则和步骤。

6. 请你为某大学的信息管理部门制订一套信息安全管理评估标准,主要评估内容包括人员配置、操作规程、环境建设等。要求具有良好的可操作性和明确的等级标准。

参 考 文 献

[1] 李浪,邹祎,郭迎. 密码工程学[M].北京:清华大学出版社,2014.

[2] 唐四薪. 电子商务安全[M].北京:清华大学出版社,2013.

[3] Atul Kahate.密码学与网络安全[M].邱仲潘,等译.北京:清华大学出版社,2005.

[4] 张爱菊.电子商务安全技术[M].北京:清华大学出版社,2006.

[5] 杨波.现代密码学[M].北京:清华大学出版社,2003.

[6] 王丽芳.电子商务安全[M].北京:电子工业出版社,2010.

[7] 刘嘉勇.应用密码学[M].北京:清华大学出版社,2008.

[8] 管有庆,王晓军,董小燕,等.电子商务安全技术[M].2版.北京:北京邮电大学出版社,2009.

[9] 卢开澄.计算机密码学[M].2版.北京:清华大学出版社,1998.

[10] 肖德琴,周权等.电子商务安全[M].北京:高等教育出版社,2009.

[11] 张先红.数字签名原理与技术[M].北京:机械工业出版社,2004.

[12] 王忠诚.电子商务安全[M].北京:机械工业出版社,2006.

[13] 刘军,马敏书.电子商务系统分析与设计[M].2版.北京:高等教育出版社,2008.

[14] 王昭,袁春.信息安全原理与应用[M].北京:电子工业出版社,2010.

[15] 周学广.信息安全学[M].2版.北京:机械工业出版社,2008.

[16] 胡伟雄.电子商务安全与认证[M].北京:高等教育出版社,2011.

[17] 张仕斌,万武南,张金全,等.应用密码学[M].西安:西安电子科技大学出版社,2009.

[18] William Stallings.密码编码学与网络安全——原理与实践[M].3版.刘玉珍,王丽娜,傅建明,等译.北京:电子工业出版社,2004.

[19] 杨义先,钮心忻.网络安全理论与技术[M].北京:人民邮电出版社,2003.

[20] 唐四薪,邹赛,谢新华.基于AJAX和SAML技术的互联网单点登录系统[J].计算机系统应用,2008,6(1):118-121.

[21] 吕敏芳.电子支付与电子现金安全技术研究[D].上海:上海交通大学,2007.

[22] 黄大足.量子安全通信理论及方案研究[D].长沙:中南大学,2010.

[23] 缪琳.无线传感网中SPINS协议的研究与改进[D].南京:南京邮电大学,2012.

[24] 胡晓飞.电子商务下微支付模式研究[D].西安:西安电子科技大学,2006.

[25] 张鹏.ECC椭圆曲线加密算法在软件认证中的应用[D].太原:太原理工大学,2010.

[26] 张学军.RFID系统防碰撞与安全技术研究[D].南京:南京邮电大学,2011.

[27] 陈小云.统一身份认证系统的研究与实现[D].成都:西南交通大学,2007.

[28] 艾华.电子支付中电子货币及其关键技术研究[D].北京:北京邮电大学,2006.